U0383324

DIGITAL
CONSTRUCTION

国家出版基金项目
NATIONAL PUBLICATION FOUNDATION

“十三五”国家重点图书出版规划项目
国家自然科学基金重点项目（71732001）
中国工程院重点咨询项目（2019-XZ-029）

丛书编委会主任｜丁烈云

数字建造

数字建造导论

Digital Construction Introduction

丁烈云｜著
Lieyun Ding

中国建筑工业出版社

图书在版编目（CIP）数据

数字建造导论 / 丁烈云著. — 北京：中国建筑工业出版社，2019.12
（2024.1重印）
（数字建造）
ISBN 978-7-112-24505-5

Ⅰ. ①数… Ⅱ. ①丁… Ⅲ. ①数字技术－应用－建筑工程－工程管理
Ⅳ. ①TU71-39

中国版本图书馆CIP数据核字（2019）第283622号

数字建造是现代信息技术与现代建造技术深度融合的产物。数字建造不仅是新的建造方式，更是新的建造体系。本书作为《数字建造》丛书的导论，试图构建数字建造框架体系，即以现代通用的信息技术为基础，数字建造领域技术为支撑，实现建造过程一体化和协同化，并推动工程建造工业化、服务化和平台化变革，从而交付以人为本的绿色工程产品。按照这一思路，全书内容包括：数字建造的兴起、数字建造框架体系、数字建造推动产业变革、基于模型定义的工程产品、工程物联网、大数据驱动的工程决策、“制造-建造”生产模式、建造服务化和建造平台化。

本书是第一部系统论述数字建造理论、技术、方法和应用的著作。内容新颖丰富，既具有前沿性，又贴近实际应用。可供建设行业专业技术人员和管理者使用、高等院校相关专业师生学习参考，也可作为智能建造专业概论课备选教材。

总 策 划：沈元勤
责任编辑：赵晓菲　朱晓瑜
责任校对：姜小莲
书籍设计：锋尚设计

数字建造
数字建造导论
丁烈云　著
*
中国建筑工业出版社出版、发行（北京海淀三里河路9号）
各地新华书店、建筑书店经销
北京锋尚制版有限公司制版
北京中科印刷有限公司印刷
*
开本：787×1092毫米　1/16　印张：17¾　字数：325千字
2019年12月第一版　2024年1月第五次印刷
定价：135.00元
ISBN 978－7－112－24505－5
（29023）

《数字建造》丛书编委会

丛书序言

伴随着工业化进程，以及新型城镇化战略的推进，我国城市建设日新月异，重大工程不断刷新纪录，“中国制造、中国创造、中国建造共同发力，继续改变着中国的面貌”。

建设行业具备过去难以想象的良好发展基础和条件，但也面临着许多前所未有的困难和挑战，如工程的质量安全、生态环境、企业效益等问题。建设行业处于转型升级新的历史起点，迫切需要实现高质量发展，不仅需要改变发展方式，从粗放式的规模速度型转向精细化的质量效率型，提供更高品质的工程产品；还需要转变发展动力，从主要依靠资源和低成本劳动力等要素投入转向创新驱动，提升我国建设企业参与全球竞争的能力。

现代信息技术蓬勃发展，深刻地改变了人类社会生产和生活方式。尤其是近年来兴起的人工智能、物联网、区块链等新一代信息技术，与传统行业融合逐渐深入，推动传统产业朝着数字化、网络化和智能化方向变革。建设行业也不例外，信息技术正逐渐成为推动产业变革的重要力量。工程建造正在迈进数字建造，乃至智能建造的新发展阶段。站在建设行业发展的新起点，系统研究数字建造理论与关键技术，为促进我国建设行业转型升级、实现高质量发展提供重要的理论和技术支撑，显得尤为关键和必要。

数字建造理论和技术在国内外都属于前沿研究热点，受到产学研各界的广泛关注。我们欣喜地看到国内有一批致力于数字建造理论研究和技术应用的学者、专家，坚持问题导向，面向我国重大工程建设需求，在理论体系建构与技术创新等方面取得了一系列丰硕成果，并成功应用于大型工程建设中，创造了显著的经济和社会效益。现在，由丁烈云院士领衔，邀请国内数字建造领域的相关专家学者，共同研讨、组织策划《数字建造》丛书，系统梳理和阐述数字建造理论框架和技术体系，总结数字建造在工程建设中的实践应用。这是一件非常有意义的工作，而且恰逢其时。

丛书涵盖了数字建造理论框架，以及工程全生命周期中的关键数字技术和应用。其内容包括对数字建造发展趋势的深刻分析，以及对数字建造内涵的系统阐述；全面探讨了数字化设计、数字化施工和智能化运维等关键技术及应用；还介绍了北京大兴国际机场、凤凰中心、上海中心大厦和上海主题乐园四个工程实践，全方位展示了数字建造技术在工程建设项目中的具体应用过程和效果。

丛书内容既有理论体系的建构，也有关键技术的解析，还有具体应用的总结，内容丰富。丛书编写者中既有从事理论研究的学者，也有从事工程实践的专家，都取得了数字建造理论研究和技术应用的丰富成果，保证了丛书内容的前沿性和权威性。丛书是对当前数字建造理论研究和技术应用的系统总结，是数字建造研究领域具有开创性的成果。相信本丛书的出版，对推动数字建造理论与技术的研究和应用，深化信息技术与工程建造的进一步融合，促进建筑产业变革，实现中国建造高质量发展将发挥重要影响。

期待丛书促进产生更加丰富的数字建造研究和应用成果。

中国工程院院士

2019年12月9日

丛书前言

我国是制造大国，也是建造大国，高速工业化进程造就大制造，高速城镇化进程引发大建造。同城镇化必然伴随着工业化一样，大建造与大制造有着必然的联系，建造为制造提供基础设施，制造为建造提供先进建造装备。

改革开放以来，我国的工程建造取得了巨大成就，阿卡迪全球建筑资产财富指数表明，中国建筑资产规模已超过美国成为全球建筑规模最大的国家。有多个领域居世界第一，如超高层建筑、桥梁工程、隧道工程、地铁工程等，高铁更是一张靓丽的名片。

尽管我国是建造大国，但是还不是建造强国。碎片化、粗放式的建造方式带来一系列问题，如产品性能欠佳、资源浪费较大、安全问题突出、环境污染严重和生产效率较低等。同时，社会经济发展的新需求使得工程建造活动日趋复杂。建设行业亟待转型升级。

以物联网、大数据、云计算、人工智能为代表的新一代信息技术，正在催生新一轮的产业革命。电子商务颠覆了传统的商业模式，社交网络使传统的通信出版行业备感压力，无人驾驶让人们憧憬智能交通的未来，区块链正在重塑金融行业，特别是以智能制造为核心的制造业变革席卷全球，成为竞争焦点，如德国的工业4.0、美国的工业互联网、英国的高价值制造、日本的工业价值网络以及中国制造2025战略，等等。随着数字技术的快速发展与广泛应用，人们的生产和生活方式正在发生颠覆性改变。

就全球范围来看，工程建造领域的数字化水平仍然处于较低阶段。根据麦肯锡发布的调查报告，在涉及的22个行业中，工程建造领域的数字化水平远远落后于制造行业，仅仅高于农牧业，排在全球国民经济各行业的倒数第二位。一方面，由于工程产品个性化特征，在信息化的进程中难度高，挑战大；另一方面，也预示着建设行业的数字化进程有着广阔的前景和发展空间。

一些国家政府及其业界正在审视工程建造发展的现实，反思工程建造面临的问题，探索行业发展的数字化未来，抢占工程建造数字化高地。如颁布建筑业数字化创新发展路线图，推出以BIM为核心的产品集成解决方案和高效的工程软件，开发各种工程智能机器人，搭建面向工程建造的服务云平台，以及向居家养老、智慧社区等产业链高端拓展等等。同时，工程建造数字化的巨大市场空间也吸引众多风险资本，以及来自其他行业的跨界创新。

我国建设行业要把握新一轮科技革命的历史机遇，将现代信息技术与工程建造深度融合，以绿色化为建造目标、工业化为产业路径、智能化为技术支撑，提升建设行业的建造和管理水平，从粗放式、碎片化的建造方式向精细化、集成化的建造方式转型升级，实现工程建造高质量发展。

然而，有关数字建造的内涵、技术体系、对学科发展和产业变革有什么影响，如何应用数字技术解决工程实际问题，迫切需要在总结有关数字建造的理论研究和工程建设实践成果的基础上，建立较为完整的数字建造理论与技术体系，形成系列出版物，供业界人员参考。

在时任中国建筑工业出版社沈元勤社长的推动和支持下，确定了《数字建造》丛书主题以及各册作者，成立了专家委员会、编委会，该丛书被列入“十三五”国家重点图书出版计划。特别是以钱七虎院士为组长的专家组各位院士专家，就该丛书的定位、框架等重要问题，进行了论证和咨询，提出了宝贵的指导意见。

数字建造是一个全新的选题，需要在研究的基础上形成书稿。相关研究得到中国工程院和国家自然科学基金委的大力支持，中国工程院分别将“数字建造框架体系”和“中国建造2035”列入咨询项目和重点咨询项目，国家自然科学基金委批准立项“数字建造模式下的工程项目管理理论与方法研究”重点项目和其他相关项目。因此，《数字建造》丛书也是中国工程院战略咨询成果和国家自然科学基金资助项目成果。

《数字建造》丛书分为导论、设计卷、施工卷、运营维护卷和实践卷，共12册。丛书系统阐述数字建造框架体系以及建筑产业变革的趋势，并从建筑数字化设计、工程结构参数化设计、工程数字化施工、建筑机器人、建筑结构安全监测与智能评估、长大跨桥梁健康监测与大数据分析、建筑工程数字化运维服务等多个方面对数字建造在工程设计、施工、运维全过程中的相关技术与管理问题进行全面系统研究。丛书还通过北京大兴国际机场、凤凰中心、上海中心大厦和上海主题乐园四个典型工程实践，探讨数字建造技术的具体应用。

《数字建造》丛书的作者和编委有来自清华大学、华中科技大学、同济大学、东南大学、大连理工大学、香港科技大学、香港理工大学等著名高校的知名教授，也有中国建筑集团、上海建工集团、北京市建筑设计研究院等企业的知名专家。从2016年3月至今，经过诸位作者近4年的辛勤耕耘，丛书终于问世与众。

衷心感谢以钱七虎院士为组长的专家组各位院士、专家给予的悉心指导，感谢各位编委、各位作者和各位编辑的辛勤付出，感谢胡文瑞院士、丁士昭教授、沈元勤编审、赵晓菲主任的支持和帮助。

将现代信息技术与工程建造结合，促进建筑业转型升级，任重道远，需要不断深入研究和探索，希望《数字建造》丛书能够起到抛砖引玉作用。欢迎大家批评指正。

《数字建造》丛书编委会主任 丁烈云

2019年11月于武昌喻家山

本书前言

数字建造是现代信息技术与现代建造技术深度融合的产物。数字建造不仅仅是新的建造方式，更是新的建造体系。作为数字建造丛书的导论，本书系统论述数字建造产生背景、发展过程、概念内涵、支撑技术和产业变革，希望读者对数字建造有一个整体认识。

基于此目的，本书试图构建数字建造框架体系。即以现代通用的信息技术为基础，数字建造领域技术为支撑，实现建造过程一体化和协同化，并推动工程建造工业化、服务化和平台化变革，从而交付以人为本的绿色工程产品。按照这一思路，全书分为9章：数字建造的兴起、数字建造框架体系、数字建造推动产业变革、基于模型定义的工程产品、工程物联网、大数据驱动的工程决策、“制造—建造”生产模式、建造服务化和建造平台化。

从技术进步的历程来看，颠覆性技术的出现必然催生深刻的产业变革。遵循这一基本规律，数字建造不仅是工程建造的新技术，同时也是推动建筑产业变革的新动能。因此，本书既探讨工程产品建模、工程物联网、工程大数据和工程机械智能化等建造技术，更着眼分析由此引发的工程产品形态、建造方式、经营理念、市场形态和行业管理的变革问题。

数字建造的发展既有数字技术进步的推动力，也有工程建造需求的牵引力。可以说，促进数字建造发展的主要因素是数字技术在工程建造实践中的广泛应用。本书将工程建造技术与工程建造实践相结合，特别是与我国重大工程实践相结合。可以看到，数字技术助力港珠澳大桥、北京大兴国际机场、上海中心大厦、武汉杨泗港长江大桥等重大工程建设，以及城市基础设施项目建设，并日益显露出巨大的技术优势和发展潜力，其应用成果为数字建造理论建构提供了丰沃的土壤。

未来已来，展现和展望数字建造技术领域前沿是本书希望呈现的特色。数字技术发展日新月异，其与工程建造深度融合，在诸多方面展露出蓬勃生机，受到业界的广泛关注。从全球范围看，数字建造理论和技术应用研究正在成为热点。本书从政府治理、企业创新、用户体验等多方视角，以全球视野追踪研究前沿和最佳实践，力图全景式展现数字建造领域的最新成果，以飨读者。

本书是笔者主持的国家自然科学基金重点项目“数字建造模式下的工程项目管理理论与方法研究”、中国工程院“数字建造框架体系”和“中国建造2035”咨询项目的研究成果。全书由丁烈云拟定总体结构、撰写内容，修改定稿。具体分工如下：第1章，丁烈云、叶艳兵；第2章，丁烈云、叶艳兵；第3章，丁烈云；第4章，叶艳兵；第5章，周诚；第6章，王帆、陈珂；第7章，骆汉宾、陈珂；第8章，周迎；第9章，钟波涛。

本书在撰写过程中，得到了钱七虎院士、胡文瑞院士、丁士昭教授、方东平教授以及专家组和编委会的各位专家的悉心指导。中国建筑工业出版社沈元勤编审、赵晓菲主任，以及朱晓瑜等各位编辑为本书的出版付出了辛勤劳动。本书引用了国内外相关研究与应用的新成果，所引用的案例得到了北京市建筑设计研究院、中国交通建设集团、中国建筑第三工程局、中国建筑第八工程局、上海建工集团等单位的大力支持。在此表示衷心的感谢。

数字建造方兴未艾。由于认识局限、水平有限，著者对数字建造的理解难免存在偏差，甚至谬误，恳请大家批评指正。

丁烈云

2019年11月于武昌喻家山

目录 | Contents

第 8 章 建造服务化

第 9 章 建造平台化

索 引

参考文献

CHAP

1

第1章

数字建造的兴起

工程建造是人类重要的造物活动，也是国民经济的重要支柱和引擎，在新一轮科技革命大背景下，工程建造面临着产业转型升级的新机遇。本章通过梳理发达国家政府和行业企业在工程建造数字化方面的努力与进展，结合当前工程建造存在的问题与挑战，借鉴制造业及相关产业变革的启示，阐述数字建造兴起的背景和内在逻辑。

1.1 抢占工程建造数字化高地

以数字化、网络化和智能化为标志的新一代信息技术，正在与各产业深度融合，催生新一轮的产业革命。电子商务已经颠覆传统的商业模式，社交网络令传统的通信出版行业备感压力，无人驾驶让人们憧憬智能交通的未来，区块链正在重塑金融行业，以智能制造为核心的制造业变革席卷全球，成为竞争焦点，如德国的工业4.0、美国的工业互联网、英国的高价值制造、日本的工业价值网络以及中国制造2025战略等。随着数字技术的快速发展与广泛应用，人类的生产和生活方式正在发生颠覆性改变。

为了抓住新一轮科技革命的历史性机遇、实现工程建造的创新发展，发达国家政府及行业企业正在审视工程建造的现实、反思工程建造面临的问题、探索行业发展的数字化未来、抢占工程建造数字化高地。

1.1.1 政府积极推进工程建造变革

早在2007年，美国“建筑设计2030”组织就提出了“2030挑战建筑节能计划”，倡导“到2030年，建筑所需要的能量完全来自于可再生能源”，这一计划一经提出就得到了美国建筑师学会（The American Insitute of Architects，AIA）的认可，并在此基础上发布了“AIA2030承诺”，提出了一个减少石油材料依赖、实行碳中性的工程建造创新策略框架。

为了实现“AIA2030承诺”，新技术的力量不可或缺。美国《大众科技》刊文指出，路面坑洞的自动感测、智能公路、弹性桥梁、智能水泥、水质监测、管网检测机器人等技术，将使“AIA2030承诺”成为可能。在这些应用技术的背后，都能看到新一代信息技术的踪影。

建筑信息模型（Building Information Model，BIM）是工程建造数字化的重要技术。美国高度重视BIM技术的推广与应用，如美国总务管理局（U.S. General Services Administration，GSA）2003年制定了国家3D-4D-BIM计划，美国总承包商协会2006年发布了《承包商BIM使用指南》，美国建筑师学会2008年颁布了BIM合同条款 E202–2008。2016年，美国国家建筑科学学会与BuildingSMART联盟合作发布了最新的第三版BIM实施标准，其内容涵盖建筑工程的场地规划、建筑设计、建造过程和运营使用全寿命周期过程。作为一个基于多方共识的行业规范，不仅有利于以BIM为核心的各类数字技术在工程建造领域的应用，也将在世界范围内产生较大的影响。

2017年，美国白宫颁布《美国基础设施重建计划》[1]，联邦政府拟在未来10年投入2000亿美元来撬动总共2万亿美元的基础设施投资，以改变基础设施建设严重落后的现状，促进经济增长和拉动就业，为提升美国的全球竞争力提供支持。这一重建计划并不是简单地对工程基础设施修补和恢复，而是力求交付更高性能的绿色可持续工程产品与服务，将美国基础设施提升到比以往更好的水平。

英国把建造上升到国家战略。2013年，英国政府制定了“Construction 2025”战略[2]，将英国建造2025的愿景描述为：英国建筑业应该成为一个以高素质、多元化的从业人员队伍而闻名的行业；一个高效且技术先进的行业；一个在低碳和绿色建筑出口方面处于世界领先地位的行业；一个能持续推动整个经济增长的行业。该战略提出的具体目标是到2025年，将工程全寿命周期成本降低33%，工程进度加快50%，工程相关的温室气体排放减少50%，工程建造出口增加50%。

围绕这一战略，英国建筑业协会BIM 2050项目组提出了英国建筑业数字化创新发展路线图：到2020年，实现数字技术的局部集成应用以及移动技术的部署与集成；从2020到2030年，实现数字化集成，将业务流程、结构化数据以及预测性人工智能进行集成，实现智慧化的基础设施和运营；从2030到2040年，将人工智能实际用于工程预测与后评价，逐渐普及建筑机器人；自2040年后，人工智能在工程建造中得到广泛应用，智能自适应材料和基础设施产品日益普及，生态化基础设施成为主流。

在进入老龄化社会、劳动力人口减少的背景下，2015年日本内阁会议通过了新的《日本再兴战略》，明确提出要以物联网（Internet of Things，IoT）、大数据、人工智能为支撑，推进以人为本的“生产力革命”。日本内阁府在《第五期科学技术基本计划（2016—2020）》中提出，通过高度融合网络空间（虚拟空间）和物理空间（真实空间）的系统，均衡发展经济、解决社会问题，实现以人为本的未来社会，号称Society 5.0[3]。日本国土交通省也开始在建设工地实施“ICT土木工程”，取名“I–Construction（建设工地的生产力革命）”，目标是到2025年将建筑工地的生产率提高20%，将由内因造成的安全事故降为0，到2030年实现建筑生产与三维数据全面结合，其核心技术是CIM（Construction Information Modeling/Management）。

德国联邦交通与数字基础设施部于2015年发布了《数字化设计与建造发展路线图》[4]，对工程建造领域的数字化设计、施工和运营的变革路径进行了描述，核心措施是在德国联邦运输和数字基础设施部的所辖领域逐步采用BIM，持续提高工程设计精确度和成本确定性，不断优化工程全寿命周期成本绩效，并保证改革委员会的各项决议能够有效得到落实。德国联邦铁路公司也发布了与《工业4.0战略》相对应的《铁路4.0战略》，明确了铁路数字化发展举措：建立智能化铁路运营系统、形成以客户为中心的服务系统、营造创新驱动型文化氛围。

中国作为全球工程建造大国，也在逐步加大对工程建造数字化、信息化转型的政策推进力度，陆续发布了生态文明建设、新型城镇化等发展战略以及“一带一路”倡议，自2003年以来，已连续多次发布全国建筑业信息化发展纲要，旨在推动BIM、物联网、大数据以及人工智能的应用，并于2017年颁布了BIM应用标准。

抓住新一轮科技革命的历史机遇，以创新驱动工程建造过程和产品变革，力求打造“以人为本的美好生活”，正在成为众多国家的共同选择。在工程产品与服务方面，追求安全、舒适、耐久和绿色化；在工程建造过程方面，力求高效率、高质量、零事故和可持续发展；在产业变革的驱动力方面，则关注以数字化、网络化和智能化技术为核心的新材料、新工具和新方法的探索与创新。可以说，政府的倡导、推进与支持，为工程建造的数字化创新发展提供了良好的市场需求前景和政策支持。

1.1.2 企业把握数字化创新先机

2017年，麦肯锡全球研究院（McKinsey Global Institute，MGI）发布了行业研究报告《重塑建筑业：通往高生产效率之路》[5]，系统分析了导致建筑业劳动生产率陷入困境的原因，提出了充分利用新一代数字技术重塑监管以提高透明度、重构合同框架、重塑设计方法与流程、加强采购和供应链管理、提高施工现场管理水平和从业人员素养等方面的改进实践策略。在麦肯锡同年发布的另一份研究报告《想象建筑业的数字化未来》中[6]，进一步分析了建筑业在数字化方面的滞后、成因及其产生的众多问题，系统描述了建筑业数字化图景的五个方面：更为清晰的测量和地理定位、下一代5D建筑信息建模、数字协作与移动化、物联网和高级数据分析、与时俱进的设计和施工技术。一些创新型企业早已关注数字技术的上述发展趋势，通过技术创新把握市场先机。

在工程软件方面，以Autodesk、GraphiSoft以及Bentley为代表的工程软件技术供应商，依托其传统市场优势，纷纷推出以BIM为核心的工程全寿命周期解决方案，以云计算和面向服务的架构，高效率地为市场主体提供多元、集成的工程软件服务，并通过用户使用初期低价准入后逐步提高价格，或"上传建模数据即可免费使用"等市场策略，积极抢占全球BIM软件市场。

构建工程建造技术服务平台正在成为数字时代企业拓展服务领域的新趋势。以工程测量仪器为主业的天宝公司（Trimble）成立了专门的建筑部门，开发了设计-施工-运营（DBO）服务平台，协同硬件、软件和服务产品的技术组合，致力于简化设计-建造-管理周期中的各项作业活动，为业内专业人士提供有针对性的解决方案，使他们更好地完成自己的工作并提高精度、效率和盈利水平。

在工程机械制造与应用领域，可编程控制的工程机械与建造机器人备受关注。越来越多的工程机械设备厂商进行数字化、智能化转型，抢占高端工程机械市场。日本小松公司于2014年将内置IMC（智能机器控制）技术的智能挖掘机推向市场，推动工程机械向智能化方向发展。2016年，卡特彼勒公司在德国宝马展上向行业公布了前瞻性的"智能机器时代"数字技术战略，依托CAT-CONNECT创新技术，实现工程机械内部发动机和零部件之间、设备之间、机队之间的互联互通。卡特彼勒通过与UPTAKE的合作，利用车载传感器，采集分布全球的工程机械所在位置、工作路径、燃油效率、闲置时间以及机械发动机的温度、转速、电压等数据，在大数据分析支持下，实现工程机械化合理调配使用、预测性维修保养、功能质量的改进与提升。

与此同时，工业化发达国家正在加紧研发各类工程建造机器人，如仿生结构机器人、焊接机器人、木结构加工机器人、砌砖机器人、金属加工机器人、安装机器人等。目前日本清水建设公司已推出用于钢骨柱焊接、板材安装和建筑物料自动运送三款智能机器人；还有一些建造机器人处于概念样机阶段，如加州理工的全地形六足建造机器人、MIT的履带式可移动数字建造平台DCP等。此外，用于工程运维的机器人，已有较为成熟的产品，如高楼清洗机器人、管道巡检机器人、轨道巡检机器人、桥索检测机器人、桥体检测机器人、小区安防机器人、物业服务机器人等。

在工程大数据与人工智能方面，也有了一些成功探索。如利用计算机视觉和语音识别技术，从建筑工地采集海量的现场照片和视频数据，然后利用深度学习算法与技术进行处理，标记可能的安全风险，通过平板电脑终端及时、准确地向工人提供有针对性的安全建议和教育培训，实现持续的安全行为矫正［图1-1（a）］。也有房屋保险服务公司通过利用房屋及其相关空间地理图像，通过计算机视觉和机器学习，获取各类结构化数据——包括房产的尺寸、是否使用太阳能板、屋顶的状况，将现有的空间图像转换成结构化的房产信息数据库，从而提高评估房产保险费率的准确性与效率，提供高效准确的房产保险与再保险服务［图1-1（b）］。还有通过在铁路沿线布设各类传感器网络，利用海量的铁路数字资源，实时评估铁路运营情况，并预测性地提出改进建议，以求降低铁路运营的人力和管理成本［图1-1（c）］。

越来越多的工程建造企业着眼未来、抢占市场先机，尝试将数字化和自动化技术用于工程建造实践，从而实现设计、施工和运维全过程的技术升级。

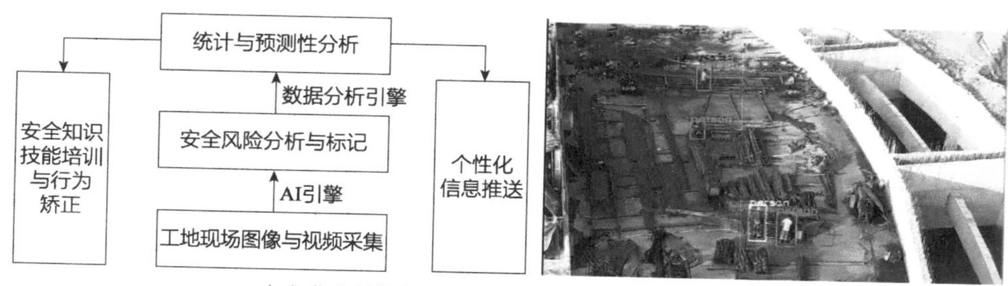

（a）华中科技大学：利用大数据提升工地安全水平

（b）Cape Analytics：利用大数据改进物业保险与再保险业务

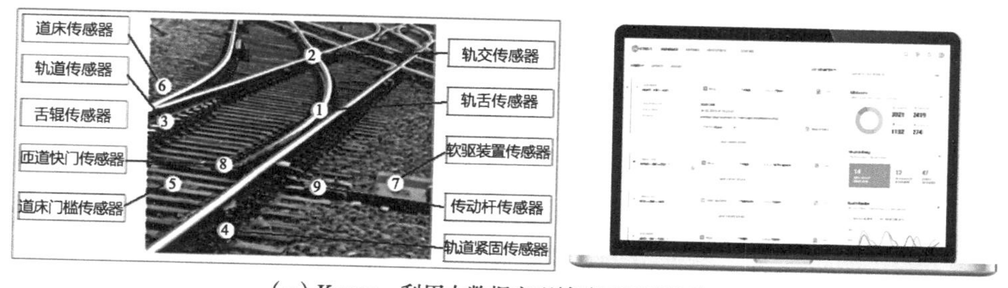

（c）Konux：利用大数据实现铁路可预测性维护

图1-1　大数据驱动的工程建造与服务创新

［图片来源：（b）https://capeanalytics.com/；（c）https://www.konux.com/］

1.1.3 跨界拓展市场份额

长期以来，建筑业的科技创新投入一直落后于制造业。但是，作为一个拥有庞大市场空间的行业，建筑业的数字化转型正在吸引众多风险资本的青睐，全球建筑科技创业与投资正在持续升温，跨界竞争日趋激烈，越来越多的新兴创业公司利用新一代信息技术，以更低的成本、更少的资源消耗来实现速度更快、效率更高、品质更佳的工程建造。

自2010年以来，建筑科技创新公司的风险融资总额已达数十亿美元，并处于持续增长趋势[7]，如图1-2所示。建筑科技创新业务内容涉及设计工具、可视化、项目管理、施工技术以及交易服务等领域，投资热度排名前3的分别是工程协同软件、非现场施工/装配式建筑、基于人工智能与大数据的项目管理软件。

图1-2 建筑科技风险投资持续增长
（数据来源：资本实验室）

2018年，全球知名的玩具制造商乐高宣布进军装配式建筑市场，拟在丹麦及墨西哥建设两个装配式建造工厂，将建筑业的标准与乐高玩具模块进行有机结合。乐高联合哥本哈根大学以及BIG设计事务所完成“LEGO PC（混凝土预制件）”的研发和实践，并利用BIM设计平台、模块化生产、装配式施工实现房屋的积木化快速搭建。

从事装配式建筑的Katerra公司，2018年获得软银8.65亿美元D轮融资，拟将公司打造为利用数字技术实现装配式建造全产业链服务的技术创新公司。与Katerra竞争的还有为用户提供定制化预制房屋的Method Homes、Factory OS等企业。此外，多家中国工程机械制造企业，也以数字化、智能化工程机械为创新突破口，进军建筑业，构建从装配式建筑工艺装备、PC（Precast Concrete）部品部件、EPC（Engineering Procurement Construction）总包管理、建筑开发到运营的全产业链模式。

埃隆·马斯克除了造汽车、发射火箭，对挖隧道也产生了兴趣，为此于2016年专门成立了“无聊公司”（The Boring Company），试图通过缩小隧道直径并采用智能技术改造盾构挖掘机，以更低的成本、更快的速度挖隧道。其设想的隧道系统分为多层，每条隧道一通到底，实现点对点的通行，最终打造成“蜂窝”状的三维隧道交通系统。

更值得关注的是，在制造业数字化转型历程中取得成功的达索公司（Dassault），近年来也开始积极进军工程建造技术服务市场，推出了“土木工程设计与建造3D体验”解决方案，该方案以数据管理平台为核心，集建模、仿真、协同、管理为一体，用于搭建企业级三维可视化BIM项目管理平台，能够与多个项目进度流程有机结合，从三维表现、碰撞检查、进度管理、成本控制、虚拟体验、培训运维等各方面综合服务于整体项目，实现建筑全寿命期的信息管理。

在建筑产业链的下游，提供智能建筑，甚至智慧城市服务，已成为一些知名企业的战略布局，如谷歌公司人行道实验室（Sidewalk Labs）与多伦多市政府合作建设的Quayside高科技社区，重新定义城市生活；微软公司与房地产公司合作，计划在亚利桑那州凤凰城建造名为Belmont的社区，该社区将围绕高速数字网络、数据中心、无人驾驶车辆与自动化物流中心进行全新设计；阿里巴巴、腾讯、华为、平安等企业也都积极推出其智能建筑和智慧城市解决方案，进军城市建设市场。此外，苹果、亚马逊以及小米等众多IT企业，也都发布了智慧家居解决方案，将其产业布局向规模庞大的建筑业渗透。

数字时代的来临，有可能会重构整个工程建造生态圈，不仅会影响到现存的实体建筑商，还会催生出众多与工程建造相关的软硬件供应商、网络服务商、专业咨询服务商、征信机构、金融机构等合作伙伴，从采购、施工、大数据处理、金融、运维等方面拓展出巨大的市场空间，一个全新的“互联网+建造”和“AI+建造”的产业互联网创新模式正在兴起。

可以预期，在不远的未来，我们将看到：更多的无人机用于勘察测绘与施工现场分析；可穿戴设备帮助现场工作人员提高工作效率；防护施工机器人用于提升施工安全性和效率；虚拟现实设备通过介入设计、施工、交付和运维全过程，给各方带来全新的体验；建筑设备分享经济模式帮助建筑企业降低成本；互联网金融支持建筑企业供应链融资管理；互联网保险为建筑企业提供更高效的财产与人身保障；区块链技术应用于提升建筑企业合同与信用管理等。

1.2 传统工程建造方式的困境

我国是制造大国，同时也是建造大国，高速工业化进程造就大制造，高速城镇化进程引发大建造。同城镇化必然伴随着工业化一样，大建造与大制造之间有着必然的密切关系，建造为制造提供基础设施，制造为建造提供丰富的原材料和先进的技术装备。

过去30多年，我国工程建造取得了巨大成就，根据最新公布的阿卡迪全球建筑资产财富指数（Arcadis Global Built Asset Wealth Index）报告，我国建筑资产规模已超过美国，成为全球建筑资产规模最大的国家，且在多个领域位居世界第1[8]。目前全球十大最高建筑中，我国占比超过一半；桥梁工程不仅数量多，而且排在世界前10的大跨度拱桥、梁桥、斜拉桥、悬索桥中，其占比也超过一半；截至2018年底，我国高铁营业里程已达到2.9万km，超过全球高铁总里程的2/3，成为世界上高铁里程最长、运输密度最高、成网运营场景最复杂的国家[9]；到“十三五”末，我国地铁运营总里程将达到7000km，是世界其他国家运营地铁里程之和，仅用不到20年时间就走过了西方发达国家百年地铁建设发展历程；仅仅10天功夫完成了火神山医院和雷神山医院建设，更是让全世界共同见证了中国建造的奇迹。

建造大国不仅仅体现在工程数量多、规模大等方面，还体现在建造技术的进步上。一些大规模复杂工程，需要提高建造技术和工程管理水平来克服工程难题。如位于高寒地区的青藏铁路建设，攻克了冻土技术难题，克服了高原缺氧极端环境下的施工困难；港珠澳大桥，全长55km，其中5.6km是海底隧道，隧道每节沉管11m高、38m宽、180m长、8万t重，解决了海底隧道沉管法施工难题；还有632m高的上海中心超高层建筑工程建造技术；以及基于黎曼几何曲面逻辑的北京大兴国际机场工程；高铁更是我国一张靓丽的名片。

尽管我国已经成为全球建造大国，但还不是建造强国。碎片化、粗放式的工程建造方式带来一系列亟待解决的问题，如产品性能欠佳、资源浪费较大、安全问题突出、环境污染严重和生产效率较低等。同时，社会发展的新需求也使得工程建造的目标更加多元、活动更趋复杂，传统建造方式面临着巨大挑战。

1.2.1 劳动生产率

建筑业劳动生产效率低下，是一个全球性的问题。据麦肯锡研究报告显示，在过去的20年里，建筑业的总体劳动生产效率的年增长速度只有1%左右，显著落后于世界经济2.7%的年增长率，更落后于制造业3.6%的年增长率，如图1-3所示。

数字技术的渗透与赋能，为劳动生产率提升提供了新动力，但是，据麦肯锡的研究报告显示，从全球视角来看，与国民经济其他行业相比，建筑业仍然是劳动生产率增长速度最低的行业之一（图1-4）。

具体到各个国家，德国和日本作为全球工业效率的典范，近年来在建筑劳动生

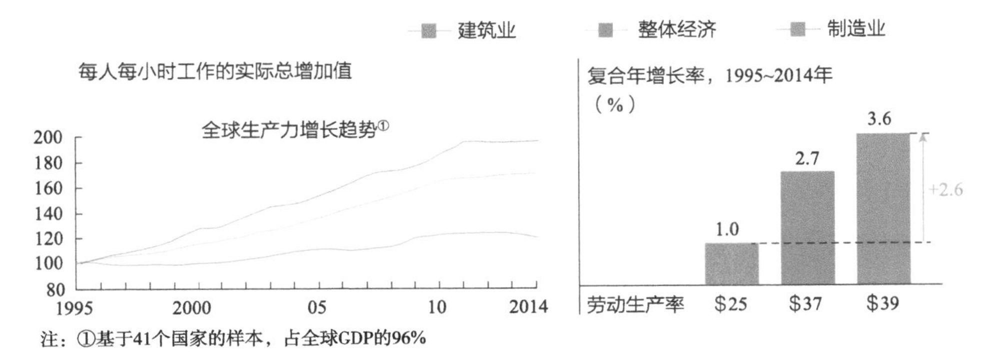

图1-3　建筑业劳动生产率水平相对较低
（资料来源：OECD；WIOD；GGCD-10. World Bank；BEA；BLS；土耳其，马来西亚和新加坡的国家统计机构；Rosstat；麦肯锡全球研究院分析）

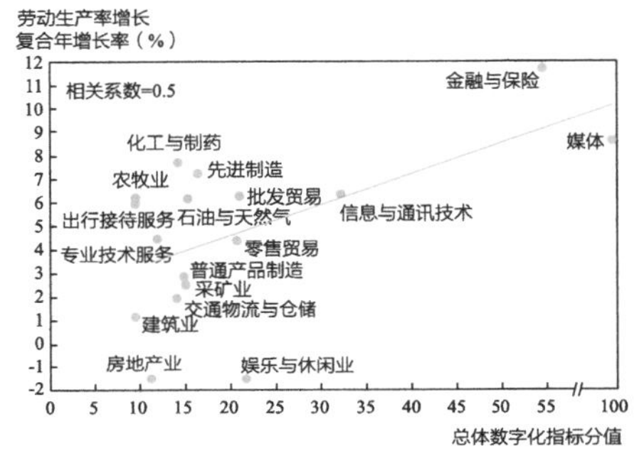

图1-4　数字化与国民经济各行业劳动生产率之间的相关度
（图片来源：麦肯锡报告《中国数字化经济》）

图1-5　中国建筑业产值利润率对比分析
（数据来源：《中国建筑业2018年统计公报》）

产率方面也几乎没有增长，法国和意大利的建筑业劳动生产率甚至下降了1/6。自20世纪60年代末以来，美国的建筑业劳动生产率已经下滑了一半，从1947年到2010年，美国制造业劳动生产率（经通胀调整）实际增长了760%，而建筑业仅为6%。另外，全球各种大型项目超计划工期的数量占到20%以上，超计划投资的项目数量更是达到80%以上。

自2009年以来，我国建筑业增加值占国内生产总值的比例始终保持在6.5%以上，建筑业产出乘数为3.0173，即建筑业每增加1亿元产值，所带动的国民经济其他行业增加2.0173亿元产值[10]。建筑业的影响力系数达到了1.22，位居国民经济各行业首位，国民经济支柱地位明显，但就产值利润率对比看，我国建筑业也远远低于工业平均水平，属于产值利润率最低的第二产业[11]（图1-5）。

在2019年《财富》世界500强排名中，我国共有24家基建、建筑类企业上榜，

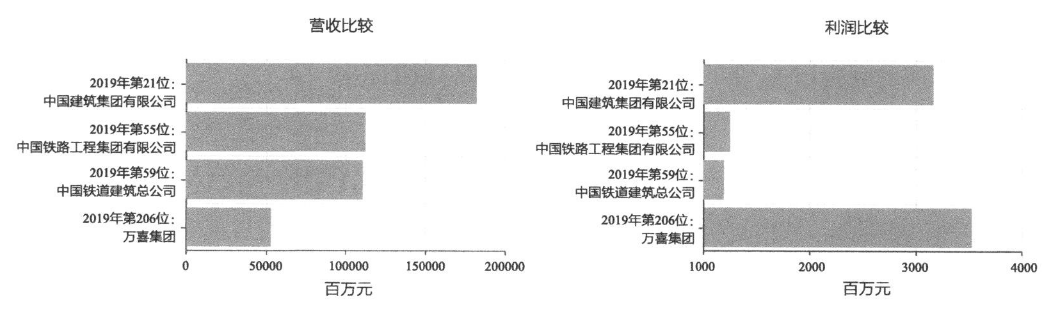

图1–6 建筑企业产值利润率的对比分析
（数据来源：财富中文网www.fortunechina.com）

其中中国建筑集团有限公司排名第21位，比2018年又上升3个位次，位列全球基建建筑类企业的首位。相比较而言，我国大型工程总承包企业在产值规模上比国际同类企业大得多，但利润率与发达国家企业相比存在较大差距（图1–6）。

1.2.2 资源消耗

建筑业是全球最大的原材料消耗产业，在工程全寿命周期过程中要消耗大量资源和能源。目前，全球建筑运营能耗已占到总能耗的30%以上，如果加上建设过程中的能耗，这一指标则接近50%。以美国为例，根据美国能源部的统计，美国家庭住宅的能耗占全国总能耗的25%[12]，仅商业建筑能耗便占到全国总能耗的19%[13]。

高能耗产生高碳排放，根据联合国环境署的数据，全球建筑全寿命期产生的碳排放占全球碳排放总量的30%，如按现有速度增长，到2050年，工程建造相关的碳排放将占全球碳排放总量50%[14]。未来大规模的工程建设不可避免会损害自然环境，这种自然资源利用状况显然不可持续。发达国家近年来高度关注建筑节能减排。2014年，美国能源部与国家城市联盟联合宣布实施“建筑零能耗加速计划”，力求在未来10年内实现节能20%的总体目标；至2030年，美国60%的建筑将被改造，同时开发更多的可持续发展社区与节能建筑群[15]。英国、德国、日本、丹麦、瑞士、瑞典和韩国等国家也都启动了相应的建筑节能减排战略和净零能耗建筑发展规划。

与发达国家相比，我国工程建造资源消耗量大、浪费现象严重。我国每年新增建筑面积超过20亿m^2，消耗了全世界40%左右的水泥和钢材；工程贪大求洋现象仍然存在，粗放式施工过程造成大量的资源损耗。另外，每年老旧工程拆除数量规模巨大，许多远未到使用寿命期限的道路、桥梁、大楼被提前拆除，带来的浪费尤其严重。

与此同时，工程建造活动产生的污染问题也不容忽视。建筑物所贡献的温室气体占到总排放量的15%，城市建筑垃圾占到垃圾总量的30%～40%，回收率仅为5%，而发达国家的资源化率已达到90%；污水回用率仅为发达国家的25%。全国各地出现的垃圾围城现象，很大程度上来源于建筑垃圾。以上海为例，每年建筑垃圾总量就超过2000万t，其中废弃混凝土超过1/3，大部分仅作填埋或初级利用，浪费了巨量的建材资源。另外，与建筑有关的空气污染、光污染等约占环境总体污染的34%[16]。

为此，我国制定了《绿色建筑行动方案》和相应的激励政策，颁布了各种建筑节能法律法规，强调控制新增非节能建筑、改造既有非节能建筑，在《国家新型城镇化规划（2014—2020）》中更是明确提出要加快绿色城市建设，在更大范围推广应用被动式超低能耗节能建筑和工业化建造生产方式。

1.2.3 作业环境

虽然人类科技进步日新月异，但工程建造从业人员所处的劳动环境仍然相对恶劣，这一状态正在催生工程建造领域日益严重的“用工荒”。工程建造专家Mark Farmer曾为英国政府撰写名为《现代化或许消亡》的咨询报告，他表示，工程建造领域劳动力的缺乏正在成为一个全球性的普遍现象。

普华永道也发布报告称，在美国，传统主义者几乎都离开了建筑劳动力市场，婴儿潮一代也已进入退休阶段，20世纪60年代中期至70年代末出生的一代也在逐渐淡出建筑劳动力市场。到2020年，千禧一代将占到全球劳动力的一半，但是这一辈年轻人更注重安全和健康，对薪酬优厚且不要求大学学历的建筑业工作岗位普遍缺乏兴趣。

日本的情况也不容乐观，由于老龄化、少子化和去劳动力化，日本建筑业在过去的14年中失去了30%的劳动力。年轻人不选择这个行业，而倾向于更加技能化的职业。未来几年，日本建筑业有将近100万的劳动力缺口。据《纽约时报》报道，日本政府正在出台一系列积极政策，吸引和鼓励女性进入目前以男性为主的建筑行业。

我国建筑业从业人数占全社会就业人员总数的7.13%，属于典型的劳动密集型产业。工作环境恶劣、安全事故频发，是新一代劳动者排斥选择建筑业就业的主要原因之一。由于机械化、自动化程度低，建筑业生产环境恶劣、作业条件差、劳动强度大，建筑施工已经成为高风险行业。据统计，2017年工程施工行业报告死亡人数达到3843人，远远高于发达国家（图1-7）。以机换人，改善劳动环境，降低劳动强度，刻不容缓。

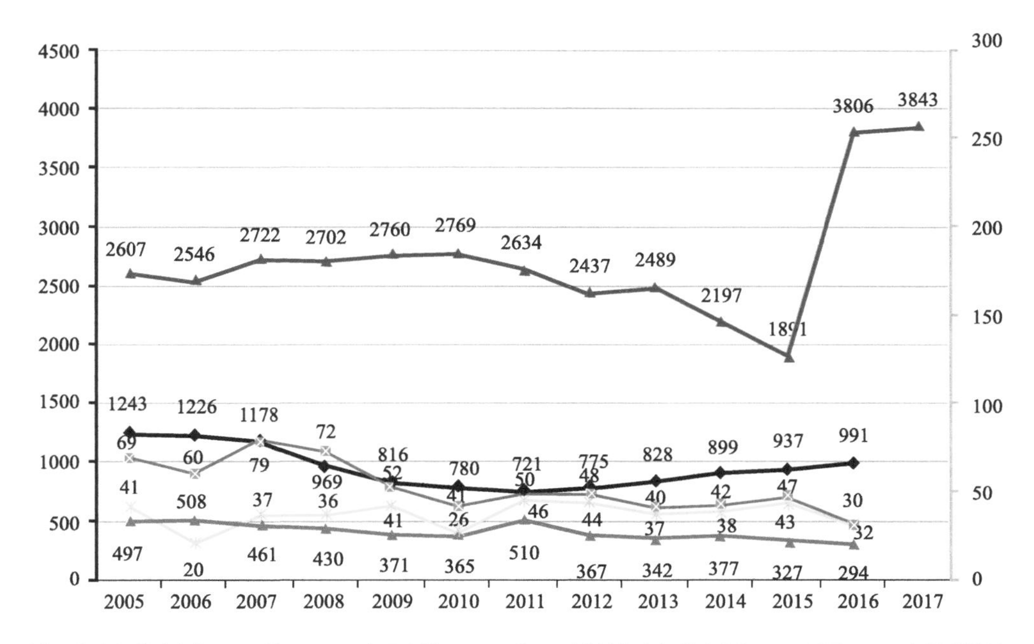

对应黑色坐标轴（左）：—◆—美国 —▲—中国内地 —▲—日本　对应棕色坐标轴（右）：—⊗—英国 —✳—中国香港地区

图1-7　各国（地区）建筑业死亡人数对比分析

[数据来源：中国安监总局（原）、各国和地区劳动统计部门]

与此同时，我国新增劳动力人口数量逐年减少，人口红利在消失，用工荒时代正在到来。国家统计局近年来发布的《农民工监测调查报告》数据显示[17]，2018年建筑业一线作业人员平均年龄为45.1岁，一线作业人员老龄化趋势明显，新增就业人口进入建筑业的比例在逐年降低。

1.2.4　产品品质

不可否认，最近30年，我国在基础设施建设方面取得了举世瞩目的成就，但是，基础设施产品和服务水平却并不乐观，根据2018年1月达沃斯世界经济论坛发布的《2017—2018年度全球竞争力指数报告》[18]，我国基础设施工程质量明显低于美国（表1-1）。

全球基础设施竞争力评估　　表1-1

评估项目	中国排名	美国排名
基础设施总体质量	47	10
公路质量	42	10
铁路基础设施质量	17	10
港口基础设施质量	49	9
航空运输基础设施质量	45	9

数据来源：达沃斯经济论坛《2017—2018年度全球竞争力指数报告》。

在房屋建筑产品方面，中国指数研究院2017年发布的调查报告指出，房屋质量、整改维修、投诉处理三类指标的满意度未见好转。除此之外，建筑寿命也是一个备受关注的焦点。据美国规划协会公布的数据表明，美国建筑的平均寿命达到74年，法国建筑的平均寿命为102年，英国建筑的平均寿命高达132年[19]。日本早稻田大学小松幸夫教授在他发表的《建筑物之长寿命化》研究报告中指出，日本的木结构房屋的平均寿命约为30年，钢筋混凝土建筑平均寿命约为60年[20]。在快速城镇化进程中，由于多种原因，我国建筑的平均寿命均低于上述国家。

工程产品功能也面临进一步提升的需求。除了满足安全、质量、成本的基本要求外，还要满足人性化、个性化、智能化、绿色化等新要求。气候变化、资源短缺、人口增长等全球性挑战给工程建造提出了新要求，实现工程产品绿色可持续是建筑业的发展方向，并出现了生态建筑、零能耗建筑、智能建筑、被动式建筑、绿色建筑、可持续建筑、主动式建筑等一系列的工程产品创新概念。

今天，世界人口的55%居住在城市地区，随着城市化的进程，预计到2050年这一比例将上升到68%，城市地区可能增加25亿人，其中接近90%的增长将发生在亚洲和非洲。以中国为例，未来20年，中国在城市地区居住的人口将达到80%左右[21]。如此多的人口不断向城市聚集，城市可持续发展问题无疑将变得更加重要。2016年，中国政府再次提出了新的建筑方针——“适用、经济、绿色、美观”，最终目的是与生态文明建设相适应，实现以人为本、绿色可持续发展。这是对工程建造提出的新要求和新挑战。

1.3 数字技术为工程建造转型升级提供新机遇

以数字化、网络化和智能化为特征的新一代信息技术开启了人类新一轮科技变革，将人类带入以算据、算力和算法为支撑的智能技术时代，颠覆性地提升人类的感知、认知、决策和实践能力。新一代信息技术正在催生新兴产业，助力改造提升传统产业，深刻影响社会变革，推动人类由工业文明向生态文明迈进，同时也为工程建造转型升级提供了新的机遇。

1.3.1 制造业变革的启示

与工程建造一样，同为人类造物活动，制造业在历次科技变革中，都及时地抓住时代机遇，实现了生产力与生产关系的历史性变革。

1784年，珍妮纺织机的诞生，标志着英国最早步入机械力时代，由此开启了第一次工业革命历程。继珍妮纺织机之后，蒸汽机在采矿、冶炼、机器制造等行业迅速推广应用，机器生产代替了手工劳动，工厂代替了手工工场。生产效率的提高对运输业提出了迫切要求，催生了蒸汽机车和轮船等交通运输工具。纺织、冶金、采煤、机器制造和交通运输成为资本主义工业的五大支柱。英国建立的专利法和相应的土地制度，创办的英格兰中央银行，以及随后出现的一系列市场交易制度、货币金融制度、工厂制度为第一次工业革命提供了制度上的支持。

1834年，第一台实用电动机在德国诞生，1870年，在美国辛辛拉提屠宰场建立的第一条生产流水线，标志着电力技术开始实用化，人类进入第二次工业革命时代。科学、技术与工业生产的紧密结合，电力、内燃机的广泛使用，推动了大规模生产方式的日益普及，也使产业结构发生了深刻变化，以电力电子、石油化工、汽车、航空为代表的技术密集型产业快速崛起。生产力水平出现巨大飞跃，生产关系也随之不断调整，关税制度、股份公司制度、研发内部化制度、风险投资制度以及政府采购制度相继建立。通过生产和资本的高度集中，推动资本主义进入帝国主义阶段。

20世纪中期，以电子计算机的发明和应用为主要标志，开启了第三次工业革命。计算机技术、原子能技术、空间技术以及生物技术的广泛应用和渗透融合，不断扩大劳动对象范围和边界，劳动生产工具也更加自动化、智能化；劳动生产率的提高，不再简单依靠人的劳动强度增加，而是更多借助技术升级、工具改进和管理创新来实现。在社会生产力水平革命性提升的同时，也使得第一产业、第二产业在国民经济中的比重开始下降，第三产业的比重不断上升；科技成为国际竞争的焦点，现代管理逐渐发展为一门真正的科学。美国在知识产权保护、风险投资、反垄断以及企业并购等方面进行的制度创新，为其引领第三次工业革命进程提供了有力的支持。但是，不容忽视的是，诸如生态环境恶化、资源能源过度消耗、贫富差距过大等问题，正在日益蔓延为全球共同面临的挑战。

进入21世纪以来，随着人工智能、清洁能源、机器人、量子信息以及生物技术的不断进步，人类正在进入第四次工业革命——绿色工业革命时代。一系列生产函数正在从以自然要素投入为特征，转向以绿色要素投入为特征跃迁。通过将工业生产系统与组织管理系统，甚至与客户需求的系统连接，构建起工业信息物理系统，实现大规模定制生产模式，大幅度提高资源利用率，使得经济增长与不可再生资源要素脱钩、与二氧化碳等温室气体排放脱钩，并进而普及至整个社会，一场绿色、生态革命正在来临。

纵观人类社会发展以及历次工业革命历程，其基本特征是人类信息空间尺度的不断增加、物理空间尺度的不断缩小。

如果说蒸汽机的应用解放了人的双手，电力技术的应用解放了人的双脚，计算机和网络技术解放了人的神经系统，那么新一代信息技术则致力于解放人的大脑，使人拥有一个新的独立于人脑的信息空间——电脑信息空间，并不断演化发展为完整、独立、强大的网络虚拟信息空间——“信息–物理–社会”融合的信息空间[22]，革命性地改变人类所处的物理空间、社会空间，甚至人类自身。

在“信息–物理–社会”融合的网络信息空间支持下，人们认识自然（自己）、改造自然（自己）的方式正在发生革命性变化，如认知物理空间，可以不必直接去观测它，转而通过各种信息工具去观测与计算；改造物理空间，也可以不直接去改造它，而是通过人机交互、大数据、自动化装备去高效率地完成，真正实现“人在系统之中”的场景构建，使物理社会与网络社会的实时化平行互动成为现实[23]。

在制造领域，德国的工业4.0、美国的工业互联网、日本的工业价值链、英国的高价值制造以及中国制造2025，虽然在战略重心和价值链定位方面各有不同，但是共同愿景都是通过信息空间、物理空间、社会空间三者的融合，形成“信息–物理–社会”系统（Cyber–physical–social Systems，CPSS），即物理、认知、计算和社会等资源的一体化协调与融合，这必将带来全球新一轮的生产力与生产关系变革。

1.3.2 不能再慢一拍

如前所述，人类社会每一次科技革命的成果，都在制造业得到了迅速的关注和广泛的应用，进而推动制造业走出了一条机械化、电气化、自动化到智能化的发展道路。但是，相比而言，曾经作为技术集大成的工程建造，却在把握科技革命机遇、推动技术融合创新与应用方面总是滞后一拍（表1–2）。

科技革命中滞后一拍的工程建造　　表1–2

工业革命通用目的技术	制造业标志性事件	时间	建筑业标志性事件	时间	时差
蒸汽机	蒸汽纺织机	1784 年	蒸汽挖掘机出现	1833 年	49 年
内燃机、电力	第一台柴油发动机车问世	1893 年	卡特彼勒推出柴油推土机	1931 年	38 年
	通用半自动生产流水线	1913 年	第一条 PC 构件生产线	1954 年	41 年

续表

工业革命通用目的技术	制造业标志性事件	时间	建筑业标志性事件	时间	时差
计算机技术	CAM 第一台数控机床	1952 年	第一台数控推土机	1996 年	44 年
	CAD：计算机辅助设计	1958 年	计算机辅助设计	1982 年	24 年
	三维 CAD 应用	1962 年	ArchiCAD 发布	1987 年	25 年
	ANSYS：第一款商业化通用有限元分析软件	1965 年	土木工程商用有限元分析软件 Atena 发布	1981 年	16 年
	AutoPros：第一款计算机辅助工艺规划系统软件	1969 年	装配式建造工艺设计软件 ALL Plan 发布	1980 年	11 年
	PTC 公司推出 PRO/ENGINEER 的参数化集成设计软件	1985 年	建筑参数化设计软件 Rhino V1.0 发布	1998 年	13 年

数据来源：作者调查统计。

从技术角度看，是通用目的技术与产业技术的融合与创新，推动了每一次产业革命的发生与发展。所谓通用目的技术，是指对人类经济社会转型产生深远影响的技术，如催生第一次工业革命的蒸汽机技术、第二次工业革命时期的内燃机与电力技术，以及带来第三次工业革命的计算机技术等。1784年，蒸汽机技术与纺织技术相结合，制造出珍妮纺织机；直到49年后，第一台蒸汽挖掘机才在工程建造领域诞生。内燃机和电力技术出现后，制造出了各种机车，甚至建立起半自动生产流水线；而大约40年后，相关技术才在工程建造领域得到产业化应用。计算机技术的出现，革命性地改变了制造业设计、分析、工艺规划、生产制造以及组织管理的方式；计算机技术在工程建造领域的应用，整体上也滞后约20年。总体来看，工程建造对于通用目的技术的吸纳与应用比制造业总是滞后一拍，当然，滞后的时间在逐步缩短。

事实上，人们也一直在努力推动通用目的技术与工程建造的融合应用。比如，从20世纪80年代起，各国陆续发起了轰轰烈烈的甩图板运动，计算机辅助设计（Computer Aided Design，CAD）开始得到推广普及；利用以ANSYS为代表的计算机辅助工程（Computer Aided Engineering，CAE）软件进行工程仿真分析也逐渐被人们接受；工程机械设备厂商也在大力推进工程机械的数字化变革；各种工程软件也得到了广泛的推广应用，以BIM为代表的新兴技术受到各国政府和业界企业的高度重视。但是，数字化技术与工程建造的融合，仍然不容乐观，据麦肯锡2016年发布的《想象建筑业的数字化未来》（*Imagining Construction's Digital Future*）报告显示，建筑业是美国数字化水平倒数第2的行业，仅高于农牧业（图1–8）。

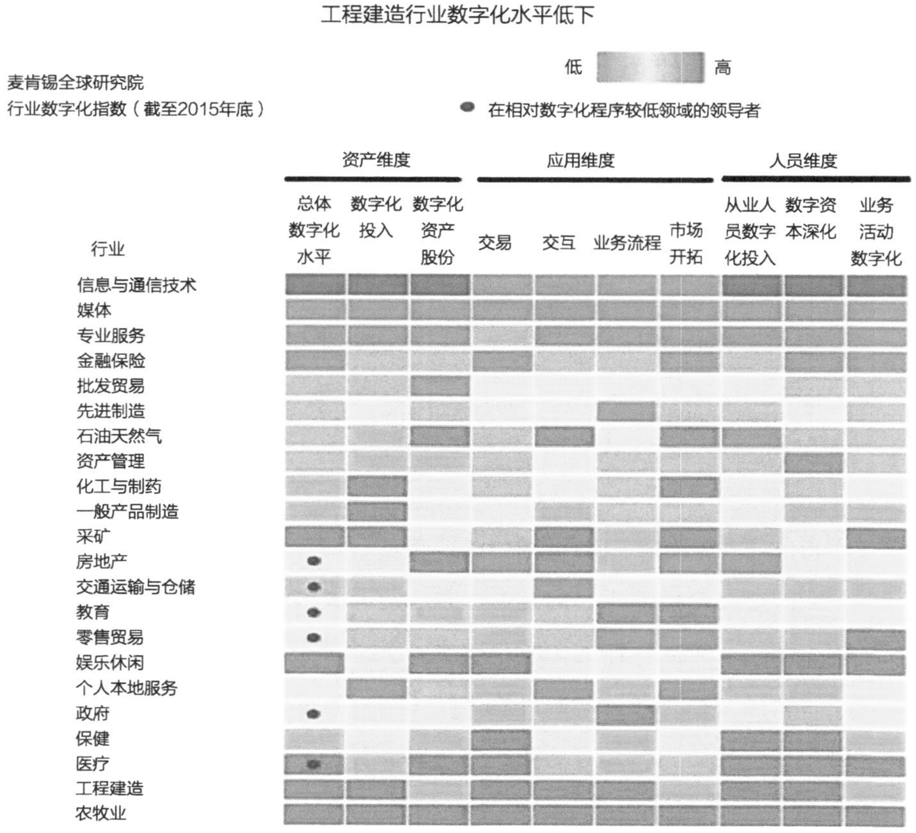

工程建造行业数字化水平低下

低  高

麦肯锡全球研究院
行业数字化指数（截至2015年底）

● 在相对数字化程序较低领域的领导者

资产维度 应用维度 人员维度

行业 总体数字化水平 数字化投入 数字化资产股份 交易 交互 业务流程 市场开拓 从业人员数字化投入 数字资本深化 业务活动数字化

信息与通信技术
媒体
专业服务
金融保险
批发贸易
先进制造
石油天然气
资产管理
化工与制药
一般产品制造
采矿
房地产
交通运输与仓储
教育
零售贸易
娱乐休闲
个人本地服务
政府
保健
医疗
工程建造
农牧业

图1-8 全球各行业数字化水平对比
（图片来源：译自麦肯锡全球研究院报告《想象建筑业的未来》）

1.3.3 并行式跨越发展

20世纪70年代，以美国、欧洲、日本为代表的工业化国家纷纷构建了各具特色的工业化建造体系，采用现代工业化手段进行工程建造的比例已高达80%左右，稳步走过了从标准化、多样化、工业化到集约化、信息化的不断演变和完善过程。可以说，西方发达国家，工程建造的变革是一个串联式发展过程。

我国由于历史的原因，错过了前几次工业革命，直到中华人民共和国成立之后才开始逐渐有组织地推动工业化转型。改革开放以来，我国工业化进程快速推进，全方位缩小与发达国家的差距，但是在机械化、电气化、信息化方面的现实差距仍然无法回避。以制造业为例，中国制造2025战略的核心是“工业化与信息化”两化融合，加上最近颁布的人工智能发展规划，事实上形成了“工业化、信息化、智能化”三化融合态势，是一种并行式的发展模式。

与制造业相比，我国工程建造更应该抓住数字化、网络化和智能化的新机遇，将现代建造技术与现代信息技术深度融合，实现并行式跨越发展。

我国工程建造迄今仍未形成完整的工业化建造体系，工程机械领域虽然取得了长足进步，但是在液压传动、数字控制以及生态环保等关键核心技术方面与发达国家的一些工程机械企业相比还有不小的差距；在工程软件方面，80%的设计软件、95%的仿真计算软件和工艺规划软件等核心软件均为国外品牌所占领，我国的工程软件企业屈指可数，且都处于价值链低端。在从业人员方面，我国还缺乏大批经历过与机器磨合考验的产业工人。

可以说，我国工程建造是在还没有完成工业化转型，甚至是没有实现机械化的基础上，就直接进入了数字化、智能化竞争时代。为了抓住新一轮科技革命的历史性机遇，积极参与全球竞争，为强国战略提供高质量工程产品，不仅需要准确把握科技发展智能化前沿，还要夯实自动化、信息化基础，更要同步补上机械化、工业化的功课，探索出一条并行发展的创新之路。

我国作为全球工程建造大国，具有实现并行式跨越发展的有利条件。比如，庞大的市场空间产生巨大的需求拉动力，日趋完整的工业化体系提供了要素支撑，独有的工程大数据优势为人工智能的发展奠定良好基础。

工程建造的数字化创新，需要向制造业学习，但又无法简单照搬制造业的数字化创新成果。因为与工业产品制造相比，工程建造有着自身独有的特点，比如工业产品制造通常是制造工具固定，原材料和在制品保持流动；而工程建造则是建造工具与原材料具有较大的动态性，产品的位置不动。以机器人的应用为例，按照日本清水建设公司的统计，目前采用工业机器人核心技术开发的建造机器人，只能完成工程建造不到1%的任务，机器人要想真正走上工程建造主战场，还需要攻克一系列的关键技术难题。

总体来说，数字技术与工程建造的融合创新是一个复杂的系统变革过程，不可能通过将两者进行要素层面的结合就能一蹴而就地实现，也不可能坐等制造业为工程建造提供全部的创新资源，更不可能简单模仿西方发达国家串联式发展的路径。必须立足国情，遵循工程规律，抢抓机遇，探索一条具有中国特色的工程建造并行发展创新道路。

CHAP

2

第2章

数字建造框架体系

本章在全面梳理数字建造相关研究和实践的基础上，阐述数字建造的内涵，构建数字建造系统框架，介绍数字建造支撑技术、应用特征与功能目标，并将其与各种工程建造创新模式进行对比，分析数字建造在工程建造创新发展进程中的价值。

2.1 数字建造的内涵

什么是数字建造，目前还没有一个统一的表述。对此，不少学者和业界人士从不同的视角进行了有益探索，并提出了类似概念。这些概念对建造数字化的理解各有侧重，包括技术、管理、工程产品与服务等。需要说明的是，对这些概念从不同的视角进行解读是为了更好地阐述数字建造的内涵，并不是所述的概念只体现单一视角涵义。本节在讨论这些概念的基础上，试图给出数字建造内涵的系统表述。

2.1.1 从技术创新维度看数字建造

随着CAD（计算机辅助设计）、CAE（计算机辅助工程）、计算机辅助工艺规划（Computer Aided Process Planning，CAPP）、计算机辅助生产（Computer Aided Manufacturing，CAM）等技术越来越多地在工程建造领域得到应用，工程设计、施工技术也在不断进步，如计算设计方法（Computational Design）、数字加工技术（Digital Fabrication）、数字建构（Digital Tectonics）和数字工匠（Digital Crafting）等。

所谓计算设计，是一种将计算科学与技术同工程设计系统结合的工程设计新方法，其理念是在数字化环境下重新理解设计，强调利用数字化工具，以更为全面和灵活的方式来支持设计师完成更好的工程设计[24]。如果说传统的设计更多是依赖于设计师个人的直觉和经验，那么计算设计更多侧重于使用计算机技术来帮助解决设计问题，其本质是以数理计算逻辑优化几何形态逻辑，尤以参数化设计和生成式设计为代表。计算设计方法的应用给用户带来了更为美观、科学和适用的工程产品，如美国芝加哥的水滴塔，借助计算机生成式设计技术，按照既定设计规则，通过计算机计算得到了一系列不规则弧形阳台的组合，从而创造出湖泊、波浪等丰富的立面样式，在满足个性化功能需求的同时，给人以美的感受。

由计算设计形成的复杂工程造型，对传统的工程施工技术提出了巨大挑战。1977年，William Mitchell首次提出数字加工概念，主张通过建立生产机器与计算机图形系统之间的接口，实现数字驱动的工程构件加工和现场施工作业，以便于建设形态非常复杂的工程设施[25]。数字加工的核心是借助数控机械、激光切割装置、3D打印以及建造机器人，实现CAD与CAM集成支持下的建筑构件制造与装配。具体来说，就是利用数字化来探索建筑材料之间的连接方式，利用运算系统创建数字化的施工工艺流程文件，驱动具有特定性能的数控设备，将虚拟的个性化工程设计方案转化为物理实际，在此过程中，需要对工程设计、工程材料、加工工艺等要素进行综合考虑，借助数字算法实现数字化和物质化的有机统一。

数字加工相关技术的日益丰富，迫切需要在更大范围推广应用。但是，与此同时又出现了一种困境，即懂建筑设计的人不熟悉数字加工，懂数字加工的人不懂建筑设计。基于此，里奇等人于2004年提出数字建构概念，其核心理念在于重新聚焦于建筑物的结构、建造完整性，以及建筑师、结构工程师与施工工程师之间的交流与合作，形成既符合设计师构思又适合科学建造的建筑设计方案[26]。数字建构被认为是物理和虚拟的交叉点，也代表着一种新的建筑思维范式。

数字工匠概念与数字建构类似，也是针对很多具有艺术审美和设计天赋的建筑设计师不熟悉先进的数字化设计与加工工具这一问题而提出来的，但是其侧重点在于如何使用数字工具来支持创造性的工艺实践，代表的是在设计空间和生产空间之间交互界面成熟基础上的一种建筑材料新物学。数字工匠主要探讨三个问题：数字逻辑如何成为建筑设计文化的有机组成部分；数字工具作为材料成型的一个组成部分，如何改变传统以形态逻辑为主的设计思维；数字设计与加工逻辑如何扩展建筑设计师对于形态、结构和施工的理解[27]。

随着虚拟现实技术的发展，美国发明者协会在1996年提出了虚拟施工（Virtual Construction）概念，即将实际施工过程在计算机虚拟世界里进行高仿真再现[28]，以便直观地发现并系统解决“这样组织施工是否合理？”等问题。

2.1.2 从技术与管理的集成维度看数字建造

在数字技术逐渐从工程设计向施工领域渗透的同时，人们也开始在更大的范围内探索数字技术在工程建造全寿命周期集成管理中的应用。

虚拟设计与施工（Virtual Design and Construction，VDC），是由斯坦福大学集成设施工程中心于2001年提出来的[29]。旨在利用建筑信息建模、多维信息集成、可视化虚拟仿真、信息驱动的协作，以及施工自动化等数字化技术，将工程建设项目中独立的、各业务部门的工作连接与集成起来，增强工程项目各参与主体间的沟通、交流与合作，协调处理项目交付过程中可能遇到的各类问题，实现项目的综合目标。

除了工程设计与施工，工程运营服务也逐渐被纳入工程建造数字化的范围，Fred Mills于2016年提出了数字建造（Digital Construction）概念，主张利用数字工具来改善工程产品的整个交付和运维服务流程，使建筑环境的交付、运营和更新更加协调、安全、高效，确保在建造过程全寿命周期的每一个阶段都能获得更好的结果[30]。在他的理解中，数字建造是利用信息技术（如互联网/BIM/云计算）、传感器技术及其他先进的数字化技术进行建筑设计、施工、运营等新型建造模式。这是目前比较完整表述数字建造内涵的概念。

S. Mihindu，Y. Arayici等人认为数字建造是解决工程建造领域低生产率的主动举措，主张通过利用建筑信息建模系统，实现工程项目整个生命周期的集成[31]。这个概念的重点是在工程建造全寿命周期内、各个利益主体之间创建和使用一致的数字信息。

工程建造的产品不止于建筑，国际土木工程协会主席蒂姆·博纳德（Tim Broyd）于2016年提出了数字土木工程（Digital Civil Engineering）概念，其核心是将数字化的理念由建筑拓展到更为广泛的土木工程产品，强调数字化的土木工程产品对于人类生活、生产方式的改变，认为数字技术可以改变工程设计、施工和运维方式，帮助人们提升土木工程产品与服务的综合品质。

日本小松在开发一系列自动化、智能化工程机械的基础上，提出了智慧施工（Smart Construction）的概念，即自动感知采集施工现场的所有信息，实时传送给后台系统进行分析处理，通过算法优化形成施工方案，并快速反馈回施工现场，指导工程机械施工作业。

随着人工智能技术的发展，也有人对工程建造向智能化方向发展给出了预期，John Stokoe于2016年提出了智能建造（Intelligent Construction）概念，强调要与时俱进，充分利用先进的数字技术，从全行业角度进行变革创新。他认为智能建造将彻底改变人们对建筑业的普遍看法——建筑业是劳动密集型、浪费严重、成本高昂和高风险的行业；无论是在经济上还是在物理上，智能建造都将创造一个动态、有效、高价值行业，吸引投资并成为新的经济驱动力。

2.1.3 从产品服务维度看数字建造

数字技术，在改变工程建造技术和管理的同时，也为用户带来了更高品质的工程产品与服务。从最初的建筑自动化系统（Building Automation）、家居自动化（Home Automation）到虚拟建筑（Virtual Building），以及最近兴起的智能家居（Smart Home），甚至充满未来想象力的智慧空间（Smart Space）等。

在20世纪50年代，部分工业化发达国家开始尝试在高层建筑中采用电子器件，以实现对建筑中机电设备进行简单有效的自动化控制。到20世纪80年代，在分布控制系统（Distributed Control Systems，DCS）理论指导下，建筑自动化（Building Automation）取得了长足的进步，计算机技术、控制技术、多媒体技术、传感器技术以及总线技术等被越来越多地应用于建筑产品和服务中。建筑设备系统规模的扩大和复杂性的增加，从业人员的劳动力成本的不断上升，建筑节能环保意识的普及，客观上推动了建筑自动化的发展。

另一个与之类似的概念是家居自动化（Home Automation），其对象由建筑楼宇转向居民住宅。后来此概念又演化为广为人知的智能家居（Smart Home），即以住宅为载体，面向人们日益丰富和高品质的居家生活需求，集成综合布线、网络通信、安全防范、自动控制、音视频交互和人工智能等技术，构建家居设施与居住生活的交互适应机制，实现安全便利、健康舒适、节能环保的智能家居生活方式。比尔·盖茨的世外桃源2.0是最早、也是最知名的代表作，反映着微软在智能家居方面的最新成果。近年来，谷歌、苹果、亚马逊以及小米等IT企业都推出了各具特色的智能家居解决方案。

在工程产品由自动化迈向智能化的过程中，数字技术功不可没，因为人们找到了在数字世界里面建构现实工程产品的方式，那就是虚拟建筑，这个概念最初由GraphiSOFT公司于1983年提出，是指对现有的或计划中的建筑进行形式化的数字描述[32]，从客户、设计、施工、运行和维护的角度，充分模拟和交流真实建筑在预期环境中的行为。通过采用系统的数据模型（如BIM），构建一个包含建筑所有信息的综合数据库，用于支持工程设计、施工和运维过程。随着技术的不断发展，人们甚至可以通过与虚拟建筑进行交互进而实现对实体建筑的控制。

随着实体建筑与虚拟建筑日益融合，建筑越来越具有了某种自主决策的能力，于是出现了智能建筑（Intelligent Building）的概念。美国是最早提出智能建筑概念的国家，1984年，美国哈特福德市诞生了世界上第一座智能大厦。随后，智能建筑开始在日本、欧洲等发达国家得到推广。智能建筑刚开始只针对办公楼和酒店等建筑，后来又逐步扩大到综合办公楼、机场航站楼以及日常住宅等建筑。

智能建筑的发展一方面得益于当时人们对工作和生活环境的舒适度、智能化、安全感等要求不断提高，节能和环保的时代主题促使人们开始关注建筑的节能。另一方面，信息技术的发展也是极其强大的推动力。计算机技术、自动控制技术、信息存储与传输技术、通信网络技术等高新科技，为建筑智能化管理提供条件，实现自动化办公技术与外界信息的快捷传递，从而为用户提供最佳的办公、居住条件。

当前，智能建筑越来越关注“以人为本、绿色可持续”，而不仅仅局限于一个靠网络连接的自动化技术装置的集合。借助智能化程度更高的控制系统，实现对多种技术进行有机整合，不断提升工程产品对环境的感知与自适应调节能力，例如实时的能效控制，或舒适性的优化等，并推动智能建筑往更开放、更优化的方向发展，从而进入了更高的发展阶段——智慧建筑（Smart Building）。

智慧建筑的概念最初是美国在20世纪末提出的，目前最权威的定义来自国际标准协会，即“智慧建筑是以建筑为载体，通过对建筑物5A系统（即BAS楼宇自动化系统、OAS办公自动化系统、FAS消防自动化系统、SAS安防自动化系统、CAS通信自动化系统）的控制确保人们享有的建筑环境最大程度的智能化”[33]。较之于智能建筑，智慧建筑在数字技术的应用方面更加先进和成熟，强调对各个智能系统的集成管理，以共同协作来实现建筑物的功能目标[34]。如A.H.Buckman曾指出，智慧建筑其核心是适应性，而不只是局限于反应性，以力求更好地满足建筑在能源、效率、寿命、舒适度和社会满意度的需求[35]。

如荷兰阿姆斯特丹的EDGE大楼，被认为是目前最环保、智能的大楼，英国建筑环保测评机构BREEAM将这座大楼的可持续发展分数定为98.4的高分，如图2-1所示。

打造具有“以人为本、绿色可持续”特征的智慧建筑，正在成为各国工程建造追求的新目标。如加利福尼亚州莫菲特地区NASA可持续发展基地，利用智能控制技术，全面感知建筑物的不同区域，有效管理流经建筑物的实时数据，以持续优化其能源消耗；巴林世贸中心项目借助智能化的能源系统，利用阿拉伯湾的海风动力进行发电，产生的电量可以满足建筑11%～15%能源需求；中国香港地区第一座“零碳”建筑——ZCB大厦，部署了2800个传感器及定制的BEPAD系统，将被动式设计与主动能效智能控制系统有机结合，能源需求减少了25%，实现了建筑能源的自给自足，并进一步追求“超能”目标，即通过产生比自身需要更多的电量，以抵消其建设过程中所产生的碳排放。

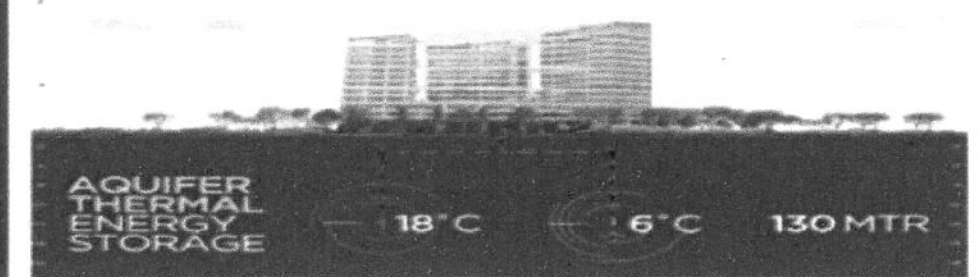

（a）物联网系统：2.8万个感测器，用于侦测动作、温度、灯光、红外线等。中控面板支持用户根据数据进行自适应调节

（b）手机APP：自动找寻停车位，个性化调节光线和温度

（c）巡逻机器人：可根据大楼使用情况进行自主清洁

（d）可持续能源利用：南立面、楼顶安装太阳能板，和普通办公楼相比，EDGE的用电量节省了70%

图2-1　荷兰阿姆斯特丹的EDGE大楼
（资料来源：世界经济论坛报告《塑造建筑业的未来》）

智慧建筑的发展，也吸引了众多科技巨头的关注。2019年4月竣工的苹果公司总部大楼Apple Park，被认为是当前全球最大的智慧大楼，正如乔布斯生前所说："我们很有可能，会建成这个世界上最棒的办公楼。它将是这个星球上从未有过的瑰丽、科技、磅礴、环保的巨型建筑！"Apple Park大楼沿袭苹果一贯的唯美与精益求精的风格，是具有工业级精度的建筑产品。大楼整体采用智能化控制系统，自适应地调节控制温度、灯光和空气湿度等，不需要空调，完全靠自然通风。大楼采用100%的可持续能源，实现自行供电，并与自然和谐相融。如图2-2所示。

阿里巴巴在2017年发布《智慧建筑白皮书》，描绘了从智能建筑到智慧建筑的发展趋势，对智慧建筑增加了三方面的特征描述：一是智慧建筑是一个具有全面感知能力和永远在线的"生命体"；二是智慧建筑拥有如人的大脑一般的自我进化平台；三是智慧建筑将成为一个人机物深度融合的开放生态系统。

腾讯推出了名为"微建筑"的智慧建筑平台，这是基于腾讯互联网核心能力的"硬件+软件+系统+云计算+可视化平台"的智慧城市整体解决方案，目的是通过对城市基础设施进行数字化改造，让人、建筑、环境互为协调，并具有感知、传输、运算、判断、决策的综合智慧能力，从而提供安全、高效、便利、可持续性的

（a）与大自然和谐相融

（b）大面积采用太阳能板，100%利用可持续能源

（c）整栋大楼不需要一台空调

图2-2　全球最大的智慧建筑——Apple Park
（图片来源：http://www.apple.com）

城市功能环境。此外，腾讯也推出了一套深度适配智慧建筑场景的物联网类操作系统“腾讯微瓴”，这是一个深度适配智慧建筑场景的物联网类操作系统，力求以互联网、物联网为媒介，让空间更有温度。

除了建筑领域，在更广泛的土木工程领域，智慧化也正在成为引领行业发展的最前沿，如图2-3所示。

与智慧建筑相比，智慧空间更能诠释数字技术与工程产品结合的丰富内涵，涵盖智慧建筑、智慧家居、智慧交通、智慧社区和智慧城市等多种空间形态。它是在普适计算技术支持下，在物理空间中建立以人为中心的嵌入式系统，实现信息、物理和社会空间高度融合，为人们提供智能化的工作和生活环境。

（a）智慧高速公路：计划于2022年前投入使用的杭绍甬高速公路，通过道路多维感知，致力于实现全面信息互联互通和自动控制，为无人驾驶提供基础设施支持[36]

（b）无人全自动码头：洋山港四期，实现了集装箱装卸、水平运输、堆场装卸全过程无人化、智能化作业[37]

图2-3　土木工程产品的智慧化发展

以上从三个不同角度阐述了对数字建造的理解，可以看出数字建造内涵处在一个不断完善和丰富的发展过程中，且三个维度彼此之间并不是孤立的，而是有着密切联系的，技术要素、业务过程以及产品服务等共同构成一个有机的整体。

总的来说，数字建造是在新一轮科技革命大背景下，数字技术与工程建造系统融合形成的工程建造创新发展模式。即利用现代信息技术，通过规范化建模、全要素感知、网络化分享、可视化认知、高性能计算以及智能化决策支持，实现数字链驱动下的工程项目立项策划、规划设计、施（加）工、运维服务的一体化协同，进而促进工程价值链提升和产业变革，其目标是为用户提供以人为本、绿色可持续的智能化工程产品与服务。

数字建造不仅仅是建造技术的提升，更是经营理念的转变、建造方式的变革、企业发展的转型以及产业生态的重塑。

2.2 数字建造框架体系的构建

如前所述，数字建造有着丰富的内涵，涉及建造技术、建造方式、企业经营和产业转型等多个方面。本节试图通过构建数字建造框架体系（图2-4），进一步分析数字建造构成要素的内在逻辑关系。

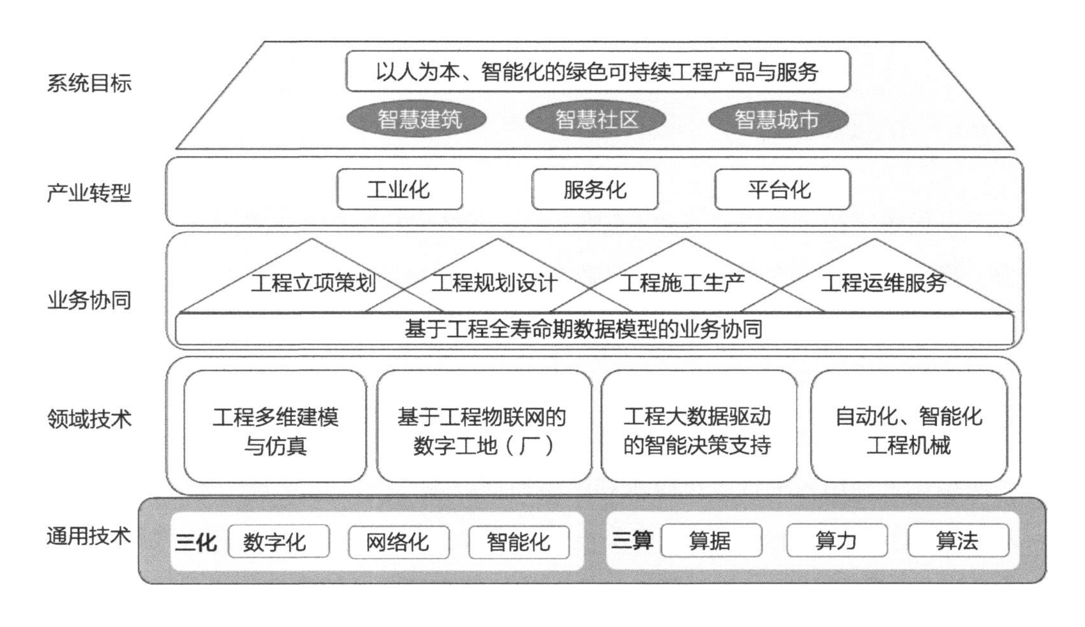

图2-4　数字建造框架体系

以物联网、云计算、大数据与人工智能为代表的通用目的技术，是数字建造创新发展的基础；数字技术与工程建造的融合，通过组合式创新，形成工程多维建模与仿真、基于工程物联网的数字（或智能）工地（厂）、工程大数据驱动的智能决策支持，以及自动化、智能化的工程机械等领域关键技术；克服传统碎片化、粗放式工程建造方式的弊端，实现工程全寿命周期的业务协同，促进工程建造产业层面的转型升级，最终向用户高效率地交付以人为本、智能化的绿色工程产品与服务。

2.2.1 数字化、网络化、智能化技术是数字建造的基础

所谓数字技术（Digital Technology），是指借助一定的设备将各种信息（包括但不限于图、文、声、像等），转化为电子计算设备能识别的二进制数字“0”和“1”，并进行加工、存储、传输、计算、显示和利用的技术。经过几十年的发展，数字技术已经形成一个丰富的技术体系，如图2-5所示。

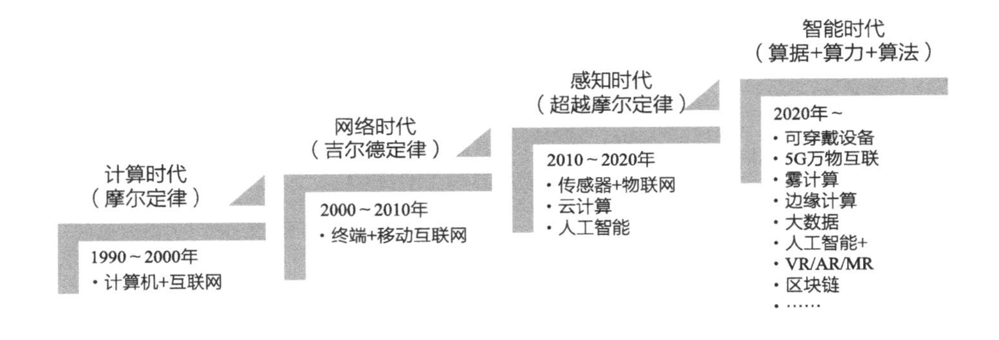

图2-5 数字技术的发展

新一代数字技术是以“三化”（数字化、网络化和智能化）和“三算”（算据、算力、算法）为特征的通用技术，是数字建造创新发展的基础支撑技术。

数字化是将众多复杂多变的信息转变为可度量的数字、数据，形成一系列二进制代码，便于计算机处理。数字化是工程建造可计算、可分析、可优化的基础，并为人工智能提供充分的算据。

网络化是利用各种计算机技术和网络通信技术，按照相应的标准化网络协议，实现分布在不同地点的计算机及各类电子终端设备的互联互通，支持在线用户共享软件、硬件和数据资源。如利用云计算、雾计算和边缘计算等网络化计算技术，大大提高数据处理的算力，实现计算资源的按需利用。基于互联网、移动互联网和物

联网的各类应用，帮助人们跨越时空限制，实现自由沟通与交流，为群体智能的出现提供可能。

智能化是以数字化、网络化为基础，海量的算据、强大的算力和先进的算法为支撑，系统所表现出的能动地满足人的各种需要的能力属性。随着深度学习、强化学习以及迁移学习等算法的不断改进，算据、算力与算法的结合正在推动人工智能的广泛应用，逐渐由弱人工智能走向强人工智能，甚至向超级机器智能时代迈进。

2.2.2 数字建造领域关键技术

新一代通用数字技术与工程建造活动要素的结合，形成数字建造领域关键技术。工程多维数字建模与仿真技术，为优化设计、认知工程和理解工程提供直观高效的方式；基于工程物联网的数字工地（厂）技术为参与工程建造的各类主体全面、及时、准确地认知和分享工程建造信息提供可能；基于工程大数据的智能应用为各类工程决策提供支持；自动化、智能化的工程机械将显著提升工程建造作业效率。

1. 工程多维数字化建模与仿真技术

二维平面视图作为工程技术人员表达和认知工程的方法，已沿用了200多年。当设计人员进行工程产品、工艺过程设计时，必须费力地将各种立体、生动的构思转换为琐碎、复杂，但为工程界所共识的平面视图，常常出现表达不清、失真和错误情况。

为了更为方便、灵活、准确地表达工程设计，多维数字化建模与仿真技术正在逐渐取代二维图样技术。该技术本质上是基于三维模型来定义工程产品（Model Based Definition，MBD）。作为第三代工程语言，基于模型的工程产品定义语言是一种超越二维工程图纸、实现产品数字化定义的全新方法，不仅有利于工程人员摆脱对二维图样的依赖，同时，也有助于将设计信息和生产过程信息共同定义到三维数字化模型中，使其成为产品生产的唯一依据，实现从设计到构件加工、现场施工、成果测量检验的高度集成。建筑信息模型就是基于模型的产品定义技术与工程建造结合的产物。

采用基于模型的产品定义技术，工程技术人员可以从技术、生产和管理等不同维度，对工程产品、组织和过程进行专业化建模；模型可以综合集成各专业化建模信息，准确表达工程产品物理形态、材料属性、结构形式、工艺过程、管理目标等属性信息以及各专业模型之间的关联关系，形成工程多维数字化模型。在此基础

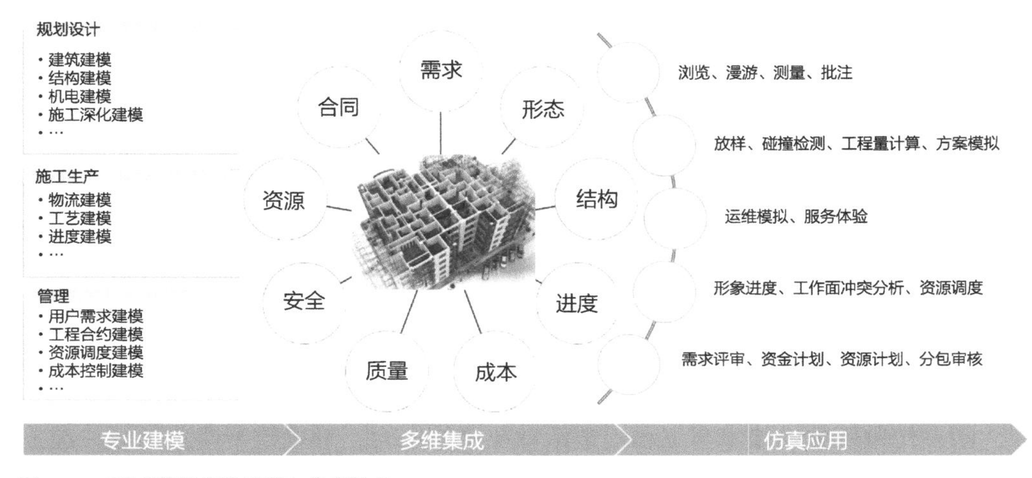

图2-6　工程多维数字化建模与仿真技术

上，利用仿真技术优化设计方案，最大限度地消除或减少设计与建造中的不确定性和缺陷，如图2-6所示。

2. 基于工程物联网的数字工地技术

施工工地是工程建造活动的主要场所，与智能制造中的智能工厂类似，将数字技术与施工工地的作业活动有机结合，构建工程物联网，可以全面、及时、准确地感知工程建造活动的相关要素信息。如借助数字传感器、高精度数字化测量设备、高分辨率图像视频设备、三维激光扫描、工程雷达等技术手段，可以实现工地环境、作业人员、作业机械、工程材料、工程构件的泛在感知，形成透明工地。

工程物联网技术与BIM、企业资源规划（Enterprise Resource Planning，ERP）技术结合，可以建立准确反映工程实体工地的数字工地。数字工地具有可分析、可优化的特点。将实体工地的信息通过工程物联网映射到虚拟的数字工地中，利用计算机对工地的资源和活动要素进行科学计算与分析，以数字流驱动物质流和能量流，实现对实体工地的高效组织与管控，如安全保障、设备物资调度、生产管理、项目总控等。

3. 基于工程大数据的智能决策支持技术

数据资源被誉为信息时代的“黄金矿”“新石油”。AlphaGo的胜利表明，人工智能与聪明无关，其本质是大数据和深度学习算法。平均每个建筑寿命周期大约产生10T级别数据。但是，在传统工程建造模式中，海量的数据往往随着工程结束而淡出人们的视线，沉默在档案室或硬盘中。

数字化设计和数字工地可以积累海量的数据，包括工程环境数据、产品数据、过程数据及生产要素数据。通过设定学习框架，以海量数据进行自我训练与深度学习，实现具有高度自主性的工程智能分析，支持工程智能决策。并通过持续学习和改进，克服传统的经验决策和基于固定模型决策的不足，使工程决策更具洞察力和时效性，如图2-7所示。

图2-7　工程大数据与智能决策支持

4. 自动化、智能化工程机械

工程机械是工程建造水平的标志。数字技术赋能工程机械，将不断提升工程机械的自动化水平和自主作业能力，使其逐渐发展为负载着作业人员智慧，甚至是超越作业人员智慧的智能机器，如图2-8所示。当前，机器智能成本呈现不断下降、

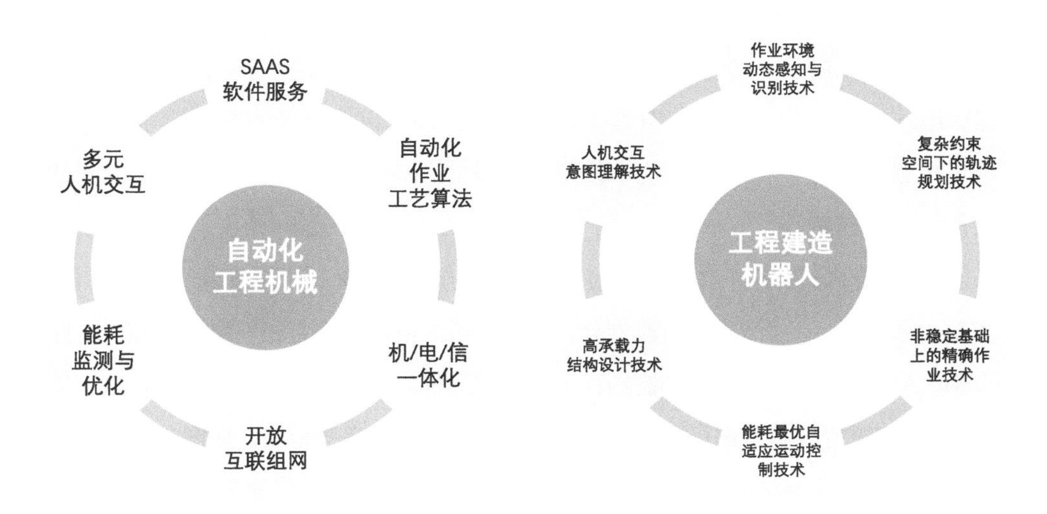

图2-8　从自动化工程机械到智能化的工程建造机器人

性能不断提升的趋势。可以预见，未来将有越来越多的自动化、智能化机器和专业工程师智慧连接在一起，形成人机混合智能体系，人工智能与自动化建造装备将逐步接管施工现场，实现对自然物理空间更科学、更高效、更精确、更灵活的改造，创造出更为和谐的工程建造作业系统。

工程建造机器人代表着工程机械发展的未来，也是人类应对极端环境下工程建造挑战的必然选择。虽然目前的建造机器人尚无法完全适应工程建造移动化作业需求和多变的作业环境，随着技术的进步，制约建造机器人发展的技术瓶颈将会逐步得到解决。

2.2.3 数字建造业务集成与协同

如上一章所述，工程建造在产品服务品质、劳动生产率、环境影响以及作业条件等方面存在诸多问题，一个重要的原因是工程建造系统的碎片化，如图2–9所示。

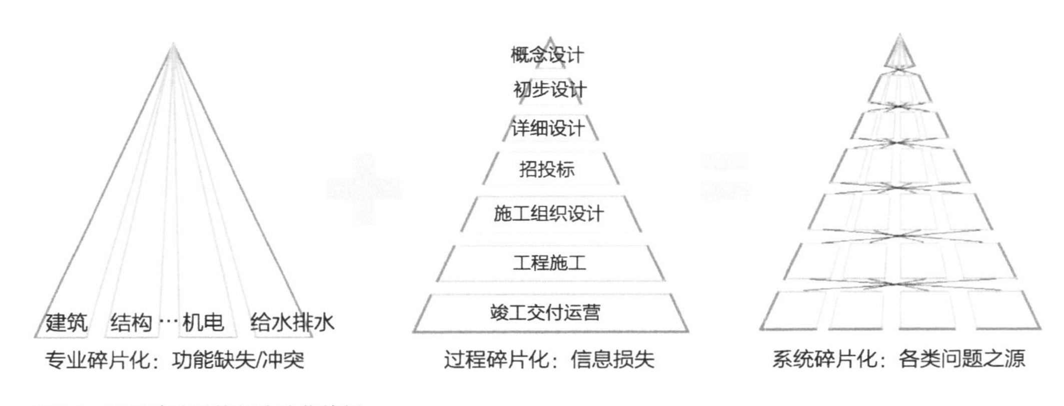

图2–9　工程建造系统的碎片化特征

一是工程建造专业之间沟通与协调困难。现代工程规模日益扩大、功能越来越丰富、复杂性越来越高，专业领域分工越来越细，如工程地质勘察、建筑设计、结构工程、给水排水工程、暖通与空调工程、机电工程，以及涉及智能楼宇的网络综合布线与控制系统等，二维图样技术使得各专业之间沟通协调困难，各专业之间往往出现各种冲突和错误。

二是工程全寿命周期各过程之间的信息沟通与传递不畅。工程建造活动从策划、设计、施工到运维，有着清晰的阶段划分，各个阶段的活动应该是相互联系、相互支撑的有机整体。但是，由于多方面的制约，工程建造过程之间的信息遗失、信息误读、信息延迟、信息失真等现象普遍存在，严重影响各阶段活动的有效衔接，如图2–10所示。

工程建造专业组织之间协调不畅与工程建造全生命周期过程的不连续，这两个问题叠加，使得整个工程建造系统碎片化。面对易变性、模糊性且充满不确定的工程建造系统，参与工程建造的主体很难有效沟通和协作，应对各种不确定性风险与挑战，从而导致工程信息采集与交互成本增加、工程变更或返工频发、工程质量低下和工程功能缺失等问题。据美国Bricsnet.com公司统计，工程项目寿命周期各阶段参与单位共享信息仅占60%，由信息损失而带来的浪费占到工程造价的3%~5%[38]。

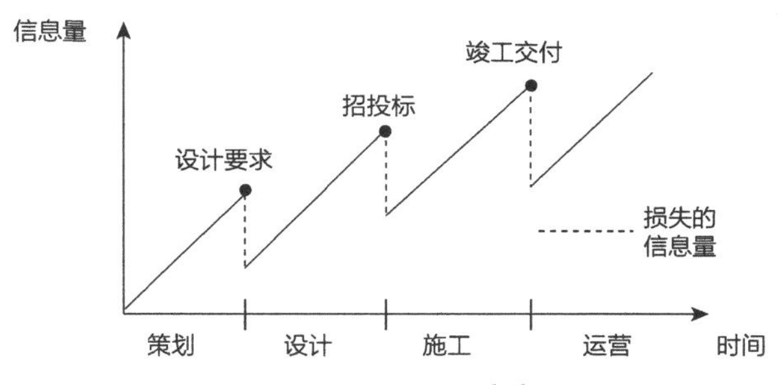

图2-10　工程全寿命周期中的信息丢失[38]

数字技术与工程建造有机融合形成的数字建造领域技术，为应对工程建造的碎片化难题提供了可能，使工程建造的组织方式从专业协调不畅和过程不连续走向集成协调和一体化。

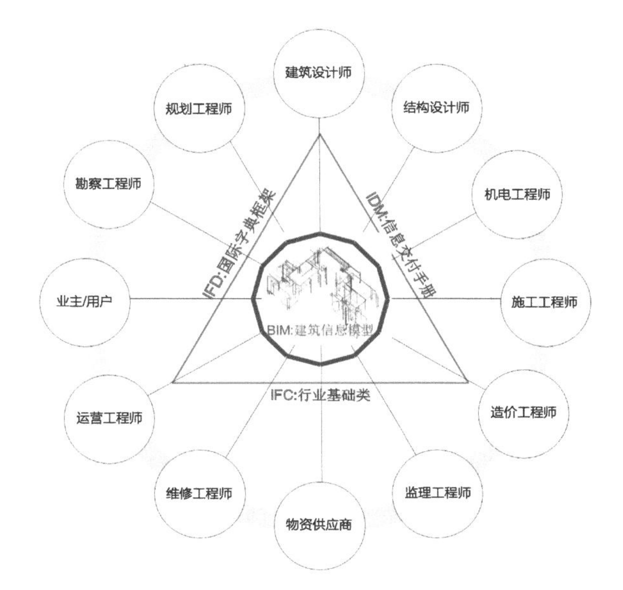

图2-11　模型集成应对专业组织碎片化

例如，在BIM相关规范和技术的支持下，行业基础类（Industry Foundation Class，IFC）为工程建造提供了基于对象的公开信息描述标准。参与工程建造的各专业主体可以采用一致的工程语言，对工程产品和建造过程进行定义；信息交付手册（Information Delivery Manual，IDM），可以指导各专业主体利用模型视图定义（Model View Definition，MVD）机制，通过信息交换和提取，得到其特定流程、特定专业工作所需要的信息，同时把各专业工作者创建或更新的信息交付给其他需要的项目专业主体；国际字典框架（International Framework for Dictionaries，IFD）为来自不同国家、不同地区、不同语言、不同文化背景的业主、建筑师、工程师、总包、分包、预制商、供货商等专业主体提供全球唯一的信息标识码（Global Unique Identifier，GUID），保证每一个人通过信息交换得到的信息和他想要的那个信息一致。各专业主体可以在数字化设计与管理平台上，围绕统一的数字化产品模型，高效协同工作，及时协调工程建造活动中可能出现的各种矛盾和冲突，克服点对点信息交互方式造成的信息延时、失真和缺失等弊端。如图2-11所示。

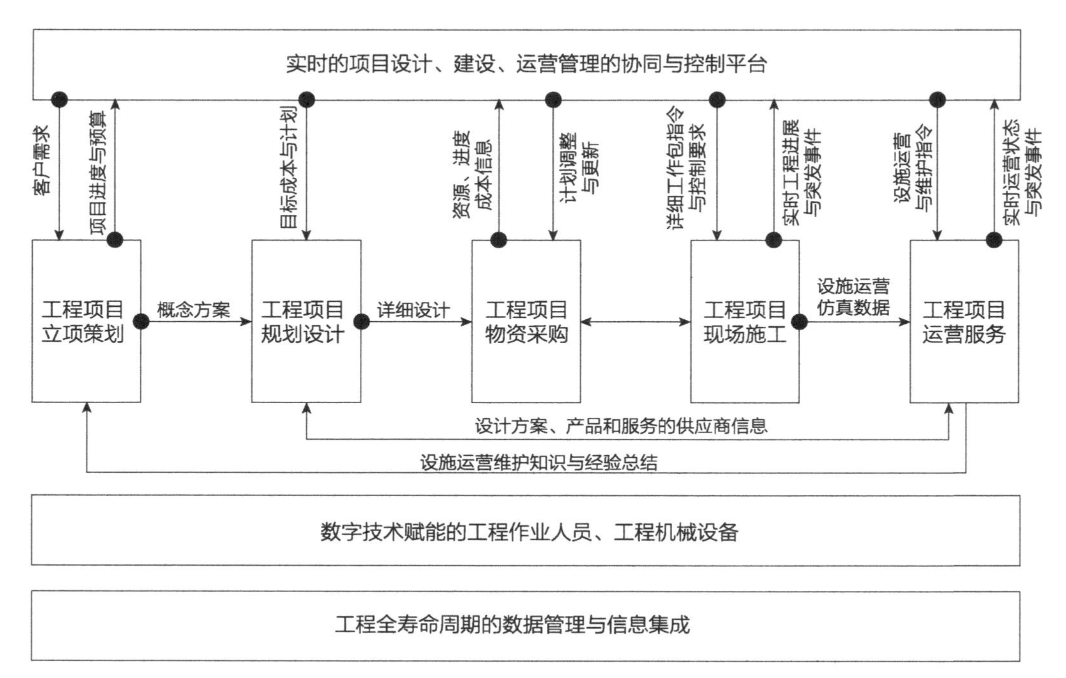

图2-12　数字建造过程集成

同时，基于模型集成工程信息克服了工程建造过程信息不连续的弊端，从工程全寿命周期角度，实现工程策划、设计、施工与运维服务一体化，推动实现工程数据资源的价值增值，如图2-12所示。

依托工程全寿命周期数据管理与信息集成，利用各种嵌入式和移动式计算技术，将参与工程建造的人员、机器设备、物资材料、工艺方法、环境因素转变为一个个数字建造单元，实现工程立项策划、规划设计、施工生产和运营服务的数字化运作。与此同时，通过建立各业务过程的信息联通与反馈机制，实现覆盖工程全寿命周期的实时管理、协同控制，将工程建造碎片化过程集成为一个有机整体。

2.2.4　数字建造促进产业转型

数字建造带来工程建造方式改变，重塑工程建造产业协同机制，促进产业转型，包括工程建造的工业化、服务化和平台化转型。在本书的第3章将进一步全面分析数字建造引发建筑产业变革的新趋势。

工程建造的工业化转型。工业产品的生产优势是批量化，工程产品建造的特点是个性化。工程建造的工业化转型是指借鉴工业化生产理念，将工程产品分解为部品部件，并批量化生产；采用智能物流优化资源调度；在工地现场装配建造成工程产品。其中，通过批量化提高建造效率，多样性的装配方案满足用户的个性化需求。这实际上是一种大规模定制的“制造—建造”方式。数字技术为实现工程设计标准化、部品部件工厂生产批量化、工地装配机械化和组织管理科学化发挥重要作用。

工程建造的服务化转型。服务经济，是工业化高度发展的产物，是以人的高品质、个性化服务需求为中心的信息经济或知识经济。数字建造提供的多种集成机制，使得以用户个性化服务需求为驱动的工程建造成为可能，从而实现工程建造产品的价值增值；同时，将更多的技术性、知识性服务渗透到工程建造过程价值链中，形成工程建造服务网络，有利于提高建造效率，体现技术和知识资源在工程建造活动中的价值增值，进而推动工程建造从产品建造向服务建造的转型升级。

工程建造的平台化转型。平台经济模式正在席卷全球，随着数字建造价值链的不断拓展与丰富，越来越多的参与主体通过信息网络建立起连接，在网络效应驱使下，推动整个产业向平台化方向发展，大幅降低市场交易成本。平台化生态的建立，不断重构和优化工程建造价值链，各个环节的企业可以借助平台，面向用户提供更好体验的产品和服务来实现各方利益的最大化。

2.2.5 数字建造系统的目标

数字建造系统的最终目标，在于遵循“适用、经济、绿色、美观”的建筑方针，为用户提供“以人为本、绿色可持续”的工程产品和服务，具体体现在以下三个方面。

（1）满足以人为本的服务需求。用户对工程产品和服务的需求是不断变化的，且要求越来越高，个性化的定制需求正在逐步代替传统的共性需求。工程建造产品不再只是个被动的空间、物质范畴，而是一个能够与用户进行互动的对象，能够更主动地识别、理解并响应人的个性化行为和要求。

（2）符合可持续发展要求。工程建造活动、产品和服务要遵循生态环境保护和可持续发展理念，充分考虑所处的环境特征，避免影响生态环境，实现工程建造与生态环境的有机融合和可持续发展。

（3）提高资源利用效率。资源利用效率直接反映工程建造生产力发展水平，同时也决定工程建造相关企业的经营效益。工程建造涉及大量资源的使用，其中包括各种物质资源、数据信息和知识资源，如何提升各种有形和无形资源综合利用效率，最大限度减少工程建造过程中不必要的浪费，以尽可能少的资源与时间投入，交付功能更为丰富、品质更为优良的工程产品与服务，并在整个产业体系中构建高效的资源循环利用模式，是数字建造系统追求的重要目标。

2.3 工程建造模式创新与数字建造

2.3.1 智能建造与数字建造

随着智能制造、智能交通、智能家居等概念的日益普及，许多企业推出了以“智能建造”“智慧建造”为主题的解决方案，寄托着在新一轮科技革命浪潮中人们对于工程建造立足潮头、转型升级的美好愿望。

从字面意义理解，智能建造即“智能+建造”，是人工智能技术在工程建造全寿命周期中融合应用所涉及的理论、技术和方法，目前还未形成系统化的体系。其相关研究与实践主要包括工程智能化设计、智能化施工、智能化运营以及智能化管理。

理解智能建造与数字建造的关系，要以“智能”为切入点。简言之，智能是指能够捕捉场景性信息，并做出适当反应。新一代智能技术已经进入了以万物互联和深度学习为支撑的数字逻辑推理阶段，以数字化为前提，借助网络化实现多种异构设备集成，支持用户参与，通过利用传感网络采集到的海量数据，在各种智能算法的支持下，发挥云计算和高性能计算能力，进行知识发现、组合与应用，从而实现智能化的生产与服务。

所以说，数字建造是智能建造的基础，两者并不矛盾，而是一个统一的整体。立足工程建造行业现状，以数字建造为切入点，补足工程建造机械化、自动化方面的短板，切实推进工程建造的数字化变革，在逐步提升工程建造整体效率的同时，为智能建造积累数字资源，同时积极拥抱人工智能技术发展的最新成果，有序推进工程建造自动化、数字化、智能化、智慧化的协调发展，是工程建造理性发展的可行之道。

2.3.2 绿色建造与数字建造

绿色建造是与工业产品制造领域中绿色制造相对应的概念。目前，在工程建造领域，绿色建造尚没有形成一个统一规范的概念表达，更为人们所熟悉的是绿色建筑。从字面上理解，绿色建筑是绿色建造的最终产品，绿色建造是实现绿色建筑的方式。实际上，绿色建筑概念已发展到不仅仅指最终产品。

美国国家环境保护局（U.S. Environmental Protection Agency）从全寿命周期出发考虑资源的有效利用以及环境的友好相处，将绿色建筑定义为：“在整个建筑物的全寿命周期（建筑材料的开采、加工、施工、运营维护及拆除的过程）中，从选址、设计、建造、运行、维修及拆除等方面都要最大限度地节约资源和对环境负责。”英国研究建筑生态的BSRIA中心把绿色建筑界定为：基于高效的资源利用和生态效益原则，建立和管理一个健康的建筑环境[39]。

中华人民共和国住房和城乡建设部于2019年颁发的《绿色建筑评价标准》GB/T 50378–2019中，对绿色建筑定义如下："在全寿命期内，节约资源、保护环境、减少污染，为人们提供健康、适用、高效的使用空间，最大限度地实现人与自然和谐共生的高质量建筑。"[40]该定义强调了绿色建筑的"绿色"应该贯穿于建筑物的全寿命周期，在考虑建筑的环境效应基础上，还强调要关注用户的使用需求。

从上述定义可以看出，对绿色建筑的理解并非只是最终产品，而是包括建造方式在内的产品全寿命周期过程，甚至是一种工程建造理念。因此，绿色建筑与绿色建造的内涵是相同的，其间没有显著的区别，只是概念名称不同而已。近年来出现的循环建造概念，主张遵循4R原则：再生（Recycle）、修复（Repair）、减排（Reduce）和重用（Reuse），从新材料、新能源、新结构、新工艺和新装备等方面探索构建创新工程建造技术体系。其内涵与绿色建筑或绿色建造也是一致的。

数字建造技术与绿色建筑结合，可以更好地展现和挖掘绿色建筑价值。包括：

（1）从"专家评价"到"用户体验"。一些国家已建立各具特色的绿色建筑评估体系，如美国的LEED、英国的BREEAM、德国的DGNB，以及我国绿色建筑标准评价体系等，并由专家按照规范流程对绿色建筑进行评估认证。但是，用户实际体验与专家认证等级不一致的情况常常发生，或者说，由专家评出来的绿色建筑，用户却感觉不到。利用数字技术，能够把健康、舒适、便捷的用户需求融入绿色建筑产品之中，显现建筑的绿色功能，让用户对绿色建筑有着美好的体验。

（2）从"线性叠加"到"系统集成"。绿色建筑需要一系列技术作支撑，如绿色建材、新型能源、绿色施工工艺、节能减排技术等。但是，绿色建筑价值的实现，并不是各种绿色资源要素和技术的简单叠加，各要素之间存在着协调匹配和优化组合关系，这就需要利用数字技术感知各种绿色技术与方法实施的效果，积累数据，并通过仿真分析，集成优化绿色建筑方案。

（3）从"绿色建筑技术"到"用户绿色行为"。节约资源、减少排放、健康宜居、环境保护等绿色价值指标的实现，不仅仅依赖于绿色建造技术，更与用户的行为息息相关。某种意义上说，用户的绿色行为可能比绿色建筑技术更重要。例如，由于工程产品服务系统复杂，运营和使用主体不熟悉相关技术设备的操作规则，限制了绿色功能的发挥；用户的节能环保意识缺失，没有形成良好的节能行为习惯，也会影响绿色建筑的价值体现。采用数字技术可以建立绿色建筑设施与用户之间的实时交互机制，为用户合理行为提供指导，弥补用户知识和经验的不足；同时也能及时发现并纠正用户不合理的行为，持续塑造用户绿色行为方式，最大限度地实现绿色建筑价值。

（4）从“静态优化”到“动态优化”。绿色建筑设计、施工是一次性的静态优化过程，动态的优化过程则在建筑的使用和运维阶段。由于建筑所处的环境和应用场景复杂多变，充满了不确定性，在有限场景模式下形成的静态最优方案，在物业的使用与运维阶段很难保证与实际一致，需要自动感知采集物业的使用与运维数据，对比分析、不断优化、发现规律、持续改进，将绿色建筑调整在最佳运行状态。

2.3.3 精益建造与数字建造

精益建造（Lean Construction）由丹麦学者Lauris Koskela提出，并于1993年成立了精益建造国际联盟组织（International Group of Lean Construction，IGLC）。精益建造的核心理念，是将制造业的“精益思想”在建筑业加以改造和应用，最大限度地消除建筑施工过程中的浪费和不确定性，最大限度满足顾客个性化要求，从而实现工程价值的最大化[41]。

精益建造强调以顾客需求为中心，构建工程建造价值链，持续消除价值链上的浪费，实现工程价值的最大化。经过多年的发展，精益建造已形成了包括生产转换理论、生产流程理论和价值理论在内的理论体系，相应的支撑技术体系包括：末位拉动式生产计划与控制系统（Last Planner System，LPS）、并行工程（Concurrent Engineering，CE）、均衡施工、准时生产供应（Just in Time，JIT）、看板施工作业系统、全面质量保证与持续改进、6S现场管理、供应商伙伴关系管理（Partnering）等，如图2-13所示。

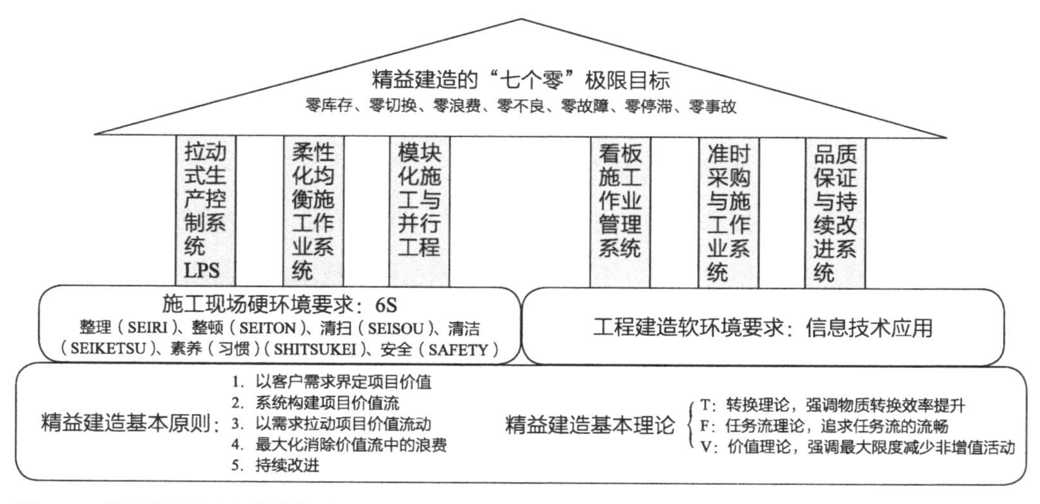

图2-13　精益建造理论与技术体系

全面、及时、准确地获取、分享与利用项目信息是精益建造的前提，数字建造为其提供技术支撑：

（1）支持拉动式生产控制系统。传统工程建造通常采用推式生产控制方式，即遵循从前置工序向后置工序串行推动的逻辑，编制施工组织计划并发出采购和生产作业指令，每一工序按计划完成后将在制品交付下一工序，但对后置工序的作业需求往往考虑不够，常常出现不能很好地满足后续作业的需要。精益建造则提倡运用拉动式生产控制方式，整个过程以客户价值需求为导向，遵循“以后置工序拉动前置工序、前置工序为后置工序服务”的逻辑，将物质流和信息流结合在一起，尽可能保证作业流程的连续性，消除不必要的等待或错误所造成的浪费。描述和分享生产过程的交换信息，是实现拉动式生产控制系统的重要前提，也是数字化技术的优势。即“后置阶段”的作业主体要提前介入“前置阶段”的作业，以便“前置阶段”充分理解和满足“后置阶段”的需求，数字建模技术能够准确直观地表达“后置阶段”的需求信息。这也是BIM模型的价值所在。

（2）有利于实现均衡化施工作业。施工工地干扰因素多，施工环境复杂，场地交换频繁，容易造成工程施工节奏失衡，甚至停工、窝工等待。作为精益生产体系的重要组成部分，均衡生产将各种产品的生产节拍与其需求节拍协调一致，优化生产负荷，尽可能消除由于生产不平衡现象导致的浪费。工地上的均衡生产需要考虑资源供给与作业进度协调均衡，作业场地利用有序，作业之间的节拍稳定，以及作业空间转换衔接顺畅等。还需要分析不确定性因素对均衡生产的影响。显然，实现均衡化施工的有效途径是对工程施工过程进行虚拟仿真，考虑各种影响因素，预演施工全过程，提前发现问题，制定均衡施工作业方案，并以可视化的方式实现均衡施工作业交底，以及动态优化调整。

（3）优化协调并行工程。并行工程是一种加速新产品开发过程的并行化、集成化制造系统模式，目的是克服传统串行工程存在的时间周期长的弊端。在精益建造中，并行工程也被称为快速跟进（Fast-tracking），即工程建造主体在制订各种作业计划时，综合考虑产品整个生命周期的各种需求要素（包括用户使用需求、工程质量、成本、进度等），将概念设计、形态设计、结构设计、资源供应、工程施工以及运营服务进行集成优化，在综合考虑各项工作活动的时间接口、空间接口、技术参数接口和责任接口的约束下，尽可能多地实现并行作业。并行工程实施的难点在于，如何有效管理各个并行作业（或模块）之间在时间、空间、技术逻辑以及责任界限等方面存在的复杂依赖关系，合理地将并行作业单元（或模块）保持在恰当的规模，实现并行作业单元（或模块）之间的系统衔接。并行工程需要信息共享机制与协同作业平台的支持。利用数字建造技术，搭建协同作业平台、制定信息共享机制，以预先制定的工程项目里程碑时间节点为刚性约束，各专业团队成员紧密联系、及时沟通、高效协作，并及时发现和解决可能出现的衔接问题。

（4）促进准时生产供应与施工作业协调。准时生产供应强调在合适的时间，供应必要数量的必须产品资源，以最小的总费用，按照施工作业需求，将物质资料（包括原材料、在制品、产成品等）从供给地向需求地供应。相互信任、信息透明与共享是JIT的基础。依托基于工程物联网的数字工地，能准确统计工程施工现场各类资源需求，通过构建数字化的工程供应链系统，向资源供应主体发送资源请求。利用数字化、自动化的生产与运输工具，能够及时跟踪各类资源的生产、运输动态信息，科学地进行资源供应与施工作业的协调优化决策。

（5）支持工地看板施工作业。看板是精益建造模式下现场施工作业的重要工具，也是一种现场作业管理方法。借助看板，作业人员能够明确知晓当前施工作业任务、作业时间要求、作业规模以及作业方式等信息，从而尽可能消除作业过程中的不确定性。看板管理的关键在于看板信息的准确性、可读性以及可跟踪性。传统的看板通常采用文字表达，无法直观、动态地传达作业要求信息，也不利于作业状态跟踪。显然，在数字化模型的支持下，可以建立可视化的电子看板。电子看板能够演示作业过程，生动地指导作业人员施工作业，提高作业效率。

2.3.4 极端建造与数字建造

极端建造是指在极端环境下进行的工程建造，如太空建造、海洋建造（深海、远海等）、沙漠建造、高海拔区域建造、极深地下空间建造以及高危环境下的建造等。与常规环境下的工程建造不同，极端建造大多始于一些前所未有的构想，表现为一种全新的设计与实践方案，必然会挑战现有的、已倾向于约定俗成的工程建造观念和技术，并且具有十分强烈的超前意识，颠覆性地改变人们对工程建造产品的认识。

以太空建造为例，为实现以月球为跳板，进行深空探测和空间资源开发利用等目标，月面建造逐渐受到关注。然而，月球拥有与地球完全不同的建造环境：超高真空（大气层远低于地球海平面大气层密度的百兆分之一）；低重力（约为地球表面的1/6）；高强度热震（昼夜更替时平均温差约260℃）；太阳风（持续存在的高速带电粒子流）；强辐射（宇宙射线如质子、α粒子、β粒子、γ射线等可直达月面）；频繁的微流星体（或小行星）撞击与摩擦；高频次、低强度月震（2~3级，每年约1000次）[42]。

月球极端环境对工程建造各个环节（选址规划、地质勘探、结构设计、材料供应、建造装备、工艺实施、建造辅助等）提出了巨大挑战，如图2–14所示。

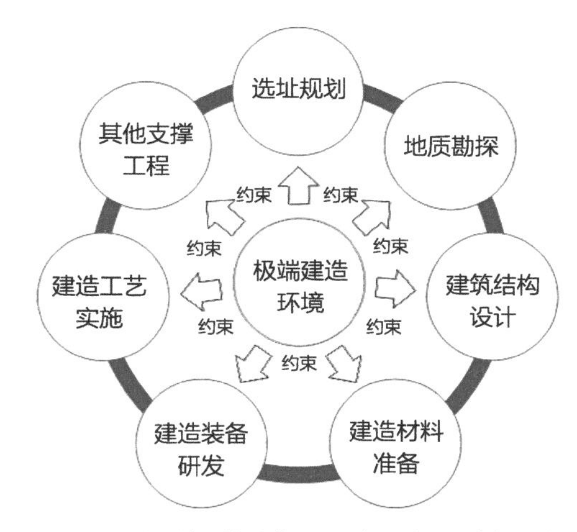

图2–14 月球极端环境对建造过程各环节的约束与影响

法国国际空间大学Emmanouil提出月面建造选址的6项主要考虑因素为：热（温度）状况、光照条件、周围地形多样性、地面平整性、航天器着陆点位置距离和水冰资源[43]。基于美国国家航空航天局（National Aeronautics and Space Administration，NASA）月球侦察轨道器（LRO）采集的月面地理信息数据，利用软件进行月面建筑的选址分析，给出选址空间的三维可视化表达，如图2–15（a）所示。最终提出选址于月球北极点附近高原地区月球纬度89.86°、经度109.6°处，同时给出了月面建筑设施“LB10”的场地布局规划，包括航天器着陆场、发射台、发电站、主体建筑、科学望远镜和连接通道设施等，如图2–15（b）所示。

在月面地质勘探方面，有学者提出将磁控管与开挖钻头进行集成，利用微波作用降低月岩钻探的能量需求，减轻设备重量、降低运输成本[44]；为了防止月尘的影响，也有学者提出基于多极磁力分离月尘清洁装置[45]和基于静电的月尘屏蔽系统[46]，用于月面扬尘的干扰防护。

在结构设计方面，拱形弧面（球状）结构形式可能成为月面建筑结构形式的首选，具体形态包括柔性结构、刚性结构和混合结构等。美国康涅狄格大学Malla等基于热力学原理，利用四阶龙格–库塔数值积分法，分析月球赤道附近表面热交换情况，以确定

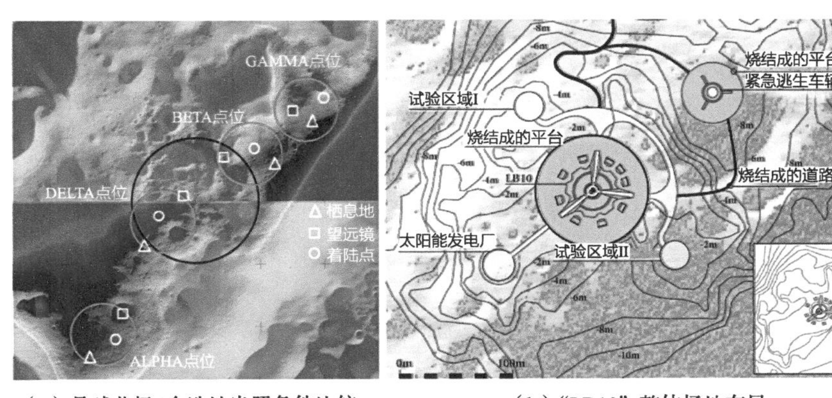

（a）月球北极4个选址光照条件比较　（b）“LB10”整体场地布局

图2–15 月面建造选址及选址场地布局规划[43]

月表和月面建筑砾石包围层温度随时间和深度的变化，由此验证了一种由铝合金框架和薄膜组成的柔性月面建筑结构的可行性[47]。还有内部采用充气模块，外部以月球玄武岩风化粉末为原材料，结合胶水打印形成的刚性结构方案[48]；以及利用月壤烧结基础、主体结构为镁合金框架，覆盖月壤沙袋的混合结构方案[49, 50]等。

由于运输条件的限制，在月球上就地取材采用原位建造方案已基本达成共识。因此，目前更多的研究集中在原位资源利用和组件制备方面，国内外已有多个团队研制出模拟月壤，利用太阳能烧结固化模拟月壤材料形成月壤试块，并分析其力学性能。

在施工装备与工艺方面，多数研究机构提出利用机器人原位3D打印的建造方案，如美国宇航局（NASA）提出的激光逐层烧结月壤堆积成型的建造方案，欧洲航天局（European Space Administration，ESA）提出的用胶粘剂逐层粘结或太阳能逐层烧结月壤堆积成型的建造方案，美国加州理工学院提出的熔融月壤逐层挤出堆积成型的建造方案。与之不同的是，也有研究团队提出先烧结月壤预制成模块，再利用机器人拼装砌筑结构主体的建造方案[51]，如图2–16所示。另外，NASA资助加州理工大学研发的全地形六足外星探索机器人“ATHLETE”原型样机也在测试验证过程中，主要用于执行包括月面3D打印建造在内的多种无人化复杂操作。

然而，无论采取哪种方案，由于月面极端的环境，超高真空、大温差、强辐射等，宇航员无法长期置身于该环境下进行建造活动。因此，依靠机器人装备实施无人（自动化或遥控）建造无疑是未来月面建造的首选。

海洋设施建造是人类探索海洋必不可少的建造活动，主要包括远海平台设施建

图2–16　月面拱形结构原位建造方案[51]

造、海岛建造以及深海设施建造等。与陆地上的工程建造相比，海洋设施建造面临着台风海啸等极端气候威胁、建造标准匮乏、原材料供应困难、结构防腐蚀严重、建筑垃圾处理与生态环境保护难度大的挑战。目前，深海空间站计划已经列入了我国“科技创新2030重大项目”规划。日本清水建设公司也于2015年提出了一个名为“海洋螺旋”的海底城市建设的大胆设想，日本海洋研发机构JAMSTEC正努力攻克相关技术难题，拟于2030年之前采用大型3D打印机完成该项目建造。

核电设施环境下的工程建造，也属于极端建造。如1986年，苏联切尔诺贝利核电站发生泄漏爆炸事故，为了评估事故后果并采取挽救措施，许多军人、消防人员和工人受到了严重的核辐射，造成了巨大的身心伤害。2011年3月，受地震和海啸冲击，日本福岛第一核电站的1～3号机组发生严重的设施爆炸和堆芯熔毁事故，约600t铀燃料熔融并掉落到反应炉底部。

与切尔诺贝利不同，福岛核电站事故现场探查与处理的主角不再是人，而是机器人军团。东京电力公司专门组建了机器人研发与应用团队，针对核电站内部复杂环境和高强核辐射给机器人应用带来的障碍，先后研发了履带式机器人、蛇形机器人和蝎形机器人，试图通过远程控制机器人来探测和清理核辐射。但是，进入现场的机器人要么被碎片困住，要么因过度辐射导致电路出现故障，大多已经葬身在废弃的核电站内。2017年7月，研发出由抗辐射加固材料制成的“迷你翻车鱼”（Mini-Manbo）机器人，又称为“小太阳鱼”（The Little Sunfish）机器人。该机器人只有面包大小，并带有光源、螺旋桨、摄像头以及相应的传感器。在4名工程师的远程操控下，成功地穿越被海啸吞没的反应堆建筑物中的各种复杂障碍和危险区域，准确侦测并记录到反应堆内铀燃料棒融化的真实迹象与具体位置。目前东京电力公司正在着手组织研发用于铀燃料棒搬运处置的作业机器人。

除此之外，在高海拔地区工程建造领域，如进藏公路和铁路，面临着比平原地区更大的挑战。一方面面临一系列施工技术难题，如穿过密集的地震断裂带、多年冻土在施工中冻融、低温混凝土施工质量、脆弱的生态环境保护等突出难题；另一方面，恶劣的作业环境也严重影响建造效率，其空气含氧量一般仅为平原地区的60%左右，紫外线强度则为平原地区的3～4倍。

无人勘探、远程遥控作业、机器人自主施工、机器人维护运营与养护等新兴技术，是实现极端环境下工程建造的必要条件。而数字建造技术发展的趋势就是将人从繁重的建造活动中解放出来，最终实现无人建造，或尽可能少的人力资源投入的建造，从而为极端环境下的工程建造奠定技术基础。

CHAP

3

第3章

数字建造推动产业变革

数字建造为建筑产业转型升级带来了历史性的机遇。本章从产品形态、建造模式、经营理念、市场形态、行业管理等方面，论述数字建造推动产业变革以及变革过程中面临的问题和挑战。

3.1 产品形态：从实物产品到“实物+数字”产品

数字建造交付的工程产品，不仅有实物产品，还伴随着一种新的产品形态——数字化工程产品，甚至在此基础上形成的智能产品。实物产品与数字产品有机融合，构成“实物+数字”复合产品形态，共同实现工程产品的价值增值。

3.1.1 工程虚拟样机

工程产品建造和工业产品研发有一个共同的特点，即具有广泛的不确定性，其结果可能导致产品性能欠佳、可靠性低、质量缺陷、成本失控等问题。虚拟样机是解决不确定性的有效设计方法。

先讨论工业产品的物理样机和虚拟样机。工业产品的研发通常要经过产品设计、样机试制、工业性试验、改进定型和批量生产几个步骤。其中“样机”环节不可缺少，也即需要在产品设计之后制作一个全功能的装置，随后检测各部件的设计性能、部件之间的兼容性，以及整机性能。从而保证设计的合理性、开模与生产的可行性和产品质量的可靠性。

以汽车产品为例，在产品设计完成后，应依据设计数据和试验要求制作各种试验样车，然后对样车进行性能试验和可靠性试验，验证样车性能、可靠性是否达到设计要求，并分析试验结果，及时发现问题，不断改进和优化设计。如此循环，直至产品定型。手机开发同样也有类似的物理样机制作以及调试验证过程。主要包括基本的硬件功能测试和射频指标测试，以保证结构可靠性；样机设计验证测试，以保证产品整体性功能，并安排运营认证测试。测试发现的问题必须解决，产品功能完全符合设计要求，然后进行小批量试产验证。

工业物理样机的制作和测试过程是产品设计之后的设计验证过程，批量生产之前的试生产验证过程，具有承前启后的作用，验证设计的合理性和生产的可行性，保证产品的质量。但是，这种基于物理样机的设计研发模式成本高、周期长，在大多数情况下，样机的试制并不是一两次就能达到设计要求的，往往需要经过多次反复性试验，且试验可能是破坏性的，如汽车的碰撞试验。

工业虚拟样机是在建立工业物理样机之前，通过建立产品优化模型，采用计算机技术对真实工程条件下的各种特性进行仿真分析，修改完善获得最优设计方案。尽管工业虚拟样机不能完全取代工业物理样机，但可以减少工业物理样机的试制次数，大大缩短产品研发周期，并持续作用于整个产品制造过程。如在航空制造业，每一架飞机都同时拥有两种存在形式：计算机世界里的虚拟形式和现实世界里的实体形式。在建造实体形式之前，每一架飞机都会通过计算机进行建模，输入各种信息。在飞机的设计、制造和使用整个寿命周期内，每一架飞机都是一个集成的信息系统。

工业产品可以通过工业物理样机和工业虚拟样机来解决产品研发中的不确定性问题，那么如何解决工程建造产品的不确定性问题呢？

工程产品都是单件的，由于建筑环境、场地条件、需求约束等因素的影响，每栋建筑独一无二，且投资巨大。这就造成了工程建造不可能有完全一样的“工程物理样机”，不能像制造业一样制作物理样机进行设计验证和试生产，工程产品必须一次性成型。因此，虚拟样机技术对工程建造尤为重要。缺乏试生产验证机制的工程建造是一项风险很大的生产活动。工程建造过程是由工程设计信息指导工程建造的实验过程，充满了不确定性。由于不完整的甚至错误的信息，造成工程变更频发，返工普遍存在，进度成本经常失控。工程建造对设计提出了更高的要求，将虚拟样机技术用于工程设计，建立“工程虚拟样机”，通过计算机建模仿真，考虑各种影响因素，消除设计错误、优化设计方案、满足用户要求，是工程产品设计变革发展的必然趋势。

数字建造为工程设计变革提供了强有力的技术支撑，整个设计过程可以说是“工程虚拟样机”的构建过程。数字建造的工程产品是基于模型定义的工程产品，类似于第三代工业产品设计技术——MBD（Model Based Definition）[52]。所谓基于模型的定义（MBD），就是以产品三维数字化几何模型为基础，融入知识工程与产品标准规范，将所有相关的工艺描述、技术参数、规范要求等产品设计信息和制造信息，完整地标注在模型中的一种产品定义方法。

在MBD的支持下，工程建造中的各类设计主体可以通过交互式设计、参数化设计、生成式设计实现数理逻辑与形式逻辑的统一。所采用的数字化模型是带有多维属性的3D模型，其属性包含几何空间、工程物理、工程地质环境、建筑材料、工程量、成本估算、工程组织等信息。模型可以形象表达设计理念、功能、标准和要求，可以对空间形态、力学性能、声光电暖等设计性能，以及施工的可行性、使用的舒适性进行仿真，在计算机中实现“多次建造”、反复验证和体验，从而达到优化设计的目的。尽可能把更多的不确定性问题在设计阶段考虑，在施工前解决。

可以设想，虚拟现实技术将不断走向成熟，利用先进的人机交互技术，以及头戴式显示器、数据手套等交互手段，创建出有沉浸感的虚拟仿真环境，如图3-1所示。在逼真的可视化环境下模拟、分析、优化和测试产品性能，在不浪费材料和各种资源的情况下进行试建造。

图3-1　建筑虚拟现实
（图片来源：苏黎世Proptech初创公司HEGIAS官网）

虚拟样机的进一步发展，是增强现实和混合现实的融合应用，即类似于汽车行业中“物理台架+虚拟现实”技术，可以为工程建造主体带来更好的用户体验和物理触觉反馈。一些量化的人机工程分析结果也能够做到很精确，在仿真的效率和灵活性上带来更大的便利，并可以对数字样机进行评审，验证建造过程的可行性和合理性。同时也能够进一步缩短设计和建造周期，降低成本。尽管在建筑业可能无法建立这样一个仿实际施工环境的物理台架，但是，在视觉的基础上增加触觉体验，是基于模型的工程建造发展方向。

3.1.2 “实物+数字”产品的形成过程

数字建造将建造活动分为两个空间，虚拟空间与实体空间，也可以称之为工程建造信息物理系统（Construction Cyber-physical Space，CCPS）。两个空间之间有着如下关系[53]：

1. **两个过程**

即产品数字化过程和实体产品建造过程，且产品数字化过程指导实体产品建造过程。实体产品建造过程是构筑一个新的存在物，其依据是工程图纸，今后可能发展为工程信息模型。产品数字化过程是一个不断丰富完善的过程，如经过反复优化的用信息模型表达的“工程虚拟样机”。尽管数字化技术可能使初步设计、施工图设计和深化设计之间的阶段性过程淡化或模糊，但随着工程建造活动的推进，特别是在施工阶段和运维阶段将会有更多的信息不断添加到信息模型中，如建造安装信息、运营维修信息、管理绩效信息等。数字建造有效地连接了工程建造全过程的各个阶段，以及各个参与主体的信息交互与协同。工程数字化建模成为与工程实体建造同等重要的并行过程。

2. 两个工地

与工程建造活动数字化过程和实体产品建造过程相对应，同时存在着数字工地和实体工地，数字工地指导实体工地。通过工程物联网实现对工程全要素的泛在感知，建立与实体工地相对应的数字工地。数字工地由于可感知、可计算、可分析和可优化，从而实现对实体工地的数字驱动与管控，体现了数字建造模式下工程建造的“虚”与“实”的关系，以“虚”导“实”，以信息流指导物质流和资金流。

3. 两个关系

即先试后建；后台支持前台作业。“先试后建”指的是先仿真后施工。由于现代工程结构越来越复杂，在有限的施工空间中往往存在着大量的交叉作业过程，通过虚拟建造能够更好地发现空间的冲突，并优化交叉作业的顺序，避免空间碰撞。再如大型设备和重型建筑构件的吊装，需要精确模拟吊装过程的受力状况，从而选择合适的吊机吊具。通过“先试”环节发现潜在的问题并得到解决，从而极大提高施工现场“后造”的效率。后台支持前台作业，可以实现后台的虚拟空间对前台的实体空间作业的实时指导。在工程建造活动中，往往需要工程图纸、作业流程、工艺要求、质量标准和安全知识推送，将后台的知识支持与前台作业的努力结合起来，实时支持前台的现场施工。两个关系保证了实体建造过程中的效率与准确性。

4. 两个产品

工程交付的不仅仅是物质产品，同时交付一个与之孪生的数字产品。描述完整的数字产品在工程运营维护阶段将继续发挥作用，为工程的智能运营维护提供大数据支持，体现了数字产品的价值增值。如根据设施设备使用的动态信息，自动生成维修计划，实行精准维修。并且，设备维修的动态信息也将反映到工程数字化模型中，通过大数据分析，哪些设备部件容易出现故障，是产品质量问题，还是建造质量问题，或使用不当的问题，从而为维修保养决策提供支持。再如，通过对空调供暖设备及其使用效果的感知，构建能源微网络，进行智能控制，做到既节能又满足用户舒适度要求。如果说工程物质产品只能体现工程产品在某个时空下的瞬时状态，而工程数字化产品则能够承载工程产品全息时空的完整信息。对这些信息的深度挖掘与利用，运用大数据分析和深度学习，可以提升产品的智能功能，从数字产品发展到智能产品，实现产品的价值增值。

3.1.3 产品形态变革面临的问题与挑战

1. “图纸”与“模型”

20世纪90年代初的“甩图板”只是绘图方式的变化，即从“木板+三角尺+丁字尺”的“趴图板”的绘图方式，转变到在计算机上用CAD软件绘图方式，设计成果仍然是图纸。在数字建造模式下，设计成果不再是图纸，或者说不仅仅是图纸，而是具有多维属性的数字模型。与图纸相比，数字模型承载更丰富的工程信息，更形象准确的表达设计意图，便于理解和指导施工。由此，可能逐步进入“弃图纸”阶段，即工程设计从“绘图”到“建模”转变，或至少是“图纸”与“模型”并存。

工程设计从“绘图”到“建模”转变，需要确立“模型”成果的法律地位，包括设计标准、建造标准和交付标准。由于“图纸”是静态的，而“模型”是动态的，是可以修改的，是可以添加新的信息的，因此需要明确不同版本“模型”的作用与法律地位。与90年代初的“甩图板”相比，“弃图纸”是数字化背景下的工程建造领域的更为深刻、波及面更大的变革。就操作层面看，从“图纸”到“模型”如何衔接、怎样过渡，以及从以图纸为中心的设计流程怎样转变到以模型为中心的设计流程，也是需要研究和探索的问题。

2. 数字属性与价值增值

不是数字产品的属性越多越有价值。数字属性是工程数字产品的价值基础，没有数字属性的3D模型只能起到漫游和展示作用，不是工程数字产品。具有丰富数字属性的建筑信息模型，能发挥更多的价值增值作用。如将某项目的三维BIM设计模型进行扩展，与进度计划集成为4D信息模型，可以形象地用于进度控制；与工程量集成为5D模型，可以进行成本控制；与质量检验信息集成为6D模型；与安全管理集成为7D模型；再与施工中的碳排放量集成，则是8D模型。属性信息的集成均以3D模型为基础，是一个从3D到*n*D的过程。图3–2是某石化项目的5D数字化模型。尽管数字属性能增加数字产品的价值，并不是属性越多越有价值，因为计算资源有限，增加属性造成了信息过载问题，以及建模耗时费力。数字产品需要添加哪些属性，需要具体情况具体分析。

由于工程的复杂性和不确定性，一些数字属性无法准确表达。比如工程地质概况，其勘察报告是基于抽样勘察形成的，不能准确反映工程地质的真实情况。同时，岩土是随机介质，更难精确描述。因此，数字产品模型描述真实工程是相对的，随着技术的进步，只能做到越来越接近而已。

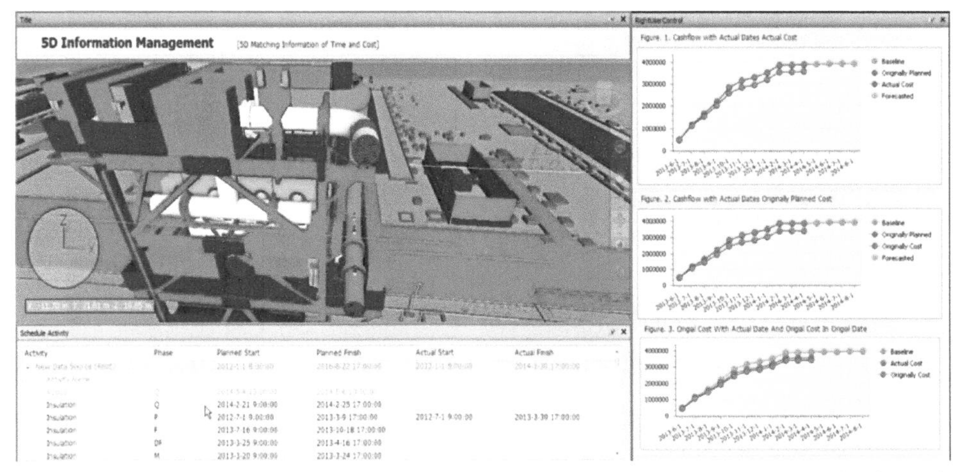

注：红色的主体部分是该项目的三维BIM模型、下部分是集成的进度计划，右边部分集成了成本控制计划

图3-2　某石化项目的5D数字化模型
（图片来源：华中科技大学数字建造与安全工程技术研究中心）

还有一个模型精度问题。在方案设计阶段数字化模型可能不需要太高精度，但在建筑构件加工和施工技术层面则需要精度高，而管理决策层可能需要轻量级模型，便于快速调用，以及远程访问。如何既满足工程设计、施工和管理要求，又保证较高的工作效率，确定数字化模型的精度，需要在实践中不断摸索。

3. 数字孪生："一对一"还是"一对多"

显然，工程实体产品与工程数字产品应该是一对一的孪生产品，简称为数字孪生。但是，在工程建造全寿命周期的实际过程中，根据工程实物产品与工程数字产品之间的映射关系（图3-3），及时更新数字产品模型，真正做到数字孪生是"一对

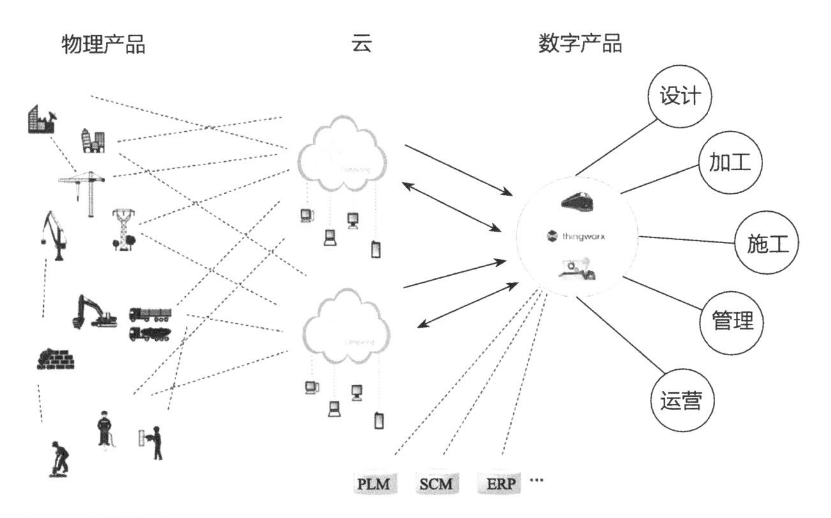

图3-3　数字孪生的映射关系

一”关系，而不是与“长得像”的多个版本数字产品模型之间“一对多”的关系，这是数字产品版本管理面对的难题。

工程数字化产品还有一个产权归属问题。由于数字产品具有增值价值，拥有数据就等于拥有了资源。软件模型是可以复制的，这就使得数字孪生不是“一对一”的关系，而是“一对多”的关系。工程数字产品的产权归属和使用权许可，也需要研究和界定。

4. 数字化设计的一体化与工程建设管理的阶段性

数字化设计的优势是考虑施工可行性和使用阶段合理性的一体化设计，通过数字化建模和虚拟仿真，将工程的不确定性降到最低状态。这样，就需要施工企业提前参与设计，根据施工的可行性来优化方案。而现行的工程建设划分为阶段性管理的体制与设计施工一体化要求之间存在矛盾，在设计阶段还不能确定施工单位，施工技术人员无法提前在设计阶段参与意见。

工程总承包（EPC）是工程建设管理体制的一项改革，有利于施工主体尽早参与工程设计、工程设计主体更好地熟悉施工要求，以克服设计主体与施工主体的组织隔阂与业务脱节难题，实现融合集成。但是在实践过程中，这一模式仍面临诸多问题。首先是设计与施工没有形成真正的利益共同体，利益的分享机制不健全，停留在主导权上，是以设计为主导还是以施工为主导，而不是以用户利益为主导。其次是工程设计主体能力与设计质量问题，工程一体化设计是EPC的灵魂，但是如何保证一体化设计质量真正符合业主需求，仍然是一个难题。最后是管理问题，如招投标制度、施工许可制度、设计交付制度以及政府监管方式等，都可能会导致设计施工一体化受阻。

实行数字化设计还有一个机制问题。要提高设计质量，更好地发挥数字模型的作用，有效地指导工程施工和运营，需要设计人员在工程数字化产品建模时投入更多的时间和精力，由此会带来设计成本的增加。按照“谁受益、谁付费”的准则，需要研究BIM价值评价和价值分配问题。如果设计取费标准不能反映设计劳动投入的增加，不能兑现工程数字化产品的价值增值，将会影响数字化设计的实施与推广。

3.2 建造模式：从传统的建筑施工到“制造—建造”

早在1923年，建筑大师柯布西耶就提出要“像造汽车底盘一样工业化地成批造房子”。经过近一个世纪的发展，欧美国家大多结合本国实际建立起工业化建造体系。在我国，通过装配式建筑推动工业化进程才刚刚起步，整体上仍然是传统的粗放式建筑施工模式。数字建造可以加速推动建造模式变革。

3.2.1 “制造—建造”模式——工业产品大规模定制的启示

工业化的典型特征是规模化生产。20世纪，亨利·福特等人对制造业的生产模式进行了革命性的改造，提出了大规模生产（Mass Production），利用通畅的生产流水线、专用机器设备、专业分工、中心化生产过程、标准化产品以及统一的市场来获得规模经济。大规模生产把装配操作标准化、程序化，使得整个生产流程都变得高效，解放了生产力，推动了工业化生产的发展。但是，随着生产力的发展，用户对产品和服务的要求越来越高，多样性的需求越来越突出，要求企业对不同的订单能够做出快速反应。统一的大市场已经日趋多元化，规模化生产已无法快速应对市场个性化需求的变化。

面对制造业的这一变化，1987年，达维斯提出以大批量生产的成本控制、生产效率和质量保障优势，提供定制的个性化产品和服务，即大规模定制（Mass Customization）。其理念是采取标准化、模块化技术减少产品零部件的多样性，以便于大批量生产；运用集成化技术增加客户对产品外观感受和功能体验的多样性，以满足个性化需求。例如福特汽车提供的立体声音响使汽车成为小型音乐厅；奔驰设置13种不同的调节装置，客户可根据爱好调节汽车的环境。

实现规模化生产与满足个性化需求的统一，是各产业需要解决的共性问题。大规模定制有效解决了工业产品的规模化生产与个性化需求的矛盾，也为建筑产品生产的改造升级提供了借鉴。建筑产品的传统特点是充分满足个性化需求，一个建筑产品对应一份设计图纸、一处施工工地，产品难以复制，但生产的规模化不够。建筑产品可以实行类似于工业产品的规模化定制，即“制造—建造”生产模式，借鉴制造业产品的工业化生产模式，进行建筑产品的建造模式变革，实现工程设计的标准化与模块化、构件生产的工厂化与程序化、现场施工的机械化与装配化。以建筑部品部件的规模化换效益，提高建筑生产效率与建筑品质；以装配建造的多样化满足个性化需求。装配式建筑是其典型模式，把建筑产品设计成具有一定批量的标准化部件或集成化的部品，再用标准部件或者部品组装成满足个性化需求的产品，也就是所谓“像造汽车那样造房子”。

“制造—建造”模式与工业产品规模化定制的区别是：工业产品是从保持规模化生产优势中考虑满足客户的个性化需求；建筑产品则从保持满足客户个性化需求

特征中探索规模化生产的路径，也就是建筑工业化道路（图3-4）。并且，与工业产品生产相比，建筑产品生产的不确定性更大，如工程地质条件、室外施工环境、城市管理约束、构件运输限制等，不可能完全像汽车工业产品那样实施“部件+组装”的规模化定制模式。即使建筑业的工业化达到较高的程度，也还会有包括湿作业在内的现场建造，建造的特征很难消失。

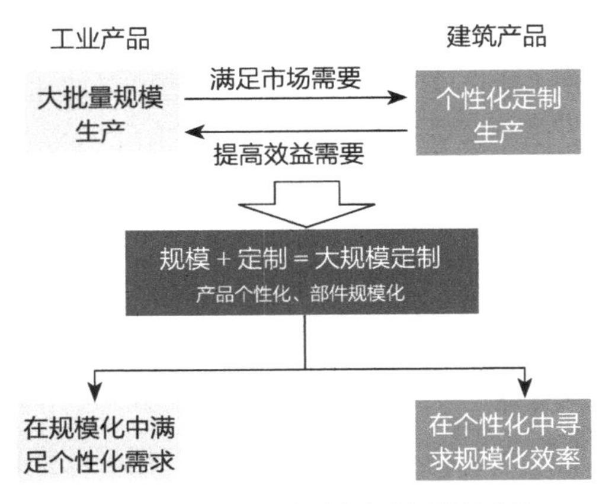

图3-4 建筑产品与工业产品生产发展路径比较

3.2.2 数字建造加速推进建造模式变革

“制造—建造”的技术体系包括标准化的模块体系、规模化的部品部件生产、精准化的现场施工装配。实施“制造—建造”生产模式，提高建筑工业化水平，要以数字技术为依托。

建立标准化的模块体系是极其复杂的基础性工作。需要符合力学性能，保障结构安全；便于流水线作业，形成批量生产优势；能够组合成集装箱运输，节省物流成本；适应吊装要求，易于装配式施工；部品部件连接方便、牢靠，保证施工质量；特别是能为建筑师提供足够的设计创作空间，满足用户个性化的定制需要，以及市场审美要求。用BIM技术构建标准化的模块体系，可以方便模块的设计调用、生产、运输、吊装、拼接和组合仿真。还可以与参数化、交互式，甚至生成式等数字化设计结合，为用户提供更多的个性化方案选择。

规模化的部品部件生产。调用标准化模块体系的BIM设计模型，与工厂生产管理系统联网，可以直接导入标准件类型与数量，并根据合同工期、现场实际进度与物料计划进行排产，实现工业化技术与数字化技术的深度结合。采用双向可扩展预制件数字化柔性生产线，结合高效智能装备，提高预制件的生产效率。

精准化的施工装配。运用数字技术规划施工场地布置，合理安排工序和调度作业空间，提高工地现场利用效率；加强部品部件信息管理，采用射频识别（Radio Frequency Identification，RFID）、二维码（QRcode）、超宽带（Ultra Width Band，UWB）等有源标签或无源标签定位跟踪技术，对部品部件的物流过程进行全程规划和全过程跟踪，合理安排进场部品部件的堆放与场内转运，避免二次搬运与路线碰撞，做到严格把控质量、精细管理成本、确保施工安全；进行三维节点模拟，指导重点结构部位施工作业。

“制造—建造”一个重要特点是集成，而信息是集成的主线。没有数字技术的支撑，复杂的部品部件划分信息无法与建筑、结构、设备设计相吻合，高度自动化、智能化的生产线无法建立，界面多样的构配件无法精准就位。用数字工具描述各个专业系统各环节要素，起到串联起设计、生产、施工的全过程的作用，实现“设计标准化、生产规模化、装配精准化”。

3.2.3 建筑工业化要避免的误区

“制造—建造”模式是制造业大规模定制生产理念在工程建造中的应用，在“制造—建造”模式的实践中，要避免一些误区。

1. 有建造标准不等于有制造标准

“制造—建造”模式需要完备的标准体系。尽管已经积累了比较完善的建造标准，但是，部品部件工业化生产的制造标准还没有建立起来，包括产品标准与模数体系，制造工艺标准、质量检验标准以及管理标准等。否则，部品部件的质量难以保证。例如，装配式建筑中仍普遍采用在楼板和墙体中预埋设管线的做法，这种做法不仅影响了空间的可变性及功能的适应性，管线、墙体之间的寿命差异也会为建筑全寿命周期的使用维护带来很大困难。国际上比较成熟的SI体系，即支撑体S（Skeleton）和填充体I（Infill）分离的建筑体系，兼顾了支撑结构体的耐久性及填充体的适应性要求，值得借鉴。即使现有的建造标准，也需要进一步完善，如装配施工中构配件的连接标准。

2. 在工厂生产不等于工业化生产

工业化的本质特征是流水线生产，不是在工厂里生产就是工业化生产。在装配式建筑的实践中，有的只是简单地将工地的作业搬到了工厂车间内完成，改变了作业场地，改善了工作环境，并没有提高生产效率。将原本追求的“工厂批量化生产通用构件”错误地简化为“在工厂预制个性化工程构件”，导致“为装配化而装配化”的现象。既没有建立面向部品部件生产的柔性生产线，发挥大批量生产的经济、质量与环保优势，同时还增加了现场装配的难度和质量安全隐患，导致工程产品在经济性、安全性、质量可靠度以及用户体验等方面无法在市场中形成比较优势。

3. 工业化不是全部工厂化

事实上，由于工程建造过程与产品的独特性，完全工厂化并不符合工程建造发展的客观规律，不必也不可能完全实现工程建造的工厂化。工程建造对象通常规模庞大，且有着独特的结构自稳、抗震防灾等诸多专业化要求，这些要求的满足具有显著的“当时当地性”，如一些地下工程的施工，不可能像汽车制造那样在封闭的工厂就可以全部完成。

4.“建造”不一定要“建厂”

在政府相关政策和市场力的驱动下，一些建筑企业纷纷投入巨资建设工程构件厂，抢占建筑工业化的市场份额，但是缺乏清晰的产品种类选型与市场定位。这与日本推行建筑工业化初期阶段相类似。“建厂”过多或分布不合理，将会引起无序竞争，承担巨大的“建厂”投入风险。因此，从事建造的企业，需要把握市场、找准定位、突出特色，不能仅仅重视“建厂”，更要高度关注工地现场建造的工业化的问题。“建造”不一定要“建厂”。

5. 积极推进而不是冒进

我国建筑工业化从20世纪50年代就提出了初步概念，“一五计划”时期国民经济发展战略提出学习东欧等国家的先进经验，执行标准化、机械化的预制构件和装配式建筑；七八十年代，预应力空心混凝土板和预应力大板普遍用于砖混结构。以后由于低端装配式结构存在抗震性能差、接缝渗漏等问题，加之高层建筑、异形建筑发展迅猛，故装配式构件化产业发展逐步被现场湿作业取代。

装配式建筑仍然有一些问题需要解决，如在建造技术方面，装配式混凝土结构的连接部位往往是薄弱环节，处理不当就会影响工程质量、形成安全隐患；在产品多样性方面，建筑产品的个性化与部品部件生产的规模化的矛盾是不可回避的，建筑工业化必须立足于能够满足不同建筑形式的生产需要，因为建筑产品的内在特性就是产品的多样性与业主需求的多元化。

这些问题至关重要，涉及产品质量和用户偏好。质量是产品的生命线，偏好是用户需求的基本要求。推进建筑工业化要积极稳妥，做到提高建造技术与管理水平保证产品质量，创新设计方法和多样组合满足用户个性化需求。

3.3 经营理念：从产品建造到服务建造

按我国的产业分类，建筑业属于第二产业，主要从事建筑产品的生产活动；服务业属于第三产业。“产品+服务”则是数字经济发展的产物，是一种新的业态形式，即在产品建造的基础上为客户增加服务功能，创造新的价值。服务建造既是面向工程产品的生产性服务，也是面向工程物业使用者的物业消费服务。从产品建造到“产品+服务”建造，体现了企业从“以产品为中心”向“以服务为中心”的价值转变，也是建筑企业转型升级的新机遇。

3.3.1 从“工业经济”向“服务经济”转变是大势所趋

从农业经济到工业经济、再到服务经济，是世界经济产业结构变化的大趋势。在“工业经济”阶段，主导产业是工业，其核心是向用户交付工业化产品，以自然资源占有为基础、实行大规模机械化生产是其主要特征。从20世纪70年代开始，石油危机使世界经济开始转向服务经济（Service Economy），现代服务经济是一种以知识资本作为基本生产要素形成的经济结构、增长方式和社会形态。在服务经济阶段，主导产业是服务业，如目前世界主要发达国家服务业在其经济总量中的平均比重已占到70%以上，美国更是接近80%。

客户需求价值的不断升级是“工业经济”向“服务经济”发展的内生动力。市场需求正在从“产品导向”向“产品服务系统导向”转变，即从传统的对产品质量、寿命、功能的关注逐渐转变为对产品背后带来的整体价值满足的关注，从最初的单一产品或服务，到“产品+附加服务”二维结构，再到“产品+服务+支持+知识+自我服务”的多维复合结构，在这个过程中，产品技术与功能日益复杂，带动产业价值链不断延伸拓展，服务也逐渐成为企业赢得价值链竞争优势的核心要素。

信息技术的发展与普及是“工业经济”向“服务经济”发展的重要推动力。信息技术的大规模普及使得企业各种有形资产和无形资产的通用性不断增强，通过在产品服务系统中高效率分享生产装备（如数控机床、工业机器人、智能仓库）、管理技术、品牌、渠道以及客户资源，大幅度降低生产成本和交易成本，使得企业在提供产品服务系统时呈现出明显的成本弱增性，促使服务业与工业生产的不断融合。

作为工业化高度发展阶段的产物，现代服务经济具有知识密集、附加值高、资源消耗低、环境污染少等特点。因此，现代服务经济的发达程度，已经成为衡量一个国家或地区的社会经济发展水平以及国际竞争力的重要指标。从广义上说，一切经济活动的目的都是追求对用户需求的满足，传统工业都有可能向“产品+服务”转变。

现代服务经济与制造业的融合正在引发制造业的服务化转型，形成服务制造模式。即制造企业为了强化市场竞争优势，通过提供“工业产品+服务”的生产经营模式，包括产品的生产性服务和产品的消费性服务，由此实现产品链上的各参与主体和最终客户的价值增值。

3.3.2 提升建筑产品价值，满足用户新需求

与制造业类似，现代服务业与建筑业的融合促使建筑企业由产品建造到服务建造的转型升级，为用户提供高品质的“工程产品+服务”，延伸建筑产业链，提升工程产品价值，更好地满足用户的新需求。

工业化离不开建造，城镇化更离不开建造。建筑业是国民经济支柱产业，为国民经济各行业发展以及城乡居民的社会生活提供建筑空间和基础设施，与社会经济发展和人民群众的生活质量息息相关。尽管建筑业对其他产业的拉动作用显著，但仍然处于国民经济产业链的价值低端，产品的技术含量低、附加值不高。作为为工业服务的产品如车间、厂房，仅仅是中间的过渡产品，需要安装机器设备后才能发挥作用；作为为社会和经济发展服务的产品，如住宅、办公楼，仅仅是建筑物本身的基本功能，产品的功能有待于提升。即使所形成的物业价值在不断增值，但往往是地价因素使得资产升值，而不是建筑产品本身的价值增值。建筑产品需要通过建造服务化提升其产品价值。

服务建造是为了更好地满足用户日趋多元化、个性化的新需求。用户最关心的是工程产品带来的效果和使用体验，而非局限于产品本身。以居住为例，由于消费的个性化，用户对居住环境有更多追求，老年人希望其居住环境能够提供有针对性的生活服务、健康服务、监护服务和精神服务；而刚毕业的年轻人则希望其居住环境能够更具性价比、更具社交功能。职业、家庭结构等诸多因素也会催生出更多对于居住空间的个性化需求，智能家居正在改变人们对于居家空间的体验。

服务建造能为用户提供增值服务。用户增值服务是直接面对产品使用者的服务，是产品价值链的延伸。在传统的工程建造价值网络中，产品供给者与顾客之间的关系是被隔离的。而在服务建造网络中，借助先进的数字技术，企业可以与用户直接联系和信息交换，不仅仅局限在已经建成的产品上，而是从产品设计到使用都与用户建立密切联系，不断拓展工程建造价值链，使得整个生产服务体系更加贴近用户和更加柔性化。如借助先进的网络通信与工程设计方案展示技术，可以为用户提供定制服务。以工程装修为例，可以打造线上线下一体化的家居服务平台，为用户提供在线装修服务。利用平台提供的家居设计软件，用户不需要复杂的电脑操作就能自己设计，从而让家庭装修变得快乐简单，并以此为基础可以构建以家居为中心的家庭消费服务生态圈。另外，在办公设施市场，也可以为用户定制个性化的办公空间服务，拓展办公设施价值链，塑造出一种全新办公模式。这些个性化的用户

体验正在赋予用户在价值链中的主导地位。

依托数字建造为用户交付的“实物+数字”工程产品，也可以提升服务价值，包括信息增值服务、系统解决方案服务以及全寿命周期管理服务等。信息增值服务是指围绕企业的核心产品不断融入能够带来市场价值的信息增值服务，实现从传统建造向融入了大量信息服务要素的产品服务转变，如一些电商服务平台通过大数据流量对用户进行需求画像，实行精准推送服务。系统解决方案是指通过产品和服务组合，为用户提供专业性强、系统集成化程度高的产品服务组合方案，如智能家居、共享住宅、智慧社区等新兴业态。利用工程产品全寿命周期的数据，在运营服务过程中不断评估用户需求满足程度，发现新需求，以数据为驱动，实现工程建造服务水平的持续改进与提升。

另外，各行业的技术升级也在推动工程产品智能化的新需求，如智能制造需要智能化的工厂，智能交通需要智能化的公路、铁路，智慧能源需要新型能源基础设施，这些智能化的设施也是传统工程建造产业链的延伸。

3.3.3 发展生产性服务业态，提高建造专业化水平

工程建造生产性服务活动具有知识密集型特征，与传统的资本、劳动要素不同，服务要素的边际成本更低，可以达到节约资源、提高效率、提升产品功能的目的。

在工程建造价值链中，包含着丰富的服务活动，如工程设计、策划、咨询、招投标、项目管理、设施运维等。数字技术可以提升建造过程中各环节的专业化服务水平，通过专业化的工程机械服务，改进工程建造物质与能量流效率；通过相关软件技术服务，提高工程建造信息流效率；通过工程金融服务，实现工程建造资金流效率增值；通过工程电子商务服务，支持多流合一，建立快速、准确、高效、低成本的物流链，降低整个工程价值链体系的成本。

工程建造生产性服务除了能促进各建造环节的价值增值外，还能有效地把各个环节有机联系起来，实现工程建造过程中的物质流、资金流、能量流、信息流和价值流的“五流合一”。工程建造各环节之间在不同的时空范围内的广泛联系，使很多原来必须同时同地配置的生产环节可以在更大范围内进行更加有效的配置。

利用数字建造技术，将专业化的服务活动与工程建造生产活动有机结合，不仅可以提高工程建造价值链中原有服务的质量，而且能够催生出新的服务业态。如建立云端协同工作平台，在线为行业用户提供工程项目全寿命周期的业务服务；建立

建筑业电子商务交易市场，为EPC市场提供电子商务采购解决方案，或为电气承包商提供电子商务交易服务等。

3.3.4 建造服务化转型避免走弯路

1. 制定转型策略：聚焦知识密集型的高端服务，而不是劳动密集型的低端服务

数字建造是现代信息技术发展的产物，建造服务化要走现代服务业发展之路，即发展知识密集度高、技术含量高、产出附加值高、资源消耗少、环境污染小的高端服务，实现服务业务向价值链高端迁移，而不是重复劳动密集型、资源密集型低端服务。避免穿新鞋走老路。

从发达国家的总体发展态势看，知识密集型服务业占GDP比重随经济增长正持续扩大，约占到了发达国家GDP的1/3、接近服务业的一半。2017年知识密集型服务业企业研发支出实现首次全球领跑，成为后工业化国家国民经济创新最活跃的部门，构成现代化经济体系的重要组成部分，更成为国家竞争力的重要体现。在我国工程建造服务化转型过程中，企业应聚焦发展知识密集型高端服务，才可能促进工程产品附加值和品牌效应的提高，同时有助于破解制约服务业发展可能面临的“成本病”；仅仅停留于劳动密集型的低端服务，我国工程建造则很难向更具增值潜力的价值链环节升级发展。

2. 确定转型路径：突出特色，而不是全面开花

结合我国工程建造发展实际，要实现工程建造的服务化转型，到底应该选择基于产品提供增值服务的路径，还是选择不断丰富工程建造生产过程所需服务的路径，或者是两条路并行推进，这都需要结合企业自身特点进行系统分析才能确定。

要突出特色，而不是全面开花。知识密集型的服务需要有长期的知识积累，或者在某一专业领域市场基础上的逐步延伸，当然更要瞄准市场需求。以法国万喜（VINCI）为例，从最初的水务建筑公司，最终发展成为全球领先的基础设施建设服务商，其间经历了多次转型，自2000年成为独立公司运营以来，进行了频繁的收购活动，实现了独具特色的业务多元化和服务化转型，其成功的秘诀在于找准了自身独特的优势定位。

3. 积累服务资源：将个人经验转化为企业知识

知识资产是服务化转型的关键要素，也是提供高质量服务的基础，要将个人的隐形知识转化为共享的组织知识，积累企业的服务资源。以AECOM为例，之所以能够快速进入高附加值领域并提供高水平的工程咨询服务，强大的企业信息与知识平台是其成功的秘诀。

在工程建造领域，以个人经验为代表的隐性知识占据着主导地位，我国有庞大的工程建设市场，在工程实践中，企业培养了一大批有经验的工程师。但是，这属于个人经验，最多也只算个人知识，不是组织的共享知识，形成不了企业财富，随时都有流失的风险。因此，要应运用数字化技术将个人经验进行显现的知识表达，建立企业的共享知识库。

建立企业共享知识库，首先要重视数据积累，通过标准化的业务流程将工作内容以数据的形式记录下来，建立企业大数据。数据不一定是知识，还有一个从数据到信息、从信息到知识、从知识到知识重用的加工过程，涉及数据积累、规范化建模以及算法设计等。

3.4 市场形态：从产品交易到平台经济

工程建造的资源配置是通过市场实现的，传统的市场交易方式往往是点对点的交易方式，固定的交易场所，有限的市场范围。数字经济颠覆了人们对市场的传统理解，也影响到工程建造市场，交易活动正在从传统的产品交易向平台经济转变。平台经济是数字经济时代的典型特征，也是建造服务化实现的一种主要形式。

3.4.1 数字时代催生平台经济

全球经济正在走向平台经济时代，在过去的20年间，全球市值最大的公司由金融资本、石油资本逐渐让位于互联网、工具软件、电子商务、社交媒体、云计算为主业的互联网平台型企业。如表3–1所示。

1999～2019年全球企业市值排行榜变迁　　表3–1

单位：亿美元　2019 年以 7 月 21 日市值计

1999 年		2009 年		2019 年	
上榜企业	企业市值	上榜企业	企业市值	上榜企业	企业市值
微软*	5830	中国石油	3670	微软*	10500
通用电气	5040	埃克森美孚	3410	亚马逊*	9430
思科	3530	中国工商银行	2570	苹果*	9200
埃克森美孚	2830	微软*	2120	Alphabet*	7780
沃尔玛	2830	中国移动	2010	Facebook*	5460

续表

1999年		2009年		2019年	
上榜企业	企业市值	上榜企业	企业市值	上榜企业	企业市值
英特尔	2710	沃尔玛	1890	伯克希尔·哈撒韦	5070
日本电报电话公司	2620	中国建设银行	1820	阿里巴巴*	4350
朗讯	2520	巴西国家石油	1650	腾讯*	4310
诺基亚	1970	强生	1570	VISA	3790
BP石油	1960	壳牌	1560	强生	3760

注：*为平台型企业。
数据来源：普华永道会计师事务所。

互联网平台是市场交易的新形式。这种新兴形式通过平台消除了时间和空间的局限，全天候、全方位地连接起社会经济生态系统中的人、机构和资源，为供应商与顾客之间的互动建立一种开放式架构，并设定相应匹配交易规则，为所有参与者创造出意想不到的价值，并进行价值消费。一方面重构价值创造，通过开发新的供应源来促进新的生产者群体出现；另一方面重构价值消费，通过产生新型消费行为，激励众多用户以前所未有的方式来享用产品及服务。互联网平台颠覆性地改变了商业、经济和社会。

与此同时，互联网平台本身也是经济活动的利益主体，它不仅参与价值的创造，也参与利润的分配，通过为平台参与方之间的交易提供优质的服务，收取服务费用，进而持续拓展衍生增值业务，增强企业的赢利能力。迈特卡夫定律生动地刻画出了互联网平台的价值特点，即网络平台价值与该平台上网络用户数量的平方成正比。

互联网平台之所以能快速崛起，是因为平台的边际成本无限接近于零，加上需求规模经济催生出积极的网络效应，使得边际收益又不断增加；再加上信息沟通成本越来越低，交易成本自然不断下降，正好与服务型经济的发展不谋而合，两者叠加创造出一种全新的社会化、开放化的大规模协作分工体系。

互联网平台建立起生产者与消费者之间的直接联系，为用户提供更加多元、便捷、自由的消费选择空间，不仅如此，还能依托数据提供金融支持、信用反馈等一系列更为透明化的交易服务，甚至能让用户直接参与到生产供应体系之中，这一点也是传统中介无法比拟的。

对供应企业主体而言，互联网平台为其提供了与各种参与者的直接对接支持，与外界的连接更广泛、更实时、更顺畅、成本更低，有利于其商业模式变得灵活迅速，通过与其他企业的跨界协同、创新共享和整体服务，消除过去单一乏味的标准化产品与服务存在的弊端，使得其通过平台提供的产品和服务内容更为多样化，打造共创共享的生态圈，为企业发展带来巨大的想象空间。

近年来，平台经济在具有信息密集型特点的IT产业、资讯业以及商业领域得到迅猛发展，一方面在向价值链更高端的金融业渗透，另一方面也在与更多传统资源密集型产业，如制造业、农业等融合。产业互联网平台发展方兴未艾，2018年底，工业与信息化部公布了一批工业互联网平台试点示范项目，包括工业互联网平台解决方案、重点工业产品和设备云平台、信息物理系统（CPS）平台、工业大数据应用服务平台、工业电子商务平台和中德智能制造合作平台。从这些试点示范项目的应用情况来看，有的通过平台的模块化分工机制，促进了制造业流程再造与优化；有的通过开放式创新机制，促进制造业的产品升级；有的通过平台建立起更为合理的市场竞争机制，促进制造业的功能升级；有的则通过平台信任合作机制的建立，促进制造业的产业链升级。可以预见，平台经济与制造业的融合，必将推动制造业个性化、智能化和服务化发展。

随着平台模式的发展、成熟与普及，“共享经济”业态也开始快速增长。共享单车、共享汽车、共享办公等新业态正在挑战传统行业，其共同特点是搭建一个公共的基于信息技术的服务平台，高效率地为平台上供需双方提供服务连接，通过共享价值释放闲置资源，在不增加总资源消耗的前提下，满足人们的各种需求。

3.4.2 数字建造促进工程建造平台化发展

工程建造拥有体量庞大的市场，其价值链正在变得越来越长且复杂，需要大量的资金、人才、技术、工艺、材料、设备等各种生产要素资源参与。以我国为例，每年基础设施投资达到20多万亿元，从业人员约5000万人，在传统的市场模式中常常出现信息传递低效、沟通困难以及主体反应速度变慢等问题，导致大量资源要素闲置和浪费，难以高效率为用户创造价值。

因此，将工程建造与平台经济相结合，在一个开放的虚拟数字化空间中，将所有建造过程如设计、算量、计价、分承包、项目管理和成本控制等业务统一在同一个系统内，可以更好地支撑业主、开发商、建筑师、工程顾问、承包商、分包商、供应商、政府管理部门，以及项目团队进行紧密协作并及时决策与反馈，对各种资源进行灵活高效匹配，将虚拟建造流程与实际建造过程进行比较和优化，实现资源最佳利用和价值创造。

正因为如此，在工程建造领域发展平台经济，正在成为业界关注的焦点，在“互联网+”战略的引导下，大量的互联网平台涌现出来。但是工程建造平台经济的健康可持续发展，并不是直接搭建一个互联网平台那么简单，必须建立在数字建造的基础之上。

从其他行业平台经济发展经验来看，在每一个交易过程中，供需双方无外乎交换三样东西：信息、产品或服务，以及某种形式的货币。所有成功的平台，其本质定位都是提供一个“加入即用”的基础设施，将供需双方聚合在一起，利用网络效应，高效地提供信息、产品或服务，以此奠定平台在交易中的地位并获取收益。

并不是所有行业都能顺利地发展平台经济，一般来说，容易引发平台革命的行业通常具有以下特征：信息密集型行业；信息极端不对称的行业；高度分散的行业；业务扩展无须人来把关的行业。相反地，对平台经济具有内在抗拒力的行业通常是：高度监管的行业；高损失成本行业；资源密集型行业。

工程建造具有发展平台经济的一些条件，如行业信息不对称现象比较严重，作业活动也高度分散。但是属于资源密集型行业，信息化水平低，交易标的金额通常较大，损失成本非常高，与此同时，行业监管也比较严，这些都是目前工程建造领域平台经济发展缓慢的一些深层次原因。因此，实现工程建造平台化转型，要分析建造活动特点，发挥优势，克服不足，形成具有特色的工程建造平台。

数字建造模式将大大提高建筑业信息化水平，通过建造资源要素和产品要素的信息化表达，用信息流来描述物质流，使其在平台上交易成为可能。

工程原材料占到工程建造成本的60%以上，针对资源消耗大的特点，通过“直接连接”建立工程材料采购平台。以生产要素价格为纽带，汇集海量价格数据，实时分析价格走势，消除信息屏蔽、排除价格虚高供应主体、消减服务瓶颈环节，让信息的传递更透明高效、增值流程更加高效。

为了提高工程资源要素的利用效率，企业可以借助平台拓展多元化业务，盘活闲置资源、优化配置紧缺资源。如为了减少工程机械的闲置浪费，建立工程机械租赁服务平台，对闲置工程机械资源进行分类、标准化定价、协助交易，采用“实体+信息化+租赁服务”的新模式，开拓工程机械分时租赁新市场；帮助买家找到各种二手工程机械设备，通过搜索匹配算法的优化，为买家提供二手工程机械搜索服务，改善二手工程机械设备采购体验；在为优势资源供给方打造个性化品牌的同时，也帮助客户找到稀缺紧俏资源，加强供需联系纽带，实现客户价值的最大化。

企业也可以基于自身业务特点，通过构建“协同整合”型平台，开放关系接口，协同价值链上下游及友商跨界整合，帮助同业串联更多外部资源，共同促进行业升级，打造新型生态圈。

3.4.3 工程建造平台化转型面临的挑战

可以期待，在体量庞大的工程建造市场，未来会涌现出更多的平台业务模式。但是在工程建造平台化转型过程中，也面临着挑战。

1. 要经得住迈特卡尔夫定律的诱惑

网络平台的价值与网络用户数量的平方成正比，这是极其诱人的迈特卡尔夫定律。于是一些服务平台往往急功近利地盲目追求平台用户数量的爆炸式增长，以非理性的巨额前期投入，换取平台价值的短期兑现。由于在服务质量上下功夫不够，以及无序竞争，很快地从融资神话跌落到排长队兑现押金的困境。来得快，去得也快。

平台的竞争是非常激烈的，需要不断地创新，如阿里巴巴完成了从台式电脑为依托的电子支付到基于移动互联网的手机支付，支付宝获得快速发展；微信在之后也发展了支付业务，并很快超过了支付宝，因为微信用户群体比支付宝上的客户群体更大。

打造工程建造服务平台，要在满足用户的需求上用力，精准市场定位上着力，提高服务质量上发力。在平台上吸引用户的数量非常重要，但提高服务质量留住用户更重要。

2. 平台诚信体系与责任体系的建立

平台是开放式的，平台的搭建者又希望更多的用户参与，以致平台上的活动主体构成复杂。因此，平台的诚信体系建设尤为重要，利他、共赢是平台运作的基本规则，为了保护平台广大顾客的利益，应该有一套科学有效的评估制度，对进入平台的产品服务商设置一定的门槛与约束，维护平台的诚信底线。

商业服务避免不了纠纷，线下存在，线上更是难免，必须有一套处置机制。由于涉及搭建平台的服务者、提供产品的服务者，配送产品服务者，以及消费者等多边关系，从法律法规上明确各方责任，建立清晰责任体系是非常必要的。有利于快速处理分歧，保障用户利益。

3. 信息安全与隐私问题

平台的信息安全与隐私极其重要，这也是平台经济的共性问题，面临的共同挑战。工程建造服务平台涉及企业的商业秘密，潜在的参与者由于担心数据泄露损害企业利益，往往不敢放心地将自身业务和数据置于平台上。比如工程造价信息服务平台，许多用户很乐意分享平台上提供的数据服务，但却不愿意提供自身企业的工程造价数据，担心企业商业秘密泄漏。

3.5 行业管理：从管控到治理

产业技术创新，离不开行业治理创新。行业治理是国家治理现代化的重要组成部分，涉及治理理念、治理体系、治理机制以及治理能力等方面。数字建造有利于推动工程建造行业从传统的自上而下的单向行政管控，向发挥行业各主体作用协同共生治理转变。

3.5.1 工程建造行业管理亟待变革

对照我国国家治理体系现代化战略目标和要求，目前建筑行业治理亟须实现以下转变。

1. 行业治理理念的现代化

治理理念的现代化要坚持正确的价值取向。工程建造具有投资大、建设周期长、参与主体多元、工程安全和质量控制难等特点，这些都直接影响投资者、建设者和广大用户的切身利益。一般地，企业有内动力实现投资建造的经济效益，但是，当效益与质量、安全相矛盾时，政府需要有监督措施保障工程产品的质量和安全。为用户提供高质量的工程产品和保障建设者劳动安全应是最基本的价值取向。

现代工程不只是技术工程，更是社会工程，如三峡工程总投入大约2000多亿元，而用于移民工程和生态环境保护工程的投入占一半以上，比用于发电的三峡枢纽工程的投入还要大。工程建造活动存在的外在性，对人们的社会生活、生态环境客观上产生较大的影响，这种邻避效应有正面的外在效益，也有负面的外在成本，应该重视邻避效应作用，最大限度地提高外在效益，减少外在成本。事实上，工程建造的质量、安全、节能、减排、环保等，既是企业的社会责任，也是企业提高工程产品竞争力所在。

总之，以人为本，持续提高、保障和改善民生水平，不断增强人民群众的获得感、幸福感和安全感，应成为工程建造行业治理现代化的基本价值取向。并且，要落实到提高工程产品与服务质量、降低与杜绝安全事故、保护生态环境以及提高企业经营效益等具体方面。

2. 行业治理体系现代化

构建政府与社会协同共治的现代治理体系，转变政府职能，是我国全面深化改革、推进国家治理现代化的关键点。

工程建造市场空间庞大、参与主体众多、业务关系繁杂，单纯依赖政府行政管控，不仅会对政府部门造成难以承受的监管压力，也不利于发挥行业群体智慧，推动行业持续创新发展。亟须推进行业治理体系现代化建设，将工程建造行业协会、企业乃至社会公众，纳入工程建造行业治理体系，形成开放、扁平化的治理结构，从一元管制转变为“法治”“自治”与“共治”三者相结合的现代化治理体系。

工程建造行业协会，是联系政府各级建设行政管理部门、工程建造行业企业之间的桥梁纽带，是加强和改善工程建造治理体系的重要组织。充分发挥工程建造行业协会在专业、信息、人才、机制等市场资源配置方面的优势，做企业想做，但靠单个企业做不到的事；做市场应做，却又无人牵头去做的事；做政府要做，却无精力去做的事，如行业调查、行业统计、行业信用、行业自律和行业标准制定、行业技能资质考核、价格协调等。政府侧重于宏观调控和市场治理，不直接干预企业的具体经营行为，企业作为市场的理性行为主体，可根据相关法规和市场需求，按利益最大化原则自主经营决策。

3. 行业治理机制现代化

治理机制主要包括政府权力运行机制和社会组织的支持、合作与监管机制。面对新一轮产业革命带来的机遇与挑战，需要在工程建造产业建立起合理的信任机制、激励机制、共赢机制以及协调发展机制，调整和优化政府的权力运行机制，秉承“赋权”与“赋能”并举的原则，真正发挥行业协会、企业以及社会公众在行业治理中的作用，建立起生态化的工程建造产业治理机制。

建立工程建造生态化治理机制的途径在于建立“权力清单”“责任清单”和“负面清单”，以及诚信管理等制度，调整和优化政府的权力运行机制，促进政府行政理念的根本性转变，释放行业协会、企业以及社会公众等主体的活力。政府要明确“权力清单”和“责任清单”，做到“法无授权不可为”“法定责任必须为”；企业要明确“负面清单”，做到“法无禁止皆可为”。建立公平、透明、互信、高效的营商环境。

在行业协会等社会组织的支持、合作方面，政府要推动行业协会与行政主管部门的真正脱钩，健全与行业协会的动态协作机制。通过系统性立法为工程建造行业治理现代化提供法治保障。

4. 行业治理能力现代化

行业治理能力是行业治理现代化能否有效运行的保证，主要包括行业监管能力、体制优化能力、从业人员素质、创新以及持续发展能力等。

提升行业治理能力重在提高工程质量、保障工程安全和维护企业诚信，全面落实安全生产责任制，健全“教育、制度、责任、诚信”工程建造行业治理体系。提升政府治理能力，重在理顺部门职责，简化流程，改善建筑行政服务效率，构建科学规范的依法行政体系。提高从业人员队伍素质，重在构建可持续的人才保障体系，加强人才队伍建设，特别是基层一线建筑工人队伍建设，创新人才管理机制，为工程建造创新发展提供人力资源支持。提升行业创新能力，重在全面实施创新驱动发展战略，推动建筑业结构调整与优化，完善全过程信息服务能力，推动工程建造科技成果的转化和应用，促进行业转型升级。提升绿色可持续发展能力，重在遵循“减量化、再利用、资源化”原则，将节约能源资源要求贯彻到工程设计、施工、运营服务全过程，创建环保低碳的绿色工程建造体系，实现工程建造绿色化发展。

3.5.2 数据驱动的行业治理现代化

在数字建造框架体系下，通过建立电子政务网、工程物联网以及行业信息资源网，构建开放的行业大数据平台，实现数据驱动的工程建造行业现代化治理理念的转变、治理体系的建立、治理机制的运转以及治理能力的提升（图3–5）。

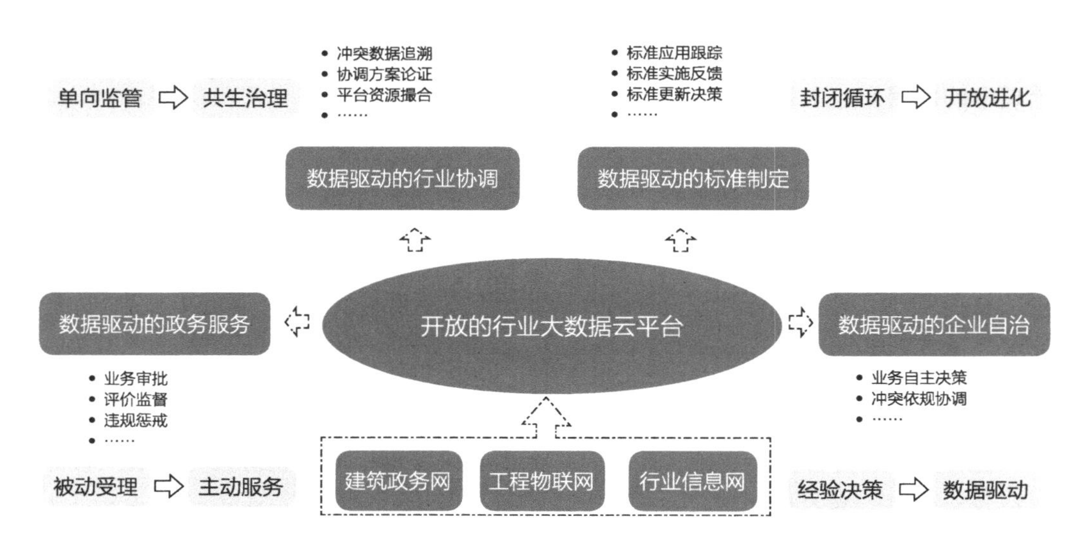

图3–5 数据驱动的工程行业治理体系

1. 构建工程建造政务网，提供高效能的政务服务

在传统电子政务和办公自动化的基础之上，遵循建筑业“放、管、服”改革思路，厘清各级建设行政部门的管理职能，重塑各专业政务服务部门的关系，建立一体化的建设政务网。搭建政府内部信息集成、数据资源及时共享、跨部门业务流程高效对接和政务服务一体化的服务平台；形成线上智能平台与线下一站式服务终端相结合的服务体系；提供“一号申请、一窗受理、一网通办、一屏应用”的便捷式服务模式。

以工程建设项目审批为例，《国务院办公厅关于全面开展工程建设项目审批制度改革的实施意见》（国办发〔2019〕11号）明确提出压缩工程建设项目审批时间，要求做到“一张蓝图”统筹项目实施、“一个窗口”提供综合服务、“一张表单”整合申报材料、“一套机制”规范审批运行。对此，各省市建设管理部门通过采取统一审批流程、精简审批环节、完善审批体系等措施，开发工程建设项目审批服务系统（图3-6），较大幅度缩短了审批时间，改善了营商环境。

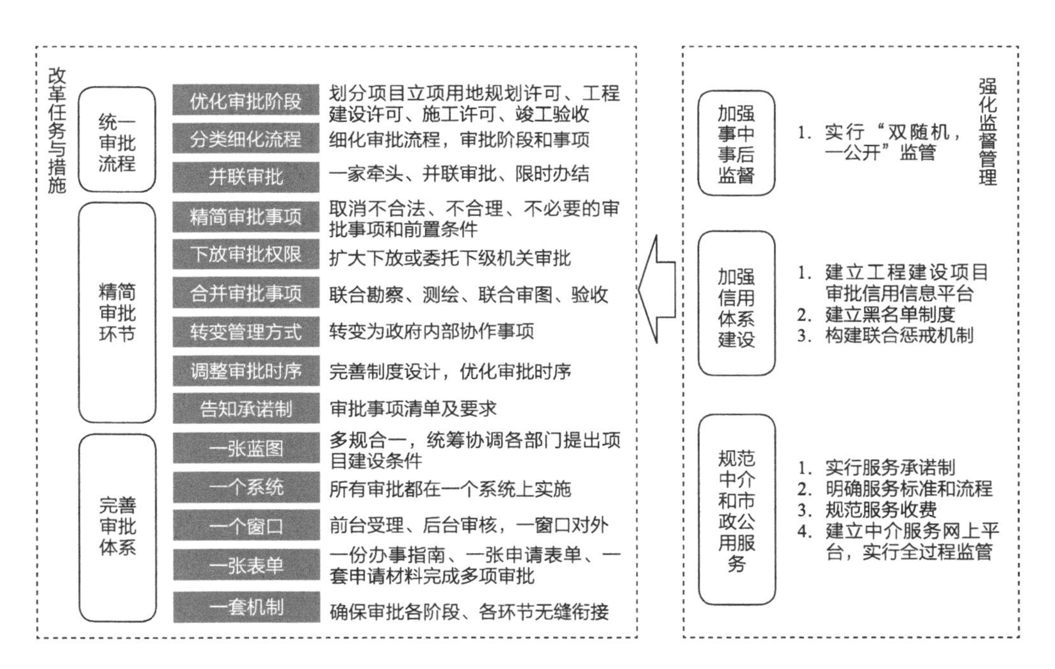

图3-6 工程项目行政审批改革

2. 建立基于工程物联网的智能工地，提升企业的自治能力

构建工程物联网，对工地的人、机、料、法、环等工程要素进行泛在感知，并与BIM和ERP相结合，与各项技术规程和管理制度相结合，形成智能工地，实现对工程建造过程的可感知、可计算、可分析、可评价和可视化。优化资源调度与配

置，提高建造效率；建立工程质量数据保全和回溯机制，强化质量管理；提供安全知识推送服务，减少和杜绝工程安全事故。同时，政府相关部门利用智能工地积累的数据，比较方便地实施对工程建造活动的督察与监管，如劳务实名制的落实情况，工程质量和安全管理工作是否到位，以及企业诚信等。智能工地积累的数据在项目运营阶段还可以发挥作用，进一步形成工程运营服务远程监控系统。用户持续积累海量的工程运行效能数据，并与建设阶段的数据对比分析，把握运维规律，优化运维方案。

3. 建立开放的行业信息资源网，促进共生治理机制的建立

工程的审批报建、交易采购、设计施工、检测监测、竣工验收将产生大量数据，形成丰富的工程建设信息资源。通过制定数据开放规则，在保证国家安全、保障企业利益、保护个人隐私的前提下，建立行业信息资源网，实现行业数据开放。

借助开放的行业信息资源网，企业掌握行业发展态势，把握市场新机遇，催生产业新业态，推动知识经济和网络经济的发展；企业的经营理念、招投标情况、完成项目的能力、工程质量等信息在网络平台上得以公开，接受社会公众的监督，有利于增强自我约束、主动改进能力；通过不断完善公众参与机制，提供完备的政府信息公开和公众意见反馈渠道，便于公众理解政府治理决策，提升治理决策的认可度，减少决策推行的阻碍因素，不断优化行业共生治理生态；发挥大数据深度利用技术在数据挖掘、知识发现、科学决策等方面的优势，推动行业治理从“描述型”向“推理型”转变。

3.5.3 建设行业治理现代化任重道远

1. 工程大数据平台建设困难

基于数据驱动的行业治理，需要有大数据。不同于现有的社交网络平台大数据和商业支付网络平台大数据，工程建造大数据平台具有一定专业属性，必须遵循国家对行业管理的要求，建立一定的规则，如数据标准、共享机制等。除了通过市场机制由竞争形成大数据服务外，可能还需要政府的支持和推动，如工程项目报建资料、工程监管形成的数据、工程竣工验收资料，以及工程归档资料等。

当前，工程大数据建设处于起步阶段，在数据标准化方面严重滞后，在数据共享方面也缺乏内生动力，尚未在制度层面打通最后一公里。工程数据来源少、收集难，行业数据统计指标少，且大多限于内部使用。如何有序建立工程大数据平台，是治理体系变革面临的挑战之一。

另一方面，各级建设行政主管部门也在大力推进智慧工地，鼓励引入视频监控、人脸识别、卫星遥感、人群特征统计分析等技术和系统，期待改善作业效率，提高工地管理水平。但智慧工地的推进，也面临着价值增值不明确、内生动力不足、依法保障数据和隐私安全等方面的压力。

2. 大数据环境下政府治理能力有待提升

工程建造涉及面广、投资大、周期长，且工程质量、工程安全更是千家万户重点关注的人命关天的大事，为了保障工程使用者的利益，长期以来工程建造领域属于严管领域，从项目立项、报建审批、施工监管、竣工验收、销售许可等各个环节，都要履行严格的审批制度。对从业人员，特别是专业技术人员，也有严格的注册规定。

从管控到治理意味着政府下放部分权力，由管变为服，同时，要加强行业组织的协调自治能力，企业的自律约束，以及利益共同体参与治理的能力。如何避免在权利的调整过程中出现真空，是工程建造行业治理现代化中需要面对的现实问题。

国务院于2015年颁布了《促进大数据发展行动纲要》，明确指出数据是国家的基础性战略资源，大数据是提升政府治理能力的新途径。但是，如何在大数据环境下，针对工程行业的重要环节，如政策评估、工程招投标、质量监控、安全管理、企业诚信等，发挥大数据作用，形成基于数据驱动的治理决策与管理，提升工程行业的治理能力，仍需要进一步探索。

3. 大数据环境下企业经营能力和项目管理能力有待提升

在大数据环境下，企业的经营管理和工程项目管理也会发生很大变化。由于有了可计算、可分析、可视化的数字环境，使得管理决策建立在科学的基础上，如基于数据驱动的市场营销分析、企业内部定额库生成、企业发展战略决策，以及基于多维可视化数字模型的工程进度管理、成本控制、质量监督、安全管理等。

实现基于数据驱动的管理与决策，要求企业重视数据、积累数据，还要学会使用数据，掌握科学的数据融合与挖掘方法，把握数字经济机遇，提升企业经营能力和工程项目管理水平。为此，大力提高从业人员素质、不断改善从业人员结构，更是任重道远。

第4章

基于模型定义的工程产品

工程设计是决定工程建造活动成败的关键。本章讨论用于工程产品设计的数字化技术——工程多维数字化建模与仿真技术，介绍基于模型的产品定义（Model-Based Definition）的概念，揭示其在工程设计中的核心价值与应用逻辑，探讨基于多维数字模型的产品定义带来的工程设计新模式，分析参数化设计、协同设计、生成式设计以及数字仿真技术给工程设计带来的革命性影响。

4.1 从二维图样到基于模型定义工程产品

4.1.1 工程设计面临的挑战

工程设计是设计师发挥想象力、创造力，运用科学知识和工程技术资源，在综合认知分析工程环境、技术、经济、资源的基础上，从功能、外观、结构、材料、施工工艺等方面对工程建造预期成果进行有目标地论证、表达、计划并提供相关服务的过程，为工程建造众多参与主体的配合协作提供共同依据，保证整个工程建造任务能够在各种现实约束条件下顺利进行，最终交付满足用户需要的工程产品。

工程设计本质是一个复杂问题求解过程，需要进行一系列权衡与决策。

1. 独特性与社会性

工程项目具有显著的唯一性和当时当地性，工程设计需要体现项目利益相关主体独特的个性化需求。同时，工程项目具有显著的外在性，工程设计必须考虑项目对社会环境的影响，一个成功的工程设计方案，不仅是投资者或设计师等少数人意图的个性化呈现，还应该得到社会的认可。

2. 约束性与创造性

工程设计受到很多条件的约束与限制，如科学技术，人力、物力和财力，行业制度规范，以及当地文化风俗等条件的限制；工程设计又是复杂的创意活动，其成果是具有创造性的创意产品。在工程设计过程中，不仅要满足各种限制条件，更需要不断推陈出新、创造新的工程产品和服务。

3. 艺术性与科学性

工程设计必须遵循科学规律，满足技术准则和要求。与此同时，人们对工程也有审美要求，如建筑常常被称为“凝固的音乐”“人类历史的纪念碑”。工程设计是一种通过建筑物的形体、结构、空间组合、色彩和材质等方面的审美处理所形成的实用艺术。如何在工程设计中体现科学性与艺术性的完美结合，是工程设计永恒的追求。

4. 专业性与综合性

工程设计是专业性很强的活动，根据所处阶段，包括方案设计、扩大初步设计、施工图设计、施工深化设计、施工组织设计、运维方案设计等；根据专业领域，包括总图、建筑、结构、给水排水、暖通、电气、工艺设计等。要完成一项工程设计，往往需要多方面的专业人才，但是，工程设计并不是相关专业工作的简单叠加，各专业之间并不是完全独立的，而是相互联系、相互作用、相互渗透的，只有各专业之间密切配合，协调工作，才能完成高质量的工程设计。

不仅如此，工程建造活动的易变性（Volatility）、不确定性（Uncertainty）、复杂性（Complexity）和模糊性（Ambiguity），也给工程设计者带来巨大挑战。

4.1.2 二维图样的局限

以“平、立、剖”为核心的二维工程图样，是工程界沿用至今的产品定义语言，它是在1795年法国科学家蒙日构建的画法几何理论基础上，逐步规范建立起来的。20世纪60年代，出现CAD技术，实现了以计算机绘图替代图板手工绘图。进入20世纪80年代，三维建模技术不断发展，产品设计模式进入“以二维工程图为主、三维模型为辅”的阶段。

在CAD的发展应用过程中，计算机技术也在工程分析、辅助生产以及组织管理领域显现出巨大的应用价值，各种专业应用技术体系逐渐建立起来。例如，利用NURBS、贝赛尔曲线等模型，人们得以突破传统的线性束缚，精确地表达更为复杂的非线性曲面造型；利用有限元分析软件对产品物理性能（如力学、光学、声学等方面）进行直观、系统分析，逐步形成计算机辅助工程（CAE）体系。

面向产品生产过程，工艺设计人员可以利用相关软件进行工艺方案设计、计算机辅助工艺规划（CAPP），如工程建造中的施工深化设计；在某些机械化、自动化程度较高的工艺环节，将相关设计工艺转化为数控指令集合，直接驱动机械设备按设计工艺进行高效率自动化生产，发展形成计算机辅助制造（CAM）体系。

依据上述设计成果构建产品数据模型（Product Data Model，PDM），管理人员可以进一步生成物料清单（Bill of Material, BOM）、制订生产资源计划（Manufacture Resource Planning，MRP）和企业资源计划（ERP），实现企业与企业之间协作的供应链管理（Supply Chain Management，SCM）。

计算机辅助工程设计与生产，克服了传统纸质图纸表达产品的局限，大幅提高了工程设计的工作效率；但是由于其依托的理论与方法基础仍然是二维投影图，在空间对象表达、信息集成和业务协同方面存在较大的局限性，面对规模较小且相对简单的工程产品尚可应对，对于工程规模大、复杂度高的工程产品，其缺陷显而易见。

1. 难以高效率表达和管理复杂空间对象

设计师设计工程产品，涌现在脑海里的原本是三维实体形象构思，为了将设计创意表达出来，设计师需要将大量精力花费在大量分散的二维图样表达工作中（包括平面图、立面图、剖面图、节点大样图、设计说明、材料表等），一旦需要修改或调整，相关的二维图样都需要进行重新绘制，严重制约了设计师创意的发挥，影响设计工作效率、延长设计交付时间。与此同时，二维设计图样虽然也能够表述产品相关细节，但是在表达空间形态复杂的设计方案时，存在可视化程度低、可理解性差等问题，比较容易出现设计错误、数据不准、信息缺失、空间冲突等一系列问题，无法完整、有效地传递设计师的设计意图。面对由千百张二维建筑平面图、立面图、剖面图、节点大样图构成的设计成果，由于人的认知和感知能力的局限性，上述问题很难被及时发现，往往到生产阶段才会暴露出来，但是为时已晚，常常造成巨大的资源浪费。

2. 无法有效支持多主体协作

一项工程设计一般需要由建筑、结构、造价、暖通、给水排水、机电、照明等多个专业团队协作完成。在设计过程中，除了计算机辅助设计（CAD）工作，还包括计算机辅助工程（CAE）、计算机辅助工艺规划（CAPP）等，不同专业的设计工程师往往分散在不同的地方，他们能否实现快捷、无缺失、顺畅的协作，对于工程设计效率和品质来说是至关重要的。但在二维图样条件下，不同专业之间的设计数据缺乏系统性联系，在进行传递、共享和利用时，需要不断地被转换、重构、变更，信息损失、失真现象广泛存在，难以支持跨越地理障碍的广泛协作。在进行计算机辅助工程分析和工艺规划时，还需要进行大量的几何和非几何数值计算与仿真，而二维图样难以集成表达除几何信息以外的其他属性信息，无法直接支持工程计算，仍然需要由人来进行衔接和转换，这也制约着CAD、CAE和CAPP等专业主体之间的有效协作。

3. 不利于实现工程全寿命周期管理

设计数据不仅需要在项目设计、采购和施工阶段发挥核心指导作用，还应为工程运营维护提供基础依据，除了工程几何形态信息，其中也涉及大量的非几何属性信息。二维图样表达的设计数据，既不利于实现CAD与CAM的集成，也不利于管理人员的查阅与调用，从而割裂了工程设计和管理之间的数据关联，制约着计算机辅助工程管理与CAD设计文件的高效融合，使得技术、管理“两张皮”现象严重，难以实现工程全寿命周期的集成管理，更无法有效地积累和利用工程知识，持续改进和提升工程全寿命周期综合效率。

4.1.3 基于模型的产品定义（Model Based Definition，MBD）

为了突破二维图样的束缚，发挥计算机技术在提升工程设计与生产综合效率方面的潜在价值，迫切需要三维乃至多维认知，将原本处于参考、辅助地位的三维模型，转变成表达产品设计的主导性方法。CAD/CAE/CAPP/CAM的技术成果为这一转变奠定了技术基础：早期的CAD技术实现了二维设计信息的数字化表达，曲面造型技术实现了利用计算机技术描述产品外观，20世纪70年代出现的实体造型技术，实现了在计算机中用一些基本的体素（Primitives）来精确构造产品几何模型、表达产品各物理属性，20世纪80年代中期出现的参数化特征造型技术，实现了从画法几何向基于模型定义的转变，并于20世纪80年代末在制造业掀起了一场三维CAD革命。

航空工业始终走在工程模型化设计创新探索的前列。2003年，美国机械工业协会以波音公司多年积累的数字化设计制造技术成果为基础，经过修订和完善，发布了关于三维CAD的PMI标注定义标准与规范《ASME Y14.41—2003标准》，并于同年被批准为美国国家标准；随后，波音公司又以该标准为基础，进一步制定了BDS600系列标准，并在波音787客机设计中，全面采用基于模型定义的新技术，将飞机三维设计信息与三维制造信息集成定义到产品的三维模型中，用基于模型定义的产品设计成果替代二维CAD图纸，作为波音787飞机设计与制造的唯一依据，从而实现了CAD与CAM（包括加工、装配、测量和检验等）真正的高度集成，大幅提高了波音787飞机研制生产的效率以及产品质量性能。2006年，ISO颁布了ISO16792，规定了全面的三维模型标注规范，使得基于三维模型的定义（MBD）正式成为一种全新的工程语言和设计方法。

基于模型的产品定义（MBD），旨在充分利用三维模型本身的直观表现力，探索新的设计表达方式，将产品几何、材质、性能、生产工艺等相关信息有序地集成到三维模型中，实现异构信息的同构化，既能完整、直观地反映产品全貌，又能针对不同的应用业务主体准确交付合适的信息，为产品设计信息的高效利用奠定基础。

MBD并不是工程相关信息的简单堆砌，而是强调将所有需要定义的产品信息，按模型化方式进行组织，其中不仅有描述产品几何形状的基本信息，还包含材料性能、工艺描述、技术规范、质量要求等多方面的属性信息，由此形成基于模型的产品定义数据集合。

MBD中的数据类型和数据量庞大且繁杂，这些信息对于工程师极其重要，但是并不是每个用户都需要全部的数据，不同角色的人员仅需要与之相关的部分模型信息即可。一般而言，MBD模型中的数据包括：设计模型、注释和属性，其中，注释是不需要进行查询等操作即可见的各种信息，如尺寸、公差、文本、符号等；而属性则是为了完整地定义产品模型所需的有关材质、性能、加工工艺以及标准规范等信息[54]。很多属性信息虽然在图形输出界面上是不可见的，但可以通过计算机查询获得或被数字化机器设备利用。

用MBD进行数据的集成，并不仅仅是设计人员的任务，工艺、检验、生产乃至运维人员都可以借助相应的软件工具参与到设计任务中，遵循统一的规范，进行统一的语义标注与检查，实现数据源一致和形式统一基础上的信息集成。通过融入知识工程、仿真模拟和产品标准规范等元素，设计师、工程师、管理人员可以将抽象、碎片化的知识集成到易于管理的三维模型中，使其成为知识固化和方案优化的最佳载体。MBD相关技术应用如图4–1所示。

在产品设计阶段，可以实现多学科、多专业协同设计，完成产品外观、结构、性能设计及快速审核；将产品设计成果以模型化的方式交付给工艺设计主体，工艺设计人员可以便捷地完成工艺审查、工艺流水设计，加工、装配以及检测工艺规划

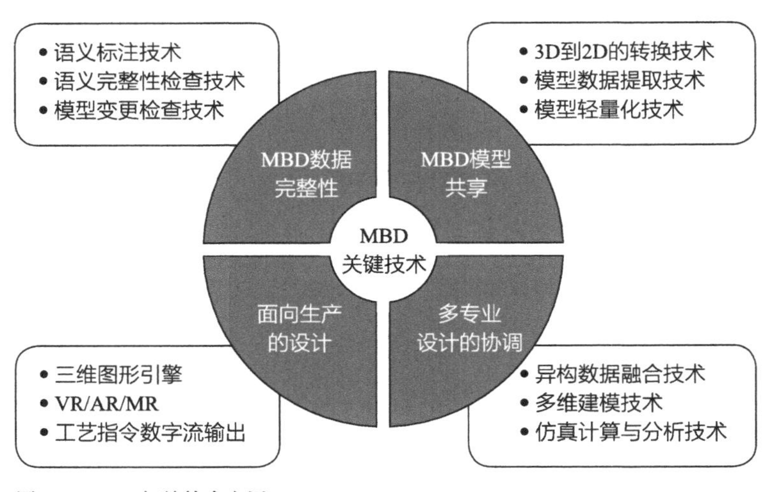

图4–1　MBD相关技术应用

编制；通过数字化模型映射工具，相关工艺设计模型文件可以转换为工装工艺文件和加工程序文件，进而直接驱动数控加工装备和生产线，高效、精确地完成产品生产。在整个产品寿命期内，人们的各种管理活动也可以基于数据模型、利用计算机软件来高效率完成，这可能会重塑整个生产组织体系。

4.2 MBD与工程设计

4.2.1 MBD在工程建造领域的发展

与制造业相比，基于模型的定义技术在工程建造领域的研发与应用则相对滞后。在20世纪80年代中期，当汽车、飞机设计领域已广泛使用三维产品定义工具，实现CAD与CAM集成应用时，工程建造领域连二维CAD都没有大规模普及。但是，仍然不乏有识之士不断尝试将制造业最新技术引入工程建造领域，努力探索一条从三维到N维，从建模到用模型化数据，从设计阶段到全寿命周期，从软件到硬件，再到物联网、大数据和人工智能的道路。

1975年，Chuck Eastman提出了“建筑描述系统”（Building Description System，BDS）概念，主张在设计中采用三维一体化的方式来描述建筑物；20世纪80年代初，匈牙利Graphisoft公司提出了“虚拟建筑”（Virtual Building，VB）概念，并以之为指导，开发了ArchiCAD系列软件；美国Bentley公司则提出“单一建筑信息模型”（Single Building Model，SBM）概念，并将其融入建筑专业建模软件Bentley Architecture以及跨专业建筑信息建模软件AECOsim Building Designer的开发中。2002年，Autodesk公司收购Revit，提出了“建筑信息模型”（BIM）概念，在行业内掀起了模型化变革浪潮。除此之外，也有人提出集成建筑模型（Integrated Building Model，IBM）以及通用建筑模型（General Building Model，GBM）等概念，虽然这些概念名称不同，但是都主张突破二维投影视图的束缚，实现三维核心建模和多维信息集成。

在三维核心建模软件支持下，借鉴制造业CAD/CAE/CAPP/CPM集成的理念，将各种专业的建模软件与MBD集成，拓展其应用范围，如基于三维核心模型的工程分析、施工深化与预制加工、算量计价、施工管理以及文件共享协同软件等。

为了支持专业建模与应用软件之间的通信与协作，早在20世纪90年代中期，由美国12家公司组建的IAI组织（后更名为BuildingSMART），以AutoCAD13的ARX系统为基础，发布了行业基础类（Industry Foundation Classes，IFC）信息交换格式。随后一些国家结合本国实际制定了BIM相关标准体系。这些标准为工程建造“从建模走向用模”提供了有力支持。

基于模型的定义不仅改变了工程设计的方式，更是为工程全寿命周期的一体化管理提供了有力支持，工程设施全寿命周期各阶段的参与主体可以对模型信息进行插入、提取、修改、更新，支持其完成各自专业工作的同时实现业务协同。并由此积累大量数据，实现数据驱动的管理决策，也将BIM从“用模型”阶段推向“用数据”阶段。

当然，未来进一步的发展前景应该是“用智能”阶段。目前，越来越多的技术供应商从BIM应用领域发现新的机遇，不断推动行业从“以工具软件为主”向“软硬件一体化、物联网、大数据以及人工智能”的方向发展。将物联网、大数据和人工智能技术不断融合到产品线中。

4.2.2 工程设计的数字化思维

基于模型的产品定义，推动着工程设计工具的发展与创新，也在改变着设计师的设计思维。

数字信息时代，人们对工程设计价值目标的理解正在发生变化。如果说工业时代的产品价值主要通过原材料价值和体力劳动价值来衡量，那么信息时代的产品价值，则主要以先进知识在产品和新型服务中所占比例来衡量。也就是说，产品的价值载体正在从“以硬件物质为主”转变为“以软件服务为主”，设计对象不再局限于传统意义上的产品几何形态和性能，而是人们在工程空间中能获得的各种场景化服务。这种以人为本的设计价值观，要求设计者系统考虑人与环境、人与物、人与人之间的统一和谐关系，尊重人类目标和自然法则，力求实现人的需求、技术可行性以及商业市场价值的最优平衡。基于模型的定义所带来的设计手段和方法上的数字化创新，能够支持设计者将使用者、互动过程和空间产品进行三位一体的整合，开展真正以人为本的服务化设计。

问题定义是问题求解的前提。正如赫伯特·西蒙所说，工程设计本质上是一个病态问题（Wicked Problem），难以完全采用结构化、形式化的逻辑进行定义。在传统的设计模式中，通常采用分解、假设、简化等方法对复杂的设计问题进行定义，但是利用基于模型的定义技术，人们有可能在更全面获取工程设计相关的自然与社会环境、用户需求、可用资源等方面的数据基础上，描述各维度之间的联系，通过集成信息建模来对复杂的设计问题进行定义，为问题的求解提供更为有效的支持。

工程设计问题的求解，通常有以下几种模式：一种是以抽象（逻辑）、形象（直觉）和灵感（顿悟）为代表的设计求解方式，这种求解模式高度依赖于设计者的主观想象力；另一种求解模式是图示（草图）思维模式，这种模式因受到人脑的限制，在逻辑上过于复杂的构思很难快速转变成直观的视觉信息；还有一种更有前途的求解模式，即数字（计算）求解模式，强调借助性能越来越强大的计算工具，使得逻辑上的复杂性不再成为设计构思与视觉信息转换过程的障碍。借助基于模型的定义技术，设计者可以将拓扑几何与计算机算法相结合，利用计算机强大的算力，对工程环境、用户的行为、工程产品的功能等进行全面深入的研究与探索，并将其规范地转化为一系列运算法则，进而编制计算机程序进行高效率运算，通过与计算机的交流协作，生成大量满足既定约束的解决方案，一方面促成了此前仅通过人脑无法设计出的新型建筑空间和形式的出现，另一方面，也为设计师实现新的且更为复杂的建筑空间和形式提供了技术保障。

计算机编程思维的重要性将日益凸显。引入编程思维可以帮助设计师了解什么是抽象、复用、结构化和参数化，进而在搭建组件库或整理设计规范时，可以充分利用软件工程的理论技术成果，考虑怎么把最开始看起来杂乱的元素抽取出来形成多种模式。从这个意义上说，软件工程师有可能在计算机辅助下，转变成工程设计师。

计算机不仅仅是扮演辅助工具的角色，而是可以与设计师进行互动协作的主体。在人机互动协作过程中，设计师可以更多关注于设计创意与审美，将有关工程产品形态、性能、成本等方面的逻辑转变为以高性能计算为支撑的数理逻辑，交给计算机进行自动化集成处理，从而将设计师从繁重的计算和绘图任务中解放出来，以更好地发挥人的直觉思维、形象思维、抽象思维、发散思维、逆向思维以及联想思维在工程设计问题求解中的作用。

在虚拟现实、增强现实以及混合现实等技术的支持下，利用MBD在数字世界里建构的工程数字化产品，虚实对应，虚实融合，最终将形成人脑与电脑相结合的数字设计思维模式。由数字思维主导建构的工程数字化产品实际上是工程现实物理空间和人脑思维空间的数字编码实现，所涉及的要素都是由数据和纯粹的信息所组成，这些信息不仅来源于自然物理世界的规律总结，而且也可来源于构成人类科学、艺术和文化所形成的巨大思想信息流，由此汇集形成的工程数字化产品，不仅是“以人为本”设计理念的数字化载体，而且也能直接输出为数字化的设计与生产工艺信息，为大规模定制生产提供支撑。

4.2.3 MBD激活工程设计群体智慧

工程设计方案，归根结底是工程设计主体智慧的表达。受制于设计技术方法的局限，传统的设计方案承载的更多只是设计师个人的智慧和经验；随着工程日益复杂，仅靠单个设计师已经越来越无法应对错综复杂问题的求解，必须充分发挥各专业设计师的群体智慧。对于具有显著社会公共效应的工程产品，有时甚至需要社会公众的参与。

要激发群体智慧，需要满足三个基本条件：连接、流动性和多样性。所谓连接，是指群体中的个体彼此要知道，自己和他人都是这个群体中的一员。流动性是指个体之间要能够方便高效地传递一些信息、想法、情绪，要有互动。多样性，是指个体要能够做出独立、专业的判断，确保整个组织的多样性[55]。

MBD以各方参与者都认知且认可的三维模型为基础，所有参与设计的个体都能从对方交付的成果中找到自己的角色位置，为多主体的连接提供可能；在计算机和网络的支持下，各主体相互之间进行想法沟通和成果共享变得非常便利，确保设计中的流动性；借助轻量化技术，各主体可以专注于工程整体设计中自身所关注的部分，其设计思维也将得到前所未有的拓展和释放，保证工程设计中所需的多样性。

MBD激活工程设计主体的群体智慧，将工程设计从设计师个人扮演的“独角戏”转变为多专业协同作业。当然，激发群体智慧不是削弱设计师的主导作用，而是在参与式设计支持下，为设计师提供更多的设计信息、更多的方案选择。

4.2.4 基于模型的工程设计成果表达

MBD的设计成果不再是一张张平面图纸，而以“所见即所得”的可视化方式展示。在设计数据模型集中，包含着众多的设计信息，可以进行数据浏览、提取和利用，也可以在特定情况下导出为二维图纸。还可以方便地对工程产品的性能进行多角度的计算分析与虚拟仿真，实时获取综合评价指标值，并以直观易懂的方式展现出来。需要更新调整时，只需要调整所关注的参数，与之相关的其他变更可全部由计算机模型和算法完成，从而高效率地实现设计成果的版本更新。

更为重要的是，基于模型的定义所完成的工程设计成果，是一个丰富的数据模型库，其应用范围可以涵盖工程全寿命周期的各个阶段，可以按照设计成果直接驱动数字化的工程机械；可以通过不断更新工程数据模型库，记录整个工程建造的过程信息，未来也将运用到工程设施在竣工交付后的运营服务阶段，作为工程维修保养、更新改造和拆除的依据。

4.3 工程数字化设计方法

在基于模型的产品定义技术的支持下，越来越多的新技术正在融入工程设计，推动工程设计进入“计算设计”时代。下面介绍几种典型的基于模型的工程设计方法：参数化设计、多主体交互式协同设计和生成式设计。

4.3.1 参数化设计

参数化设计指的是通过定义参数的类型、内容并通过制定逻辑算法来进行运算、找形以及建造的设计控制过程[56]。其基本思路是把影响设计的主要因素组织到一起，找到某种关系或规则，形成参数化模型，将工程设计的全要素变成某个函数的变量，并利用计算机语言进行描述，借助计算机图形引擎将参量及变量数据信息转换成图像。参数化设计传承了非线性涌现思维，强调利用新的软件工程方法延伸人的思维，将设计师从繁琐的计算和绘图中解放出来。但是仍然将人视为设计成败的关键，如果设计师判断设计方案存在不合适之处，只需调节参数，就可以不断调整和改善设计方案，从而塑造更多可能。

参数化设计方法，让设计师的创作思想不再受传统技术的束缚而得以更自由地发挥，甚至可以在计算机的支持下创造出意想不到的新形态。自20世纪90年代以来，参数化设计已经在工程建造领域得到应用，扎哈·哈迪德、弗兰克·盖里等人是这方面的积极倡导者。

基于模型的定义（MBD）与参数化设计相结合，设计师可以在工程设计的任何阶段，通过参数的调整对工程设计形态和性能进行控制，从而实现更大范围和更高效的参数化设计应用，如将参数化设计应用于非线性建筑形体与结构体系的交互设计、内外空间的结合设计、表皮参数化、模型化以及设备管线设计与综合优化等。

位于北京朝阳公园西南角的凤凰国际传媒中心，是参数化设计的成功案例。该项目占地面积1.8hm²，总建筑面积6.5万m²，建筑高度55m，是一个集电视节目制作、办公、商业与公众互动体验等多种功能为一体的综合型建筑。自建成以来，该项目已成为北京又一新的地标，多次获得国内外重要建筑奖项。

在凤凰中心的设计过程中，为了适应工程所处场地条件的限制特征，彰显中国传统文化所倡导的“道法自然”建筑观，同时反映凤凰传媒所特有的开放融合价值观，建筑师取意莫比乌斯环给出了初步的概念设计方案[57]。但是，这一复杂的非线性概念给后续的结构设计、空间布局、表皮肌理设计以及施工组织设计提出了极大挑战，传统的设计方法和设计工具已经无法有效应对。

项目设计团队在概念方案深化、建筑形体逻辑加工、结构设计以及表皮构造设计等方面，全面应用三维信息建模工具以及参数化编程技术，建立了工程三维几何逻辑控制体系，实现了设计成果的矢量化和精确化表达，工程外观、结构、功能和审美的协调，同时支持设计团队进行高效便捷的调整、修正与优化，最终完成并交付了常规技术无法完成的设计成果；设计成果可以直接用于施工阶段的钢结构构件和玻璃幕墙的精确加工，无须深化设计，如图4-2所示。

另一个重大工程案例是2019年竣工的北京大兴国际机场航站区工程。该工程是全球范围内面向未来的超级枢纽工程之一，总建筑面积143万m²，设计容量为每年1亿人次。航站楼方案是综合扎哈等设计团队而形成的最终方案，该方案造型寓意为凤凰展翅，遵循曲线流畅的黎曼几何逻辑，突破了平直的欧几里得几何逻辑的限制。总体设计与建成效果如图4-3所示。复杂的几何逻辑和宏大的建设规模，给设计实施团队和施工单位带来巨大挑战，数字化设计技术的创新应用是实现这一工程壮举的必由之路。

（a）“莫比乌斯环”与周围环境有机协调

（b）双层外皮提升舒适度、降低建筑能耗

图4-2　凤凰传媒中心的参数化设计（一）
（图片来源：北京建筑设计研究院邵韦平建筑师团队）

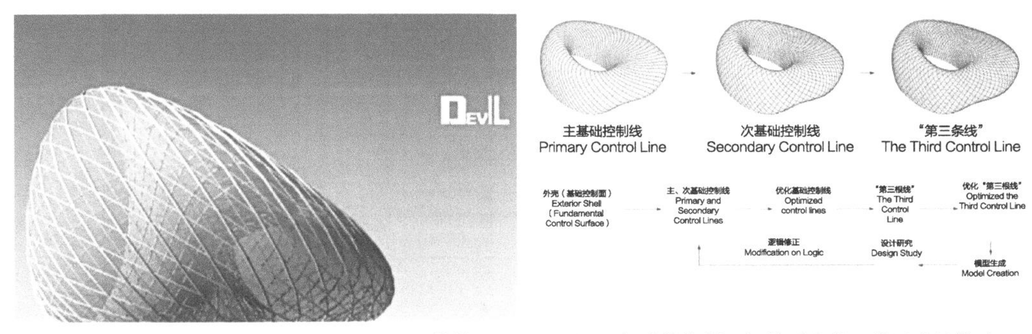

（c）利用SketchUp及相关插件建立的三维形体模型

（d）几何形体控制逻辑体系中的三维基准线构建

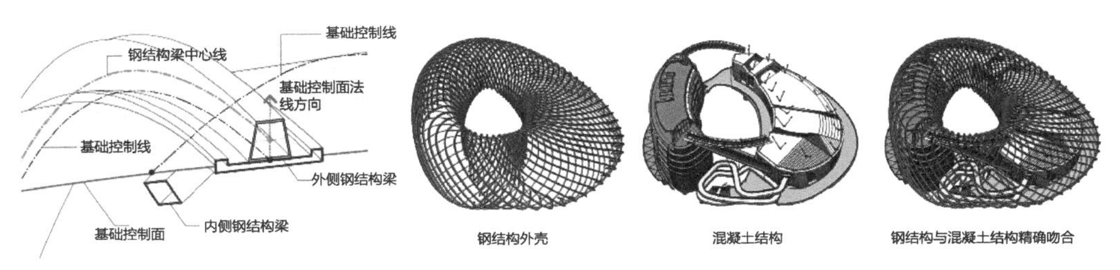

（e）三维模型环境下的结构参数化设计、调整与优化

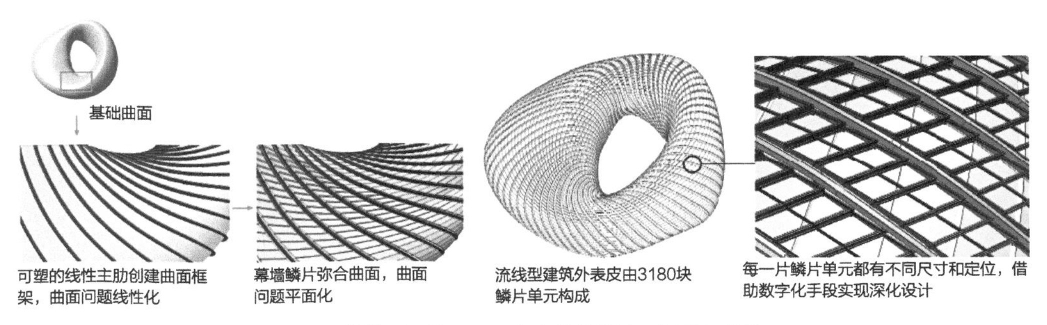

（f）三维模型环境下的表皮参数化设计、调整与优化

图4-2　凤凰传媒中心的参数化设计（二）
（图片来源：北京建筑设计研究院邵韦平建筑师团队）

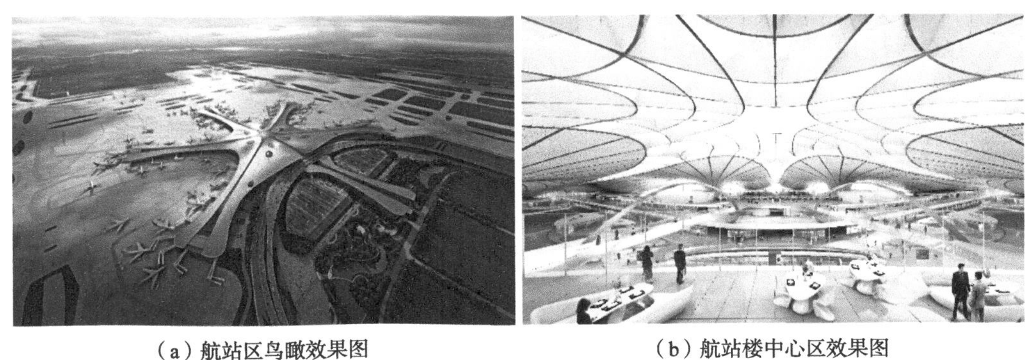

（a）航站区鸟瞰效果图

（b）航站楼中心区效果图

图4-3　大兴机场设计效果图
（图片来源：北京建筑设计研究院大兴机场团队）

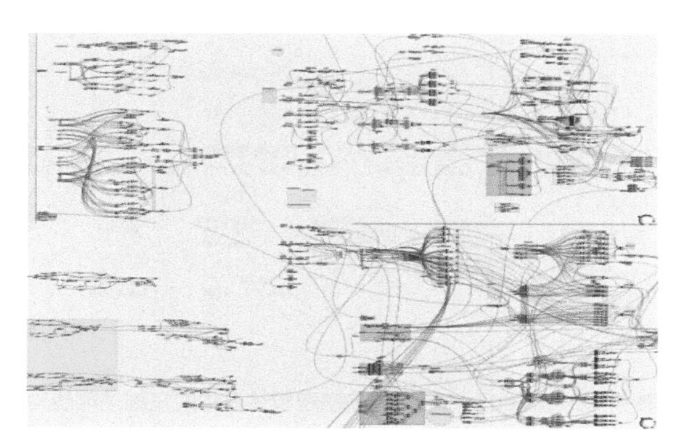

图4-4　主网格控制下的计算程序截图
（图片来源：北京建筑设计研究院大兴机场团队）

北京建筑设计研究院设计团队采用适用性为导向的设计策略，将参数化设计技术应用贯穿于航站楼外围护系统、大平面系统的各项设计与分析验证中。针对大跨度异形曲面造型这一关键难点，研发出一套整合屋面、采光顶、幕墙、钢结构等多专业的全参数化几何定位系统，即主控网格系统，如图4-4所示。

该系统在营造空间体验的同时，还蕴含着结构逻辑。以空间定位主钢结构网架球节点为基础，逐级实现对外围护系统的工程控制，在底层逻辑上实现了航站楼外观、内装、钢结构的深度整合，大幅提升了系统整体效率，如图4-5所示。在航站楼C形柱范围外围护系统各主要层次，也采用主控网络系统进行定位划分，如图4-6（a）所示。并通过计算机程序直接传递信息，实现设计、加工、施工的全过程数字建造。

智能设计是数字设计的新阶段。在C形柱顶采光顶结构划分、玻璃遮阳网片等专项设计中，还运用遗传算法，从数千种结果中优选最佳方案，这是常规设计手段无法实现的。其应用成果如图4-6（b）、（c）所示。从某种意义上说，北京大兴国际机场的设计不是画出来的，而是用计算机算出来的。

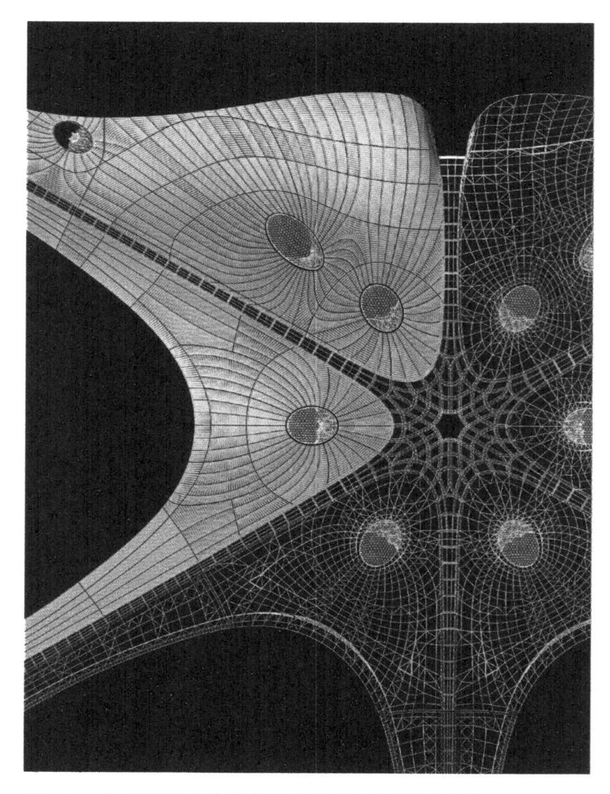

图4-5　主控网格定位下的主钢结构与屋面板分板
（图片来源：北京建筑设计研究院大兴机场团队）

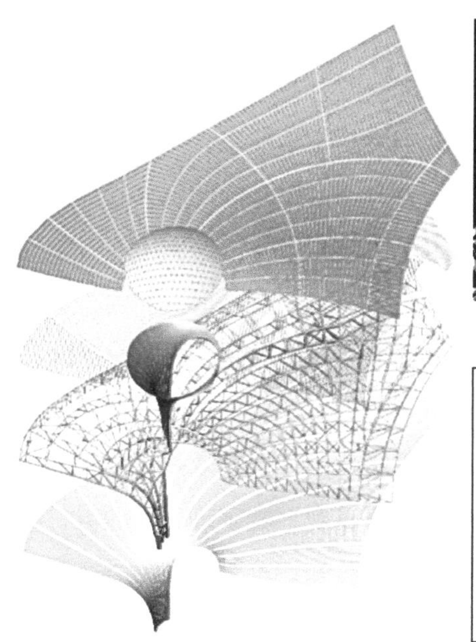

（a）C形柱范围外围护系统各主要层次

（b）C形柱顶采光顶结构划分

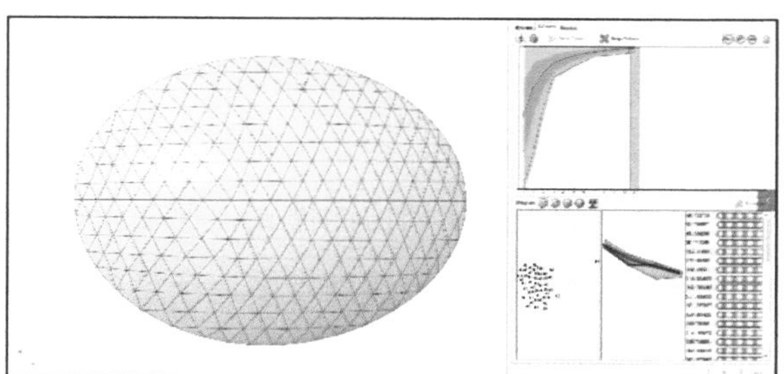

（c）C形柱顶采光顶遗传算法程序截图

图4–6　参数化设计在北京大兴机场C形柱工程中的应用
（图片来源：北京建筑设计研究院大兴机场团队）

4.3.2　多主体交互式协同设计

协同设计是指在计算机支持下，各专业设计人员围绕同一个设计项目，在完成各自相应的专业设计任务基础上，实现高效率的交互与协同工作，解决传统设计面临的项目管理与设计之间、设计与设计之间、设计与生产之间的脱节问题，最终得到符合要求的综合设计成果[58]。广义的协同设计是指市场人员、设计人员、工艺人员、采购人员、生产人员以及运营服务人员在工程全寿命周期的任何阶段进行方案协同工作；狭义的协同设计，主要是指多个设计主体如何使用三维设计技术定义一个工程产品的过程。

协同设计的核心思想是提前发现问题，时刻考虑与周边组件和环境的干涉协调。这意味着多个专业主体需要密切配合。项目越复杂，设计周期越紧张，存在的不确定性因素就越多，所需进行的协调也就越频繁，不可避免会出现各专业反复提取数据的情况，一旦数据提取不准确、修改不及时就会造成大量的错碰漏，陷入低效、低质的恶性循环。

为了实现协同设计，必须建立产品组件之间的系统联系，以保证专业设计人员能够准确地认知其所设计的组件与相关组件的关联作用。如机电专业的工程师在进行管路敷设方案设计时，必须能看到和参考他所设计区域的周边组件，即设计上下文信息，否则就有可能导致管线与周边环境的冲突。

协同设计还要求工程整体设计方案始终能够处于最新版本状态。在专业设计师进行设计工作时，常常需要浏览参考相关专业的设计成果，一旦参照引用了过期或错误版本，不可避免会出现设计错误，造成后期的返工。

在协同设计过程中，设计师打开任何其他专业的组件设计方案，该组件都应该与设计者的工作处于统一的坐标系下，设计师无须关注与相关组件的位置与装配逻辑。

在传统的工程协同设计实践中，由于主流设计组织模式多按专业进行部门划分，部门墙效应明显，沟通协同面临层层关卡，严重影响设计协同效率；以设计文档、任务书为主的文档协同模式，存在设计信息表达不直观、文字理解有差异、关联信息难一致、信息传递断点多、信息追溯不连贯、经验知识难复用、文档交互时效差、异构模型难集成等一系列问题。基于模型的产品定义（MBD）为解决上述问题提供了新的可能。

如美国国防部（DOD）提出以模型作为产品全寿命周期定义与协作的载体，实现设计模型、生产模型、审核与验证模型、系统模型、生产支撑模型、特种工程模型、管理模型之间标准化数据的无缝流通，构建数字化工程生态，高效服务于企业和项目决策。洛克希德马丁公司（Lockheed Martin）提出了集成化数字样机概念，即通过数字化的手段，以系统架构模型为核心，将不同专业关联起来，构建业务依赖、学科交织、仿真协同的数字化设计平台。波音公司在推进全新研发设计模式转型时，通过集成开发框架（IPA），提供各专业工程师集成化的需求/架构/分析环境，基于集成化的数据模型环境，推进基于模型的系统工程（MBSE）方法在各专业间的集成应用，通过集成化环境架构，实现一致、无缝的系统管理，确保更有效的系统折中与权衡。

交互式协同设计方法的主要特征如下：

（1）设计载体模型化：即以模型作为协同的载体，一次建模，处处可用，作为多专业、多学科的沟通桥梁，通过统一的语言对系统进行定义描述，以减少理解上的分歧。

（2）设计过程有序化：将全新的建模方法、手段、标准融入设计研发流程中，通过流程引擎来驱动设计协作的有序开展。

（3）以虚拟仿真推进快速迭代：通过数字化仿真分析手段的分层级引入，构建产品各阶段快速迭代优化模型，不断提升设计质量。

（4）模型集成化：整合组织设计能力资源与成果，以业务连通为向导，构建基于模型的信息网络，确保设计信息在完整的设计体系中无损、完整传递。

以中国中信集团总部大楼项目设计实践为例，该项目位于北京中央商务区（CBD）核心区，占地面积11478m^2，总高528m，地上108层、地下7层，可容纳1.2万人办公，总建筑面积43.7万m^2，建筑外形仿照古代礼器“尊”造型［图4-7（a）］。

在项目设计过程中，建筑设计师首先利用参数化设计工具完成建筑形体建模；在得到建筑师的建筑外形定义后，结构设计师根据预先设定的结构体系，以参数化的形式生成结构构件的几何中线，再根据预设的截面设置逻辑给构件赋予材料/截面等信息；最后将完整的结构模型通过奥雅纳协同设计平台导入分析软件，进行结构性能分析，用大约1000个关键参数就生成了包含40万个设计变量的结构模型。项目的建筑师和结构工程师在同一平台共享参数化模型数据，大大提高整个项目的设计效率，如图4-7（b）所示。

借助结构参数化模型，工程师可以根据相同的荷载条件，研究各个几何形态对结构抗震及其他方面性能的影响。基于不同的关键参数，对生成的大量方案进行比较和分析，利用智能优化模块迭代优化，寻找满足结构性能要求的最优设计，并将方案自动细化成可以进行造价比较的详细设计，如图4-7（c）所示。

采用计算机优化模块，以材料造价作为目标，根据设计要求设置控制结构关键性能的多重约束条件，包括刚重比、剪重比、层间位移角和核心筒轴压比，考虑结构成本、结构构件对建筑和使用空间的影响和施工工期等的综合成本指标进行仿真分析。通过结构构件尺寸调整和分布的合理化，在相同建筑外形、结构体系（腰桁架和伸臂桁架数量不变）和结构几何的条件下，减少钢材与混凝土用量，在满足规范要求前提下，达到经济合理的设计［图4-7（d）］。

最后，采用基于WebGL three.js引擎研发的网页端可视化，可将应变能密度、材料利用率等关键信息以数值/彩色云图形式展示，借助基于IOS系统的增强现实技术（AR）的应用程序，工程师可在IPhone/IPad或其他移动设备上展示设计成果，如图4-7（e）所示。

借助直观可视的交互式协同设计平台，设计团队从结构角度经济安全地解决了“天圆地方”独特外形带来的挑战，通过整体结构的分析模型以及关键构件精细模型，准确评估构件在各种火灾工况下的性能，保证该塔楼具备足够的火灾稳定性。

交互式协同设计方法推动工程设计实现从“信息”到“知识”的突破，以实现超越个体的更高级别的设计智能；可以快捷地将设计数据与BIM连接，包括：建立BIM模型、生成二维图纸、生成有限元节点模型，甚至弹塑性分析模型等，支持设

（a）整体形态

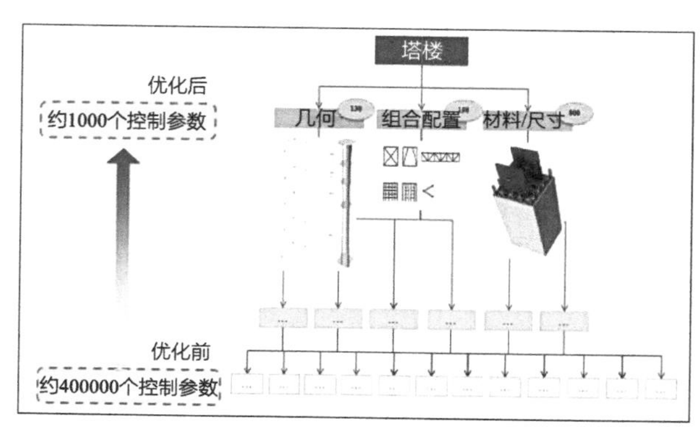

（b）采用高阶逻辑的参数化建模

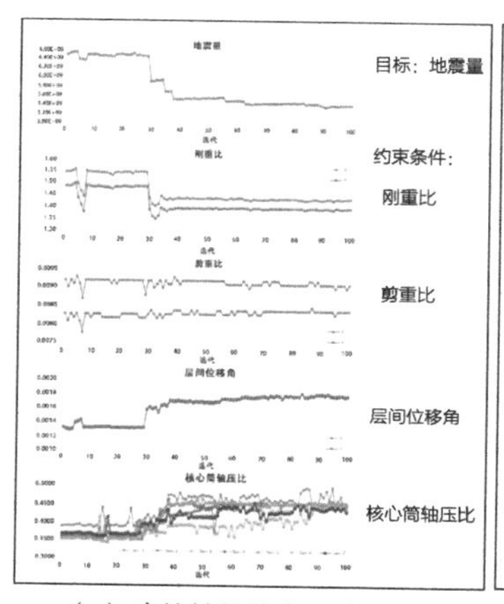

（c）建筑结构性能迭代优化

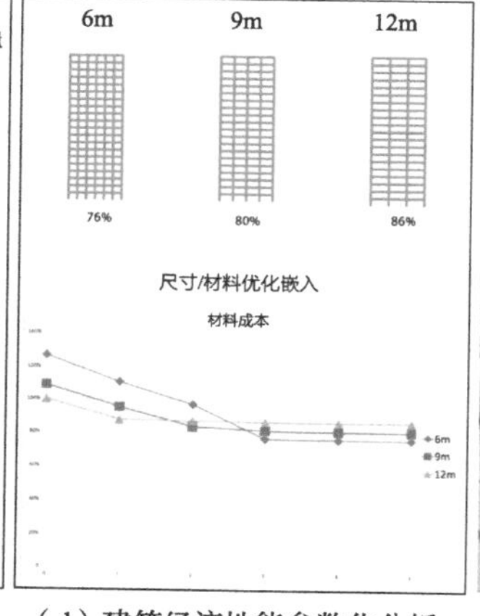

（d）建筑经济性能参数化分析

（e）采用VR、AR的可视化展示

图4-7　中信集团总部大楼项目多主体协同设计
（图片来源：北京市建筑设计研究院有限公司）

计参与主体在短时间内完成众多备选方案的分析与比选，相较传统方式大大缩短耗时。不仅有助于设计师摆脱繁琐的重复性工作，专注于探索更广阔的设计空间，还能够设计出更经济、可持续且可行性高的方案，为项目创造更多增值。

交互式协同设计将颠覆传统设计方式，为未来工程建造创造更多可能。如以仿真为核心的协同设计、以流程协同为核心的协同设计、以统一建模工具为核心的协同设计等。

以仿真为核心的协同设计关注仿真经验知识的沉淀，主张通过仿真手段的组合，实现对产品虚拟化仿真评估与快速迭代优化。不足之处在于基于仿真结果的协调仍然困难，由于缺乏系统统一的价值理解与衡量，导致各专业的分歧难以协调。

以流程协同为核心的协同设计方法，主张通过流程模型来打破部门墙，通过提供系统化集成工具和专业知识推送，驱动不同专业人员开展协同与协作。但是这种方法多以管控手段为主，专业间协同的自发性较弱，设计与仿真活动相对割裂。

以统一建模工具为核心的协同设计方法，强调采用统一建模工具以实现专业间协同沟通的统一表达，以消除专业间对整体系统理解上的偏差，实现对产品更全面的定义。但是这种方法推行面临较大的传统惯性阻力，需要体系化地进行部署和促进。

4.3.3 生成式设计

在传统计算机辅助工程设计中，工程设计创意主要源自设计师/工程师个人，计算机仅限于扮演被动的工具角色。随着设计相关数据越来越丰富、计算机算力持续增长以及算法的日趋智能化，计算机有可能作为一个独立的创意主体，与设计师/工程师建立起合作创意设计关系。一种新的工程设计方法——生成式设计应运而生，许多学者和设计大师给出了他们对生成式设计的理解[59]。

Lars Hesellgren认为："生成式设计不只是关于建筑本身的设计，而是设计建造建筑的完整系统。"

Kristina Shea强调："生成式设计系统的目标是创造新的设计流程，即充分利用当前计算机设计仿真技术和制造能力，生成空间上合理、高效且具有可制造性的设计。" Paola Fontana也认为："生成式设计流程是关于模拟对象最初条件（对象的"基因"），而非模拟其最终形态。"

Celestin Soddu指出："生成式设计通过模仿自然，将创意转化成代码，从而达到生产出无穷变化（的结果）。" Frank Piller进一步指出："设计通常源于自然界的一个基本的形态、样式，由算法改良成各不同版本，其结果是获得无穷多的、随机的、关于初始解决方案的其他改良版本（各版本方案被限制在设计师预先设定的空间内）。"

Halil Erhan认为："生成式设计是一种从源头上克服传统设计局限的设计方法，本质上是一种日渐增长的关于设计逻辑的表达与延伸。"这种设计逻辑是通过计算的形式，在预设的空间内，探索各不同方案及在此基础上得到其他方案和变化。

归纳起来讲，所谓生成式设计，是一种模仿自然的进化设计方法，是建立在数字化条件之上的、基于协议与规则的、用户深度参与产品生成过程的设计方法，主要是通过构建一系列设计规则和算法，充分发挥计算机强大的计算智能，在与设计参与主体的互动中，持续快速迭代而获得设计解决方案。相对于传统的工程设计，其最大的改变在于为用户参与产品属性的定义提供可行的途径和新的契机，支持设计师改变自己的角色定位，更多地扮演算法和规则制定者角色。

目前，相关工程软件企业正在探索、研发生成式设计工具软件。在软件工具的支持下，生成式设计基本流程如图4-8所示。

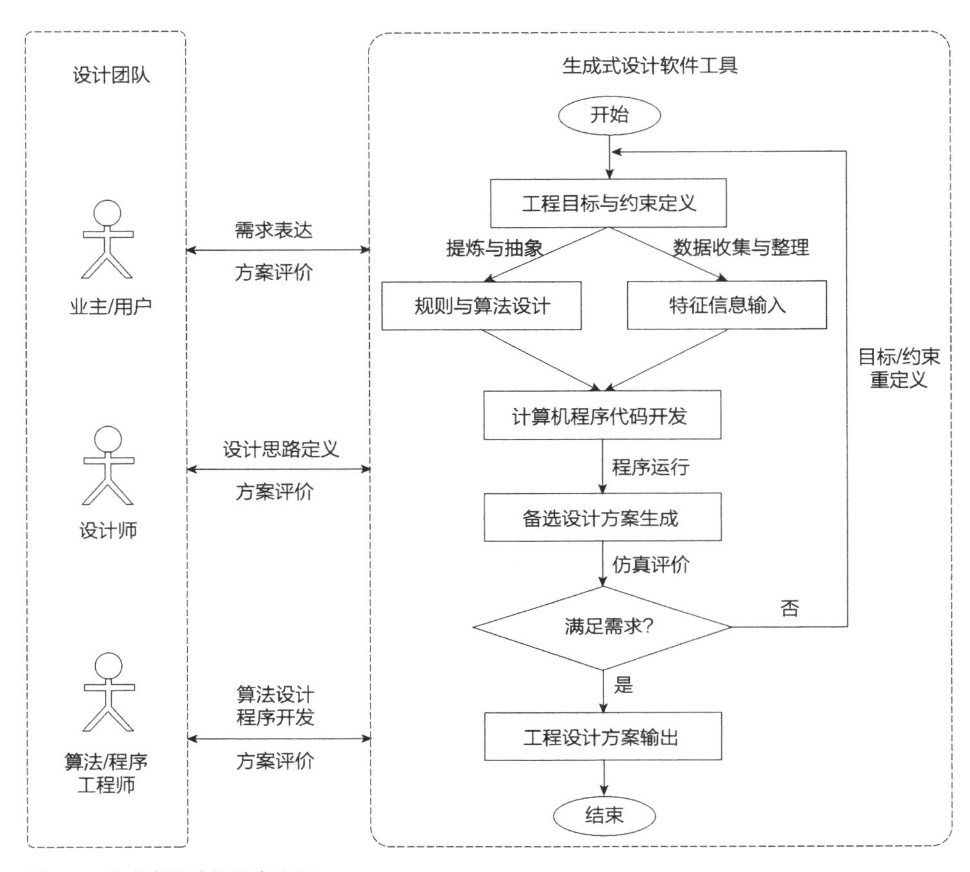

图4-8 生成式设计的基本流程

相比于传统设计方法，生成式设计方法的优势体现在以下几个方面：

（1）省时。计算机在大数据支持下可以生成数以千计满足目标和约束的备选设计方案，并可以基于性能优劣对其进行快速筛选。

（2）激发灵感。通过创造数以千计的创意设计方案，生成式设计为设计师和工程师开启了一扇新的探索和创意之门，更好地发掘设计空间中一些设计师用传统设计方法很难发现的创新性方案。

（3）经济。通过将仿真与测试嵌入设计过程，可以最大限度地保证设计的规范性与正确性，防止日后生产过程中产生高昂的变更费用。

（4）创造高品质几何形态。生成式设计软件有利于克服设计师/工程师在形态表达方面的局限性，使得构造复杂几何形态变成可能。

日本诺里萨达·美达工作室（Atelier Norisada Maeda）于2013年在日本名古屋的一片住宅区中创造了一幢完全由算法生成的住宅——EAST & WEST。房间的形态由计算自动定义，而不是完全由建筑师的灵感和理性来决定。

在该住宅的设计中，业主需求被表达为8条规则[60]：

①南立面与西立面大量开窗（日照需求）；

②上述的元素不能跨层移动；

③南侧设置阳台；

④在餐厅有良好的光照；

⑤祖母的房间与卫生间越近越好；

⑥用水房间不与风水冲突；

⑦客厅应该部分有通高；

⑧祖母的房间与儿卧分开布置，避免噪声的相互影响。

设计师基于上述规则用C语言编写了程序，将空间转化为若干相同单元，将规则转化为筛选评分标准，经过多次迭代计算，以三维可视化的方式生成了最终符合规则的房间设计方案，如图4-9所示。

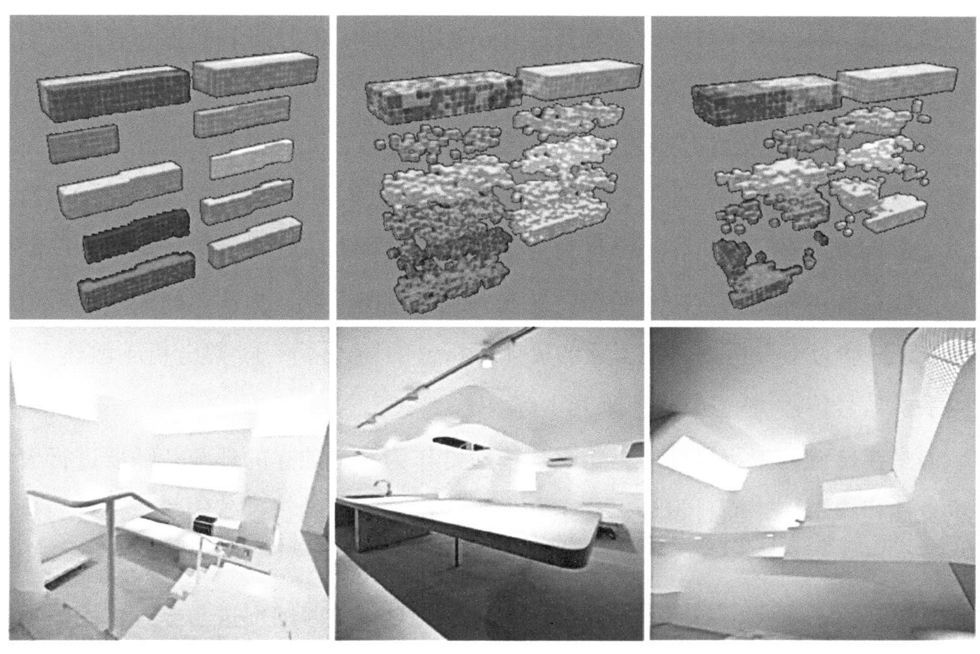

图4-9 用计算机算法生成的住宅EAST & WEST
（图片来源：谷德设计网）

生成式设计未来发展趋势之一是工程设计机器人的出现，即通过编程驱动数字机械臂，让其能够观察人，学习人的行为，并使人与设计机器人之间的交流更加流畅且具有创造性。

不难想象，随着技术的进步，工程设计将越来越趋近于一种算法设计。未来工程设计师的工作，将更多是扮演具备丰富人文、艺术和审美内涵的创意决策者角色。人们只需要提出需求，即可由AI自动进行程序编写，并生成若干满足需求的备选方案；到了超级智能阶段，也许无需人的参与，AI即可自主进行需求分析并完成工程设计，设计过程和成果将完全以数字化形式存在。

或许，由AI设计师统领下的自动化、智能化建造时代还很遥远，但是如何利用新一代信息技术实现更安全、更精准、更快速、更廉价、更高效工程设计，是大势所趋。

4.4 工程设计数字化仿真

4.4.1 工程设计仿真概述

无论是参数化设计、交互式协同设计，或是生成式设计，都需要与虚拟仿真结合。所谓仿真，是一种基于模型的活动，即对现实系统的某一层次抽象属性的模仿，涉及多学科、多领域的知识和经验。仿真技术则是利用计算机通过建立模型进行科学实验的一门多学科综合性技术。

由于工程产品本身的复杂性特点以及多样化需求，人们常常需要在设计方案实施前，通过构建类似于制造业的“虚拟样机”，以便从多个方面对工程产品的设计、施工、运维方案进行评价，不断优化方案。仿真分析在工程设计中已经得到广泛应用，比如最基本的结构静力分析（主要是各式各样的荷载、地震、风载、随机荷载等）、模态/动力学分析、大型工程的流体分析、声场（隔声）、热分析（散热）、电磁（手机信号传播）、光分析（采光）等。

但是在传统的工程设计中，仿真建模通常作为一个独立的环节，需要进行大量的重复性建模工作，而且设计、施工和运维往往是脱节的，这就影响了仿真的效率和仿真结果的价值。

基于模型的定义，对于工程仿真技术的发展具有显著的促进与提升作用。采用基于模型的定义，各类工程仿真计算软件可以借助统一的建模基础进行通信和信息共享，在兼容统一的仿真中进行多维度的仿真分析。

近年来，许多软件供应厂商都在推出各种与BIM规范相兼容的工程仿真分析软件产品。可以进行工程性能仿真和工程管理仿真，如图4-10所示。

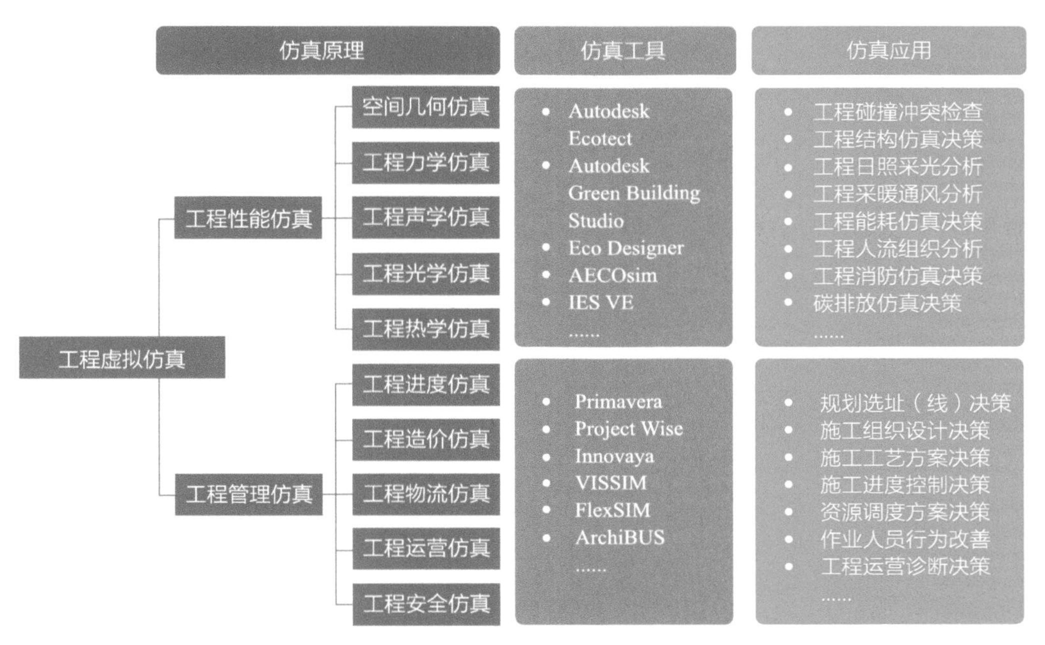

图4-10 工程虚拟仿真内容、工具及应用

4.4.2 工程产品性能仿真

利用计算机仿真工具对工程设计方案进行虚拟仿真分析，满足舒适、节能、环保等工程性能要求。

1. 工程结构性能仿真

工程结构性能分析工具已发展多年，相对比较成熟，一般由结构工程师根据二维图纸自行建立结构分析所需要的三维模型，不仅耗时耗力，而且容易因人工解读和重新建模时而造成错误；但是，采用基于模型的定义，则可以由工程信息模型自动导出所需要之几何形态及材料属性信息，仿真效率得以大幅提升，尤其是对于不规则形态工程而言，效果更为显著。在产品开发流程的每个阶段，设计者可以从机械应力、振动和移动到计算流体动力学、注塑成型和多物理场等多个维度，对设计方案进行高效率的模拟仿真，以解决极具挑战性的设计问题。以Autodesk公司的结构仿真软件为例，其应用如图4-11所示。

目前，BIM模型已在迈达斯、SAP2000、ETABS、ANSYS、ABAQUS等主流结

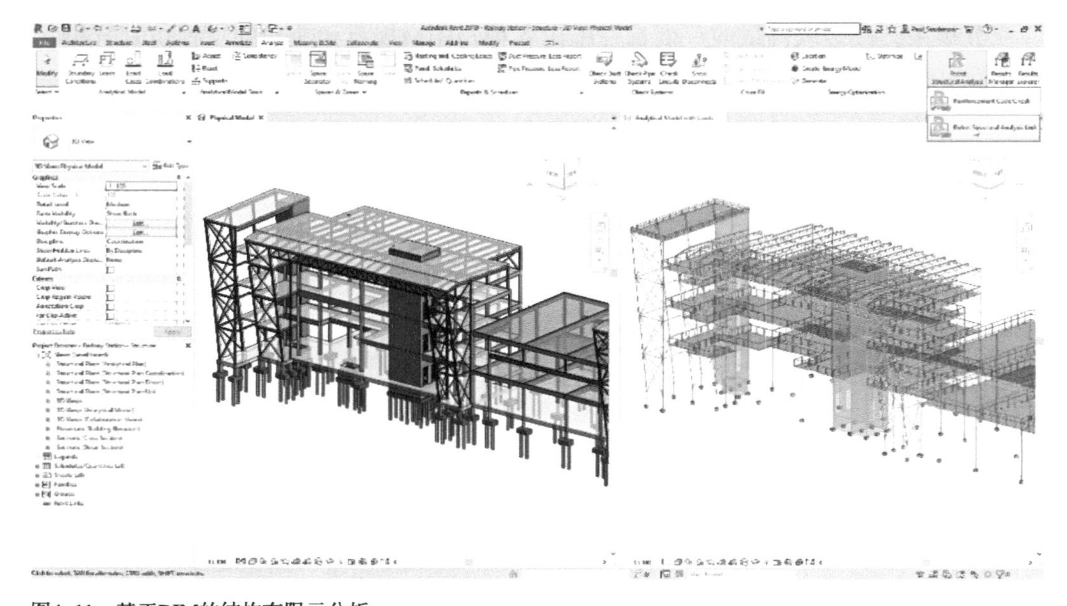

图4-11　基于BIM的结构有限元分析
（图片来源：https://www.autodesk.com/products/robot-structural-analysis/overview）

构分析软件上实现模型转换接口，但基于BIM的结构有限元建模还涉及结构构件的物理信息提取、查询和信息赋值，以及将分析结果反馈到BIM模型等一系列复杂精细工作。目前这类应用面临的最大挑战，主要是在形态建模与结构分析软件之间的信息流转还不是非常标准和完备，尤其是将分析结果反馈到BIM模型中进行后续处理和利用。

2. 工程环境影响仿真

为了准确评估工程与所处环境之间的相互影响，提高工程的适应性，可以在工程核心模型基础上，再辅以数字地形图、地图及其他环境信息，利用专业仿真软件对工程与所处的环境之间的交互作用进行仿真分析，优化设计方案。

以上海中心大厦设计为例，由于上海中心大厦与既有建筑金茂大厦和环球金融中心形成特殊的风场环境，设计团队综合采用风荷载数字仿真分析技术与1：85高雷诺数风洞试验（图4-12），分别仿真分析了建筑物上下扭转角为100°、110°、120°、180°以及建筑平面方位角分别为0°、30°和40°的方案风荷载状况，最终确定建筑扭转角120°和平面方位角0°的优化方案，相比于扭转角0°、方位角0°的参照对比方案，其风荷载作用在建筑物上的效应降低24%。

工程环境仿真也可以用于城市市政工程。针对城市错综复杂的地下综合管线环境，可结合GIS技术、无人机倾斜摄影建模、数据库等技术，将工程BIM模型与复

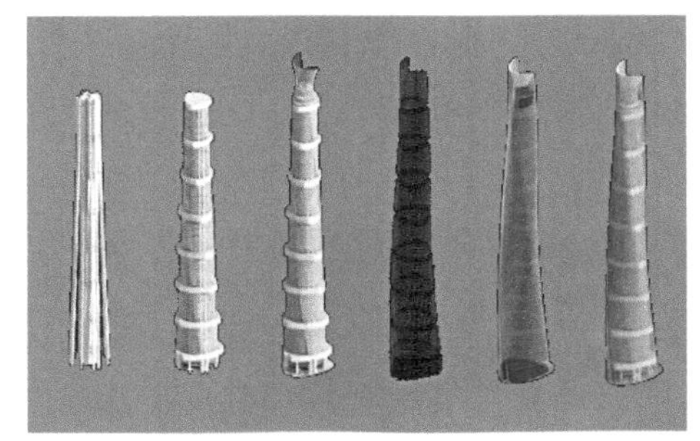

扭转角（°）	方位角（°）	基底倾覆力矩（N·m）	比例
0	0	6.22×10^{10}	100%
100	0	5.18×10^{10}	83%
110	0	4.92×10^{10}	79%
180	0	4.18×10^{10}	67%
120	0	4.75×10^{10}	76%
110	30	4.48×10^{10}	72%
120	40	4.15×10^{10}	67%

注：100 年一遇风荷载，阻尼比为 2.0%。

（a）基于三维数字模型的风荷载仿真分析

（b）基于1：85高雷诺数风洞试验

图4-12　上海中心风荷载仿真分析与1：85风洞试验验证
（图片来源：上海建工上海中心大厦项目团队）

杂的地形、三维管线等多元空间环境数据融合，直观显示工程与地下管线的空间关系，高效查询地下各管线空间层次、位置、埋深、走向、布设方式、介质类型、权属单位、使用状态等信息，可据此进行工程新建规划与布局、管线迁改方案优化、工程风险预警与损失评估以及智慧运营等方面的仿真分析与决策支持。

武汉杨泗港大桥是世界上工程规模最大的双层公路悬索桥，其南北引桥皆位于城市建成区，密集的地下管线给引桥建造带来了挑战，以北引桥（汉阳侧）为例，地下3m范围内涉及多种管线，包括给水管线（1.2km）、雨水管线（3.4km）、污水管线（2.35km）、电力管线（1.78km）、电信管线（3.35km）、燃气管线（2.2km）、废弃管线（6.85km），地下管线综合红线面积约$1.2\times10^6m^2$，引桥桥墩的设计需要考虑复杂的地下管线环境。

为了高品质完成157个引桥桥墩的综合设计，项目团队通过构建现有周边环境、地下综合管线与引桥桥墩（包含桩基）BIM集成模型，利用该模型进行碰撞冲突检查，检查出桥墩与市政管线248处碰撞点；针对碰撞点进行引桥布局调整或管线迁改方案比选优化和专项施工方案仿真优化，编制了32份管线综合优化报告；并利用

VR、AR等技术辅助施工交底。优化减少了迁改管线量6根，既节省了工期，又提高了施工效率、保障了施工安全。其仿真优化过程如图4-13所示。

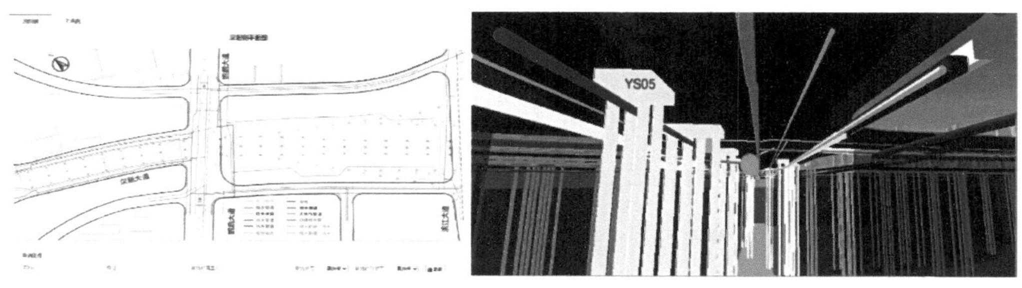

（a）引桥桥墩、道路及地下管线综合平面图　　（b）桥墩、桩基础及地下管线BIM集成模型（红点为碰撞点）

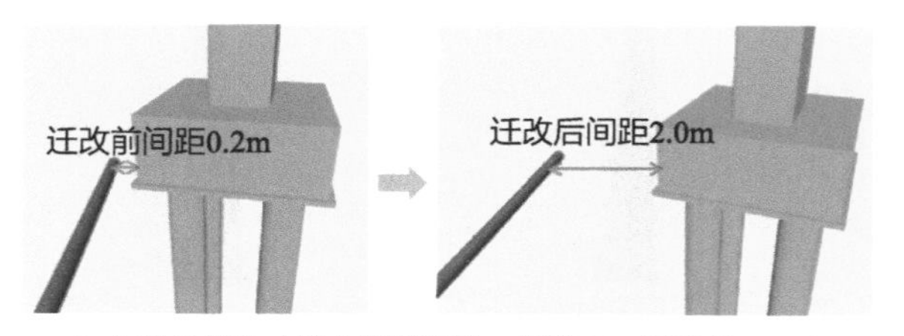

（c）设计优化（给水管线迁改，距离0.2m调整为2.0m）

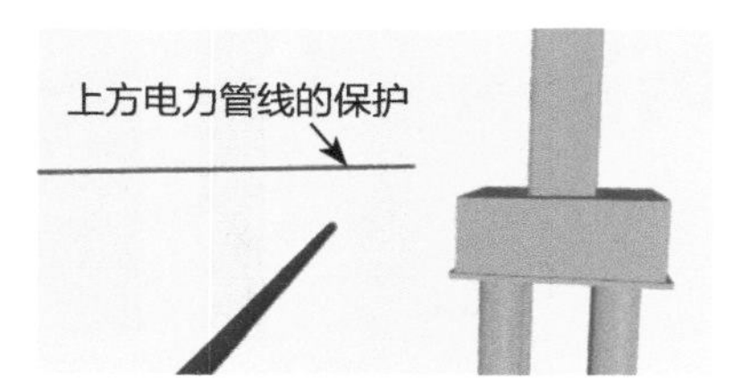

（d）给水管线迁改专项方案优化

（e）地下管线AR施工指导

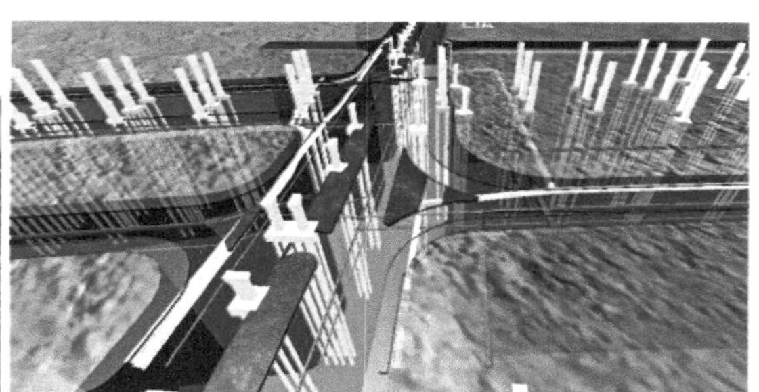

（f）竣工地下管线综合BIM模型

图4-13　杨泗港大桥引桥施工中地下管线综合影响仿真优化分析
（图片来源：华中科技大学数字建造与安全工程技术研究中心）

3. 声场仿真模拟

声场仿真模拟多应用在对声音质量要求较高的工程设计中，如音乐厅、剧场、电影院等，或是其他需要对音响或噪声的声场分布进行评估和优化的应用场景中，如户外表演场所、机场、铁路或高速公路沿线等。以建筑空间为例，将空间围护结构的声隔绝性能、声吸收性能、声扩散性能等信息融入模型中，可以进行室内声场仿真模拟；将建筑物体量信息、建筑表皮声学性能等信息融入模型中，再配合专业软件进行分析，则可以实现室外声场仿真模拟。

声场仿真模拟所采用的数学模型方法主要有：有限元（FEA）、边界元（BEA）、统计能量分析（SEA）、声线法（Ray Tracing）以及其他方法。其中，有限元法基于波动方程，将求解区域划分为有限个单元网格，适用于中低频室内噪声分析；边界元法同样基于波动方程，将区域型问题转化为边界型问题的方法。统计能量分析法主要是从能量角度来分析复杂结构的响应特征，能很好地解决声场与结构间的耦合问题。声线法主要是基于几何声学的仿真方法，把声的传播看成是沿声线传播的声能，主要适用于高频室内噪声分析。

如图4-14所示，在哈尔滨音乐学院音乐厅的设计过程中，通过声场仿真模拟，可以清晰地观察座席区每个位置的各种声学指标，进而为室内声学提供直观的设计指导。建筑声学团队运用基于声线法的声学仿真模拟软件，构建了由975个平面构成的三维声学模型，围绕观众席的体验，分别进行了声压级（SPL）、混响时间（T30）、明晰度（C80）以及清晰度（D50）等多个声学指标的仿真模拟分析，依据不同区块座席区的反射声序列，改进了观众厅大天花吊顶形状和侧墙角度，以改善座席区后部区域和靠边区域以及二楼观众区的音质效果；对观众

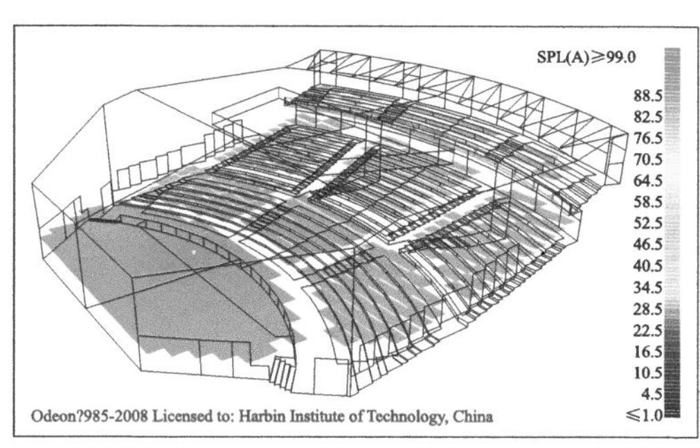

（a）声压级SPL（A）

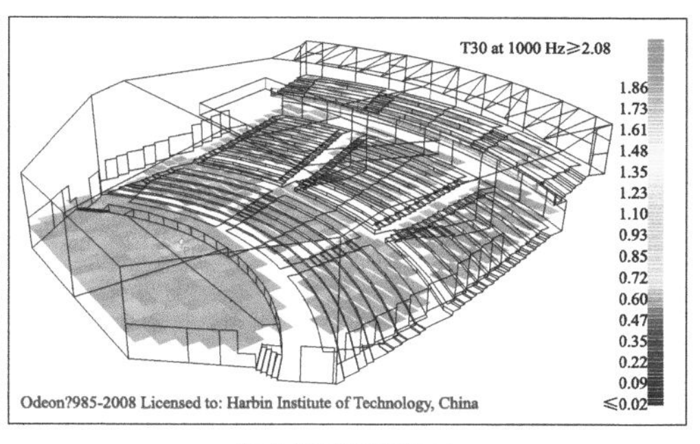

（b）混响时间T30

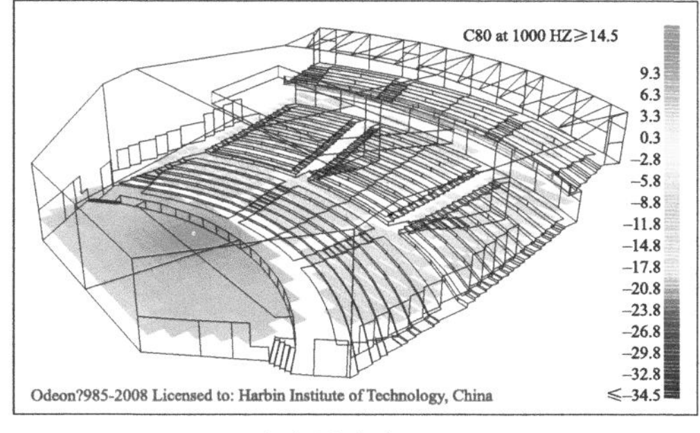

（c）清晰度C80

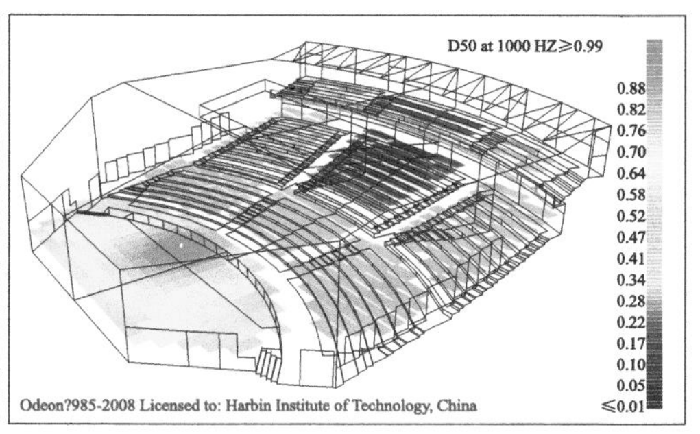

（d）明晰度D50

图4-14 哈尔滨音乐学院音乐厅声学仿真
（图片来源：英国伦敦大学学院（UCL）康健教授团队）

厅的侧墙和部分后墙做了一定的扩散处理，使观众厅内的反射声分布更为均匀；对观众厅的部分后墙和二楼楼座栏板做了吸声处理以避免易产生声聚焦的强反射声。

在广州歌剧院、杭州大剧院以及即将建造的上海大剧院的设计优化中，声场仿真模拟技术也得到了成功的应用。

4. 交通人流仿真

对人流密集的基础设施，常常需要借助交通人流的仿真，以获得最佳运行时的人流组织方案，如机场、高铁站、地铁站等。尽管在工程使用前，可以进行交通人流的实际演练，但演练的次数有限，难以考虑各种复杂状况。因此，可以将交通人流仿真与实际演练相结合，通过仿真优化各种复杂的人流方案，通过实际演练来验证仿真结果。

在产品三维建模的基础上，利用相关专业的人流分析软件，可以为设计师、运营管理人员提供清晰的人流状态仿真信息，如人员拥挤现象、各种人行设备使用模式和行人空间安全保障等。借助计算机仿真计算能力，在几个小时内即可完成原本需要几天才能完成的成千上万个个体（人）的仿真；利用计算机可视化技术输出仿真结果，可以支持用户讨论设计相关的复杂问题，以最低的成本和最少的损失在工程人流交通设计的早期阶段做出科学的决策，并可以随着设计的进程和问题的不断出现，对不同的场景和方案进行仿真测试，支持进一步对工程设计方案进行优化。

面对运营期间可能出现的突发事件，建立安全高效的人群疏散机制、事故应急救援方案，也是一个工程设计过程中要考虑的重要问题。利用计算机仿真技术，可以考虑突发事件的发生以及影响范围的随机性、不确定性，采用情景推演与仿真模拟方法，不断深入了解建筑系统的运营性能方面中存在的不足与缺陷，从而做出相应改善与提升。图4-15是利用数字建模和人流仿真，对武汉国际博览中心展馆布局进行优化和应急疏导方案设计的应用案例。

5. 工程环境美学性能仿真

工程设计不仅要关注建筑实体的性能目标，还要考虑到工程与周边环境是否协调。基于环境适应性的工程设计一般需要考虑建筑物与各类环境要素的协调性，包括：日照、风、雾、雨雪、温度、湿度、声音以及周边的地理景观等。

以武汉杨泗港大桥为例，该桥总长约4.32km，采取“一跨越长江”的设计方案。在设计深化过程中，设计团队利用仿真模拟方法对桥梁外观颜色的环境适应性

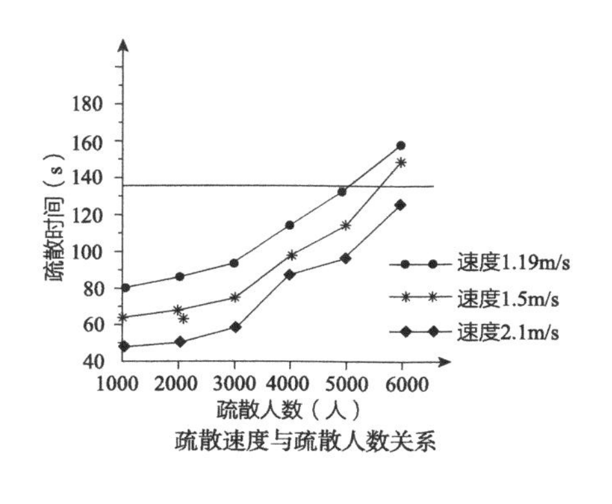

疏散速度与疏散人数关系

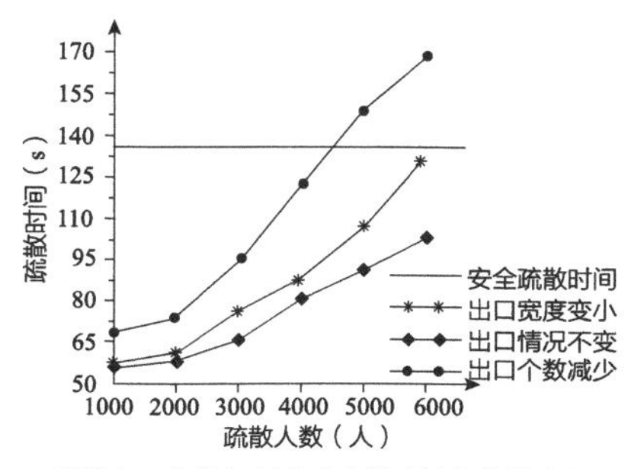

疏散出口个数与宽度对疏散时间和疏散总人数的影响

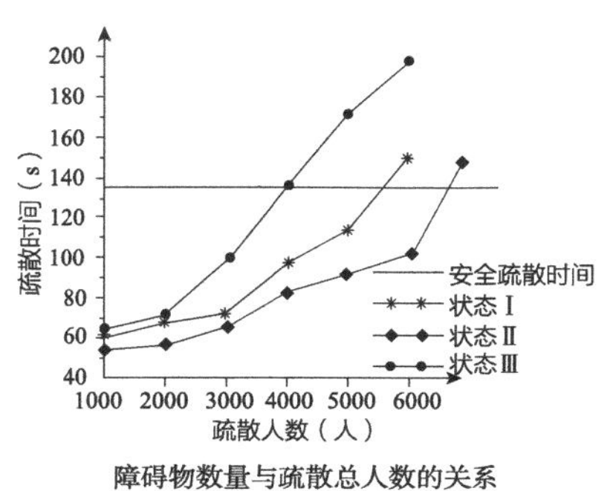

障碍物数量与疏散总人数的关系

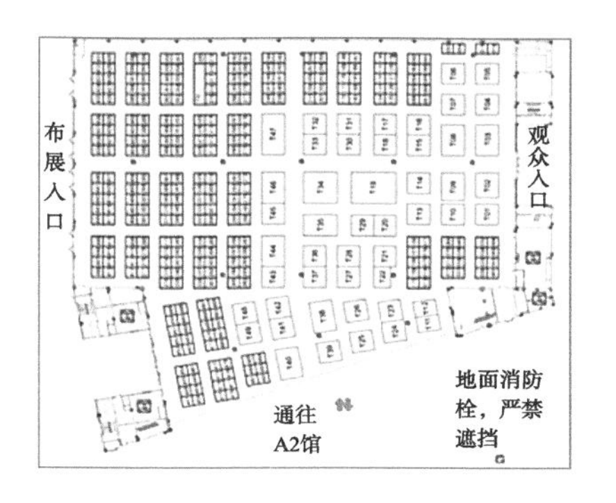

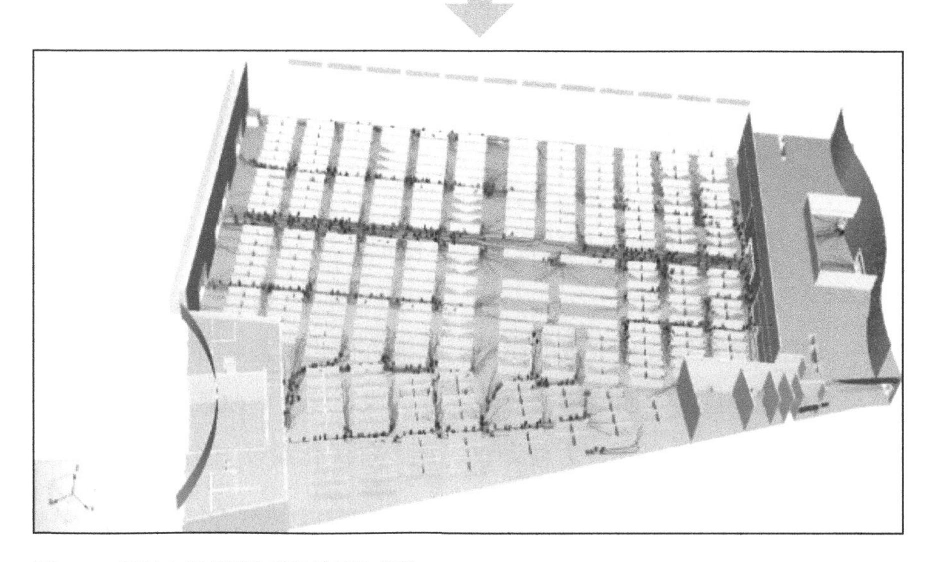

图4-15　通过人流交通仿真优化展位布局
（图片来源：华中科技大学数字建造与安全工程技术研究中心）

进行仿真分析。首先，在建立整体三维BIM模型的基础上，再将周边的地理环境、气象环境、日照环境以及可选择的外观色彩信息添加到仿真环境中，仿真模拟各种动态环境中的外观变化。通过直观评价各设计方案的环境适应性并进行优化，以获得更好的美学效果，如图4-16所示。

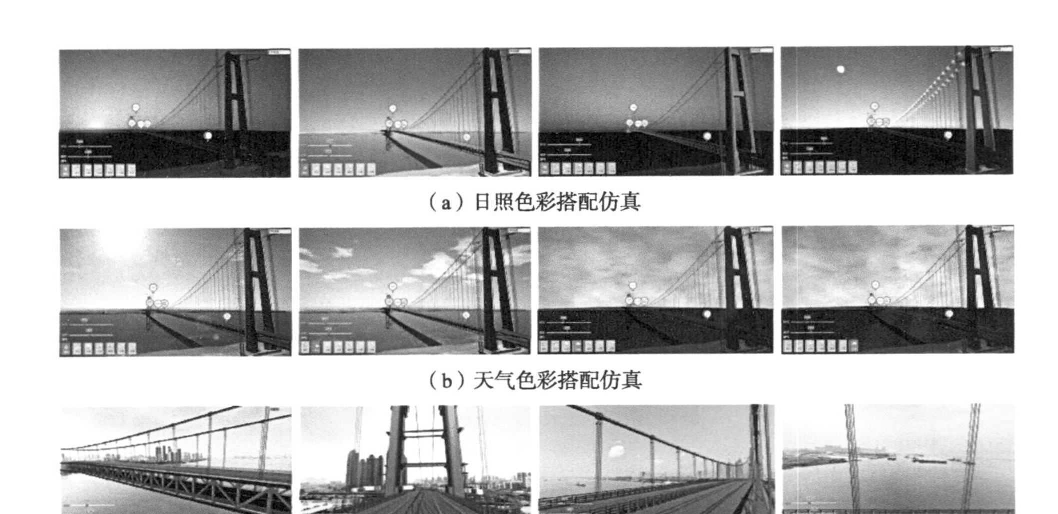

（a）日照色彩搭配仿真

（b）天气色彩搭配仿真

（c）环境色彩搭配仿真

图4-16 武汉杨泗港大桥美学仿真
（图片来源：华中科技大学数字建造与安全工程技术研究中心）

4.4.3 工程管理仿真

基于MBD的工程仿真，不仅可以用于优化工程产品性能，也能促进工程管理水平提升。

1. 工程设计成果的动态、可视化浏览

传统CAD设计往往停留于2D图纸层面，一般需要专业的人员或者具备一定工程知识和经验的人员才能够看懂。许多设计元素，例如门、窗、顶棚、桌椅板凳、大理石地面等，在2D图纸中都只是符号或者标记，这对于读图者来说往往会造成认知上的障碍。

借助可视化建模软件建立工程的高精度三维可视化模型，方便工程参与方对工程整体效果、性能等进行全面了解，改善各方沟通环境。更改某个参数，其他关联参数会自动更新并可视化呈现，方便调整、比较、优化设计方案。如图4-17所示，是借助基于模型的定义，可视化地展现某房地产开发项目的户型布局方案。

图4-17 工程高精度、可视化表达改善管理人员认知
（图片来源：华中科技大学数字建造与安全工程技术研究中心）

未来，将仿真模型与虚拟现实、增强现实和混合现实相结合，可以创建出基于现实比例的虚拟场景。场景中包含各种交互设计功能，通过虚拟场

景体验，用户不用再担心设计效果与现实效果之间的差距，真正实现“所见即所得”，多样化的交互设计也能增强体验的趣味性，更好地发挥出设计师的各种创意。

2. 工程进度计划仿真

利用BIM技术，在工程三维几何模型基础上进行维度的拓展，加上时间维度，就可以形成工程进度管理模型，进行虚拟施工进度仿真。通过与时间信息的关联，可以方便地仿真分析工程进度计划方案的可行性和经济性，及时调整与优化进度，如图4-18所示。

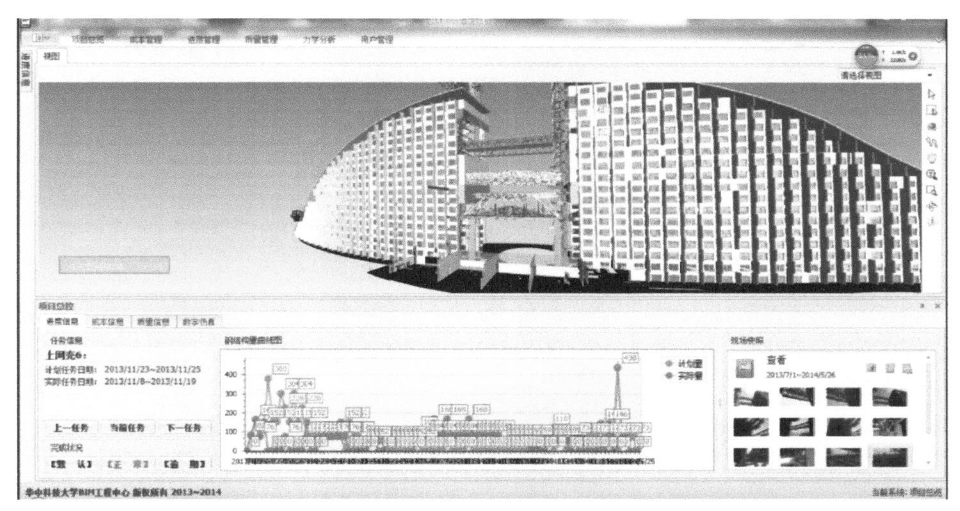

图4-18 武汉市国际博览中心项目进度控制仿真
（图片来源：华中科技大学数字建造与安全工程技术研究中心）

在形成工程进度计划后，还可以通过与其他技术，如云计算、物联网、射频技术等的结合，支持工程参与各方对工程项目的进度、物料使用状况、人员配置、现场布置以及安全管理等方面一目了然，持续优化施工方案，提升工程施工效率。

3. 工程成本计划仿真

将BIM模型与工程进度模型，以及工程量和成本计算模型结合，可用于工程成本动态控制，并快速计算各种材料用量，指导材料采购，降低项目的整体成本；与此同时，成本控制数据，也为后期竣工交付管理提供支持，如图4-19所示。

4. 工程质量管理仿真

以建筑工程设计质量为例，由于建筑、结构、机电管线系统一般都是由不同专业分工协同设计的，经常会在空间上发生冲突和碰撞等设计质量问题，一般包括硬碰撞和软碰撞两种情形。硬碰撞是指两物体在空间上有所重叠而发生碰撞，软碰撞

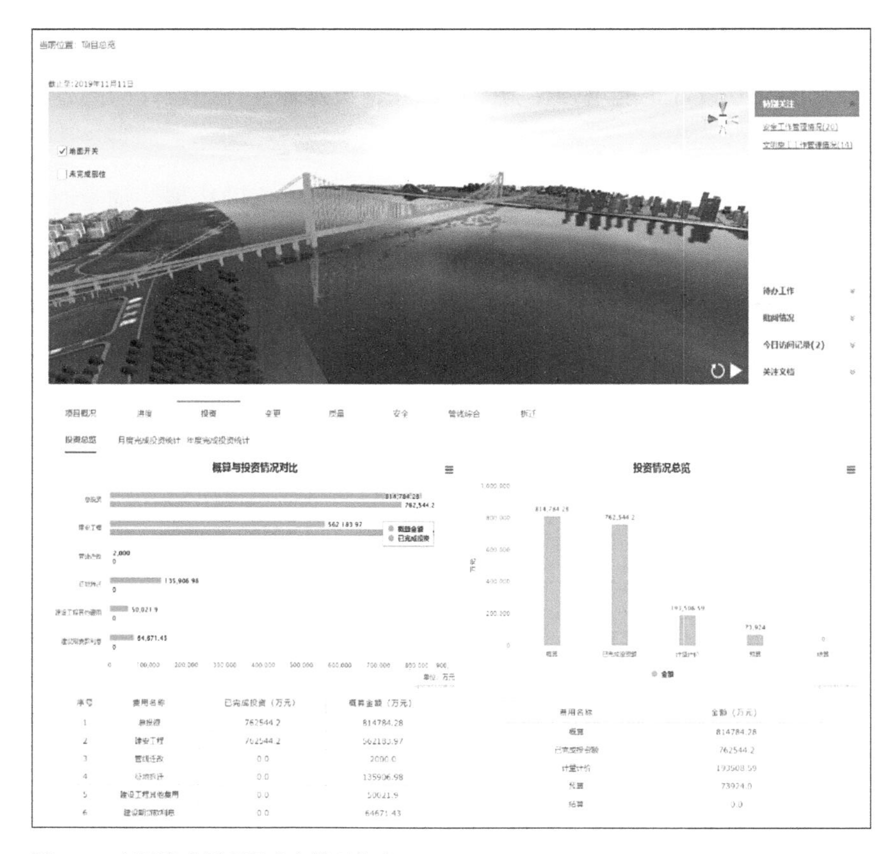

图4-19　杨泗港大桥项目成本管理仿真
（图片来源：华中科技大学数字建造与安全工程技术研究中心）

是指两物体在空间上虽未重叠，但是出于施工或维修方面的考虑，无法满足活动所需的空间距离。

利用基于BIM的相关仿真分析软件，可以实现可视化的碰撞检查，随时在模拟漫游中查看净高、管线之间的软硬碰撞，管线与结构之间的碰撞，并自动生成碰撞报表，优化管线排布方案，提高设计质量，如图4-20所示。

图4-20　通过碰撞仿真分析提升设计质量
（图片来源：华中科技大学数字建造与安全工程技术研究中心）

5. 工程安全管理仿真

在一些不确定性强、危险程度高的工程建造中，可以进行工程安全管理仿真。以高海拔地区工程建造为例，常常面临地壳强烈隆升、河谷深切、冰川运动活跃、风化活动强烈等安全挑战。如图4-21所示，是针对川藏通道工程建立的安全仿真分析框架，其主要过程包括：突发事件（灾害）的仿真模型构建、多决策主体行为仿真分析以及韧性目标评估等。

突发事件的仿真模型构建是系统仿真的基础，在该阶段需要清晰地定义“致灾体”“承灾体”与“抗灾体”三类要素，并通过情景推演的方法构建“致灾体”与“承灾体”之间的相互作用规律，形成突发事件演化网络。多决策主体行为仿真分析则根据突发事件的发生情景，定义各个智能主体的应急响应机制，通过“由下而上”的方式使多主体之间相互作用并演化，最后根据评估目标建立数学模型，自下而上地“涌现”出基础设施的韧性特征，提升工程建造的安全保障水平。

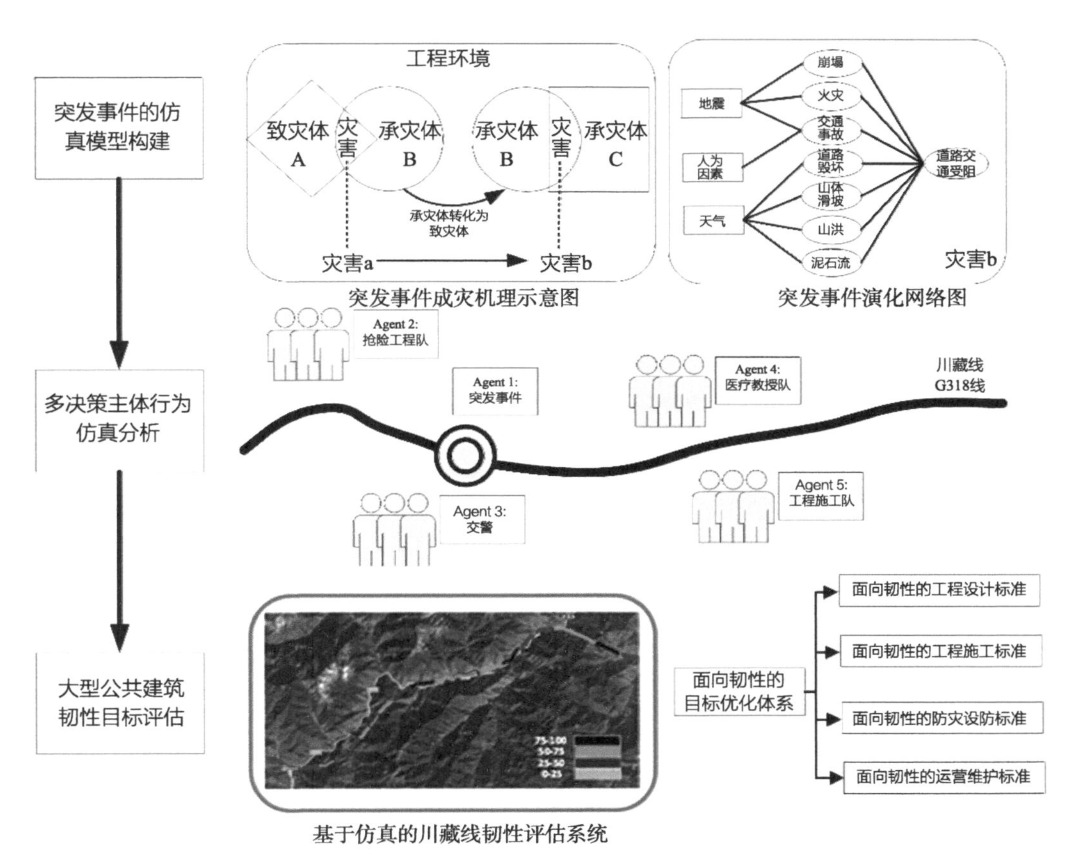

图4-21 基于多主体建模的川藏线运行韧性仿真分析框架

CHAP

5

第5章

工程物联网

数字技术带来了设计的新范式，同时促进了工程建造过程的数字化变革。数字建造过程的核心是遵循信息物理系统（Cyber-physics System，CPS）理念，构建数据同步映射的数字工地，达到建造过程的可计算、可分析、可优化、可控制的目的。其中，工程物联网是实现智能感知、传输、分析和决策控制，建立数字工地的关键性技术。本章介绍工程物联网的由来，阐明其要素、内涵、特征以及技术体系架构，并通过工程案例说明其应用。

5.1 工业物联网与工程物联网

5.1.1 工业物联网概念

1999年，建立在互联网、物品编码、无线射频（RFID）技术的基础上，美国麻省理工学院自动识别中心（AutoID）率先提出了物联网（IoT）的概念，即：把所有物品通过射频识别等信息传感设备与互联网连接起来，实现智能化识别与管理[61]。中国工业与信息化部给出了物联网的定义：物联网是通信网和互联网的拓展和网络延伸，它利用感知技术与智能装备对物理世界进行感知识别，通过网络传输互联，进行计算、处理和知识挖掘，实现人与物、物与物的交互和无缝衔接，达到对物理世界实时控制、精确管理和科学决策目的[62]。

数字经济的浪潮正在驱动传统行业加速变革，世界主要发达国家采取一系列重大措施推动制造业转型升级，从德国的工业4.0到美国的先进制造战略再到中国制造2025，工业互联网作为第四代工业革命的代名词已成为各国新型制造战略的核心。工业互联网的本质和核心是通过工业互联网平台把设备、生产线、工厂、供应商、产品和客户紧密地连接融合起来，从而帮助制造业拉长产业链，形成跨设备、跨系统、跨厂区、跨地区的互联互通，最终提高生产效率，推动整个制造服务体系智能化，实现制造业和服务业之间的跨越发展，使工业经济各种要素资源能够高效共享[63，64]。

工业物联网（Industrial Internet of Things，IIoT）是实现工业互联网万物互联（Internet of Everything）中人、物互联的具体方式，是支撑工业数据获取、分析及调度的关键技术体系。2017年，中国电子技术标准化研究院发布的《工业物联网白皮书》中将其定义为：工业物联网是通过工业资源的网络互连、数据互通和系统互操作，实现制造原料的灵活配置、制造过程的按需执行、制造工艺的优化和制造环境的快速适应，达到资源的高效利用，从而构建服务驱动型的新工业生态体系[65]。

与此同时，国内外工业及相关企业也陆续启动互联网或物联网平台建设，例如亚马逊提出了全托管的物联网云平台，使得互联设备可以轻松地与云应用程序及其他设备交互；思科提出了云雾一体化的工业物联网理念，引入边缘计算功能，提升边缘智能与后台应用之间的协同能力；航天云网构建了国内最大的工业物联网服务平台，实现了工业资源的网络共享。就目前的发展态势来看，物联网已经成为最“时尚”的工业生产与消费模式，所产生的海量数据将作为新的生产资料，成为工业价值再造及经济发展的新动能。

从技术角度来看，搭建工业物联网平台，重点要解决多类工业设备接入、多元工业数据集成、海量数据管理与处理、工业应用创新与集成等问题。其中，工业物联网面向的要素主要包括：作业工人、生产装备、原料、在制品等。这些要素经过智能的感知控制、全面的互联互通、深度的数据应用、创新的服务模式四个阶段提升价值、优化资源、升级服务以及激发创新。这也衍生了工程物联网的核心技术，主要包括：感知控制技术，即传感器、多媒体、工业控制等；网络通信技术，即工业以太网、短距离无线通信等；信息处理技术，即数据清洗、分析、存储等；安全管理技术，即加密认证、防火墙等。

随着工业物联网技术的发展与应用，与之相关的产业发展也日趋成熟，其中最为典型的就是传感器产业。目前，全球的传感器市场主要由美国、日本、德国相关企业占主导地位，比如MEAS传感器公司、霍尼韦尔公司等。长期以来，国内传感器产业发展结构不合理，需要进一步突破低功耗、微型化、嵌入式等中高端传感器市场。近年来，我国在传感器产业也加大了投入，“十三五”国家科技创新规划以及中国制造2025战略也相继明确了传感器技术发展的战略。

5.1.2 工程物联网概念

工程物联网是物联网技术在建造领域的拓展。建筑业作为国民经济的命脉，长期以来面临着效率低下、浪费严重、安全事故频发等诸多问题，传统的工程施工组织方式和管理模式更是难以满足当下大型基础设施建造管理的需求。整个建筑业亟需转型升级，提高项目管理过程中信息集成的能力以及资源利用的效率。建筑企业也需要新的技术应用使得传统的施工组织、流程、工艺向数字化、智能化的方向发展。而工程物联网正是打造数字工地，实现服务型建造和云建造等新的建筑生产模式的关键性技术。在大量工程建造需求的推动下，工程物联网顺势出现并逐步融入施工现场数字化管控中，为实现建筑业转型升级提供了一条有效的实现途径。

工程物联网让施工更精益。香港新界屯门区的公租房项目是典型的装配式建筑[66]，项目涵盖5栋34~38层的住宅楼。为保障项目的顺利开展，来自香港大学的研究团队应用RFID技术实现了预制结构从生产到施工阶段的状态可追溯，同时结合BIM技术形成物联网管理平台，通过传感器实时采集的信息进行施工进度以及工程质量的评估，从而实现建造过程的精益化管理。应用结果表明工程物联网及其相关技术节约了近40%的现场结构的施工等待时间，同时提高了6.67%的装配效率。

工程物联网让项目更安全。瑞士圣格达基线隧道是全球最长、最深的铁路隧道，全长约57.1km。为保障项目建设和运营期的安全，隧道在结构设计和系统监控方面做了多重保护，其中包括由2600km电缆、20万个传感器以及7万数据节点构成的自动监控物联网平台。基于传感器监测到的异常数据，平台会对异常区段、现场录像、热成像图等信息进行快速预警响应，以便管理人员及时做出应对，保障隧道运行的安全。

工程物联网让建筑更智能。爱尔兰克罗克公园是欧洲第四大体育场，可容纳82300人。“智能体育场”是来自都柏林城市大学和英特尔研究人员合作建造的愿景，为此他们利用工程物联网技术在现场布设了大量的传感器及网关。其中包括利用噪声传感器实时监控体育场噪声水平，利用网络监控摄像头进行园区内人流以及物流的管理，利用水位传感器监控厂区周边排水系统的洪水风险等。最终基于工程物联网平台的园区管理不仅提升了环控指标，更降低了园区能耗。

尽管工程物联网已经引起了国内外的关注，但尚未有明确的定义。一个新技术、新概念与行业的融合需要在不断的应用中丰富和完善。把握这一原则，认识和发展工程物联网不仅要理解物联网技术本身，更要与工程建造活动特性相结合。因此，在继承物联网研究成果的基础上，本节从工程要素、基本涵义、主要特征三个方面论述工程物联网。

（1）工程要素。建立工程物联网，首先要回答的是“感知要素是什么”。如果将工程建造活动视作复杂系统工程，可以将其中的要素分为“人、机、环境”三个部分[67]，“人”是工作主体；“机”是人所控制的一切对象的总称；“环境”指人、机共处的特定工作条件。更进一步，全面质量管理理论则从影响产品质量因素的角度出发，将生产要素细分为了“人、机、料、法、环”[68]。其中，“料”是制造产品所使用的原材料，而“法”指制造产品所使用的方法，这一划分原则也成为如今描述工程要素的主流方式。然而，本书所描述的工程物联网面向的是建造活动整个生命周期，包括施工阶段和运维阶段，其中所囊括的各类“建造产品”也理应成为感知要素的一部分。因此，将工程物联网的泛在感知与连接的对象定义为“人、机、料、法、环、品”。后文将对工程要素的具体内容进行详细地阐述。

（2）基本涵义。工程物联网是通过工程要素的泛在感知与连接，实现建造工序协同优化、建造环境实时响应、建造资源的合理配置以及建造过程的按需执行，从而建立服务驱动型的新工程生态体系。同时，把工程物联网定位为支撑信息化、数字化、智能化工地建设的一套综合技术体系，这套综合技术体系包含硬件、软件、网络、云平台及其与之相关的感知、通信、分析和控制技术。工程物联网系统建立在上述技术组合的基础上，实现工程实体与工程虚体之间信息的无缝交互，作用于建筑生产的全要素、全产业链以及全寿命周期，从而重构工程管理的范式。

（3）主要特征。基于硬件、软件、网络、云平台等一系列技术构建的工程物联网平台，其目的是实现建造资源利用效益最大化，使得建造更为精益，降低风险事故的发生。实现这一目标的关键在于工程数据的获取与集成、工程信息的建模与分析、工程知识的积累与复用，从而在不同数据形态不断变化的过程中逐渐向外部环境释放蕴藏在其背后的价值，为工程决策提供依据。因此，工程物联网的本质特征就是构建一套工程物理空间与数字空间基于数据自动流动的泛在感知、异构互联、虚实映射、分析决策、精准执行、优化自治的闭环赋能体系[69]，解决建筑生产过程中的复杂性和不确定性问题，减少过程信息损失的同时提高资源的配置效率，如图5-1所示。

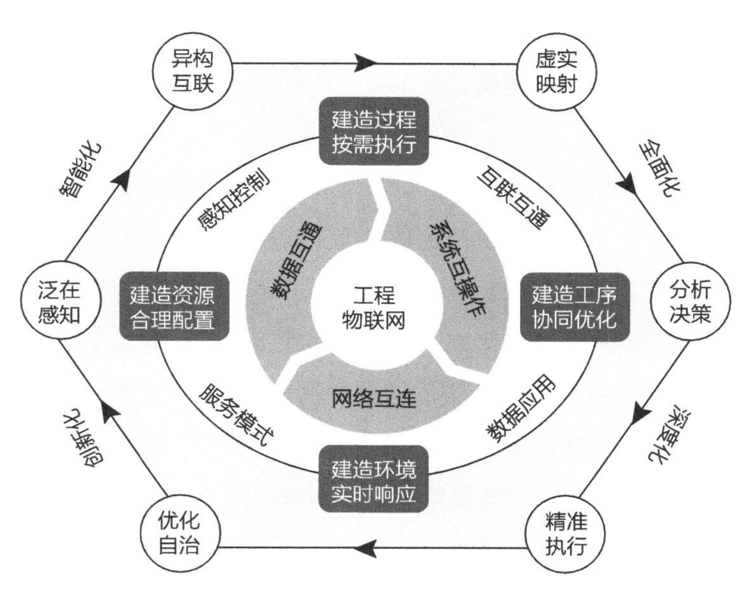

图5-1　工程物联网的主要特征

在数据流动的过程中，蕴含在工程要素中的潜在数据经过传感器采集转化为显性数据，进而通过现场网络传输到后台虚拟工地中进行安全、质量、进度、环保等管理需求分析，形成有价值的信息。随后，信息将被集中处理以形成最优的决策方案，这些方案被称为知识。最终，这些知识将作用在现场的人及相关控制设备上，构成一次完整的数据流动闭环。

泛在感知是工程数据获取的基础。工程实施过程中蕴含着大量的隐性数据，这些数据暗含在实际工程中的方方面面，具体包括：现场人员、机械设备、原料及构件、工艺与工法、施工环境、建筑产品等工程要素状态信息。泛在感知通过传感器等数据采集手段，将这些隐藏在工程实体背后的数据不断地传递到工程虚体中，使数据变得可查看、可追溯、可分析。泛在感知是对数据的初级采集加工，是一次数据自动流动闭环的起点，也是数据自动流动的源动力。

异构互联是工程数据传输的前提。工程建造包括大量的异构硬件（如各类传感器等）、异构软件（如BIM，ANSYS，MES等）、异构数据（如模拟量、数字量、开关量、视频、图片格式文件等）及异构网络（如现场总线、Zigbee&Wi-Fi等），通过统一定义数据接口协议和中间件技术，形成便携、快速的工程物联网信息通道。异构互联为数据传输的各个环节的深度融合打通交互通道，为信息及时共享提供重要保障。

虚实映射是工程数据表达的方法。虚实映射将工程实施过程中所蕴含的资源及数据映射到数字空间中，在虚拟空间进行“人、机、料、法、环、品”全要素的抽象建模、施工流程仿真、信息集成与分析等操作。为了提高建模效率，基于BIM技术、图片快速建模、激光扫描建模等技术被应用到工程物联网中，为管理决策提供可视化的载体。

分析决策是工程数据处理的手段。分析是将感知到的数据转化成认知信息的过程，是对原始数据赋予意义的过程，也是发现工程实体状态在时空域和逻辑域的内在因果性或关联性关系的过程。大量的显性数据并不一定能够直观地体现工程实体的内在联系。这就需要经过有效化加工、情境化加工、归一化加工以及细分化加工等数据处理技术使其转变为工程决策能够理解的信息[70]。决策则是对信息的综合处理，在这一环节工程物联网平台能够集成分析来自不同工程要素的信息形成最优决策知识。分析决策并最终形成最优策略是工程物联网的核心环节。

精准执行是工程数据价值的体现。在数字空间分析并形成的决策最终将会作用到物理空间，工地现场的人员、机械设备和辅助设施将以信息或者数据的形式接受决策结果。由此可见，执行的本质在于现场管理的实施，将分析决策的结果作用在工地现场，使得整个建造更高效、更安全、更可靠、现场资源的调度也更加合理。

优化自治是工程数据应用的效果。工程物联网平台具有自主优化与提升的能力，通过对工程要素各类数据的积累，建立不同类型的工程知识库对历史经验进行复用，如：BIM模型库、项目风险库、管理资源库等。在这个过程中，系统的实施面向工程要素不断迭代优化，达到最优目标，最终实现系统自治目的。

沿着数据流通的闭环，工程物联网技术也在不断地发展。这些变化使得工程物联网及其相关技术能够更好地为建造活动的各个环节服务。目前，工程物联网技术的发展趋势主要体现在以下6个方面[63]，如图5-2所示。

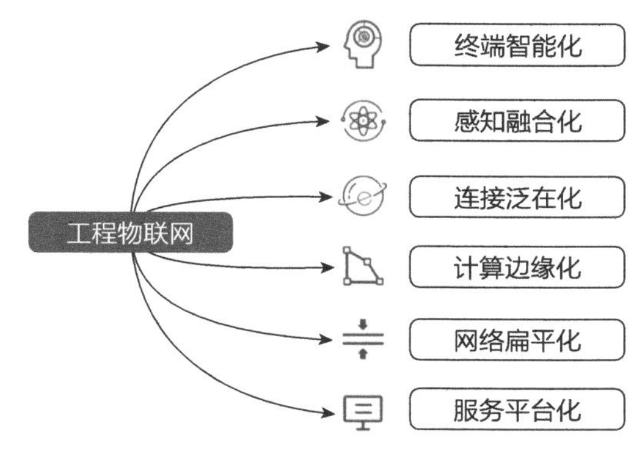

图5-2　工程物联网技术发展趋势

（1）终端智能化。工程物联网终端智能化主要体现在两个方面：一是底层传感设备自身向着微型化和智能化的方向发展，为工程物联网终端智能化的发展奠定基础；另一方面是工程决策控制系统的开放逐渐扩大，使得工程系统与各种业务系统的协作成为可能。

（2）感知融合化。工程建造活动的特性决定了单一传感器难以满足项目质量、安全管理的需求。多传感器融合感知成为工程物联网平台感知控制技术发展的方向，其主要优势体现在减少系统信息的模糊度，提高容错性，扩大系统在时间、空间上的覆盖范围，改善系统探测性能以及提高系统的生存能力。

（3）连接泛在化。工程物联网的网络连接是建立在工业通信网络基础之上，包括现场总线、以太网、无线和5G网络等多种通信网络技术。通过不同工业、工程系统的集成，如负责人机界面HMI、数据采集与监视控制系统SCADA、可编程逻辑控制器（Programmable Logic Controller，PLC）、分布式控制系统DCS等监控设备与系统，同施工现场的各种传感器（摄像头、监测传感器等）、工人装备（安全帽、安全服等）、作业机械（挖掘机、起重机等）一道将不同环节的工程要素连接起来。

（4）计算边缘化。边缘计算指在靠近工地现场人、物等数据源头的网络边缘侧，融合网络、计算、存储、应用核心能力的开放平台，就近提供边缘智能服务，满足工程数字化在敏捷连接、实时管理、数据分析、安全与隐私保护等方面的关键需求[71]。数据在边缘侧处理同时实现了实时化与智能化，具有安全、快捷、易于管理等优势，能更好地支撑工程本地业务及时处理，并高效利用计算资源。

（5）网络扁平化。工程物联网的体系架构需要简化，系统性能在得到进一步提升的同时降低软件维护成本。目前国内外已有学者研究服务于工业与工程管理的网络扁平化技术体系，使信息在真实世界和数字空间自动、快速流动，同时对工程建造的实时控制、精确管理和科学决策进行了大量的研究与探索。

（6）服务平台化。在工程资源互联互通的基础上，将实时采集的工程资源状态数据上传至平台，对数据进行深入分析，产生全新的数据价值，基于平台的开放能力，根据用户实际需求进行设备远程管理、预防性维护和故障诊断等服务。工程物联网平台面临着连接设备量巨大、应用环境复杂、用户多元化等问题。除此以外，扩展用户规模、增强数据的安全性、开发的简易优化等是未来平台主要发展方向。

5.1.3 工业物联网与工程物联网的比较

互联网、物联网技术发展给工业与建筑业带来了变革，它们相互交织也各有侧重点，通过两者的比较可以进一步明确工程物联网的特点。从技术视角看，工业互联网所包含的关键技术驱动了工业物联网与工程物联网的形成。因此，工业物联网与工程物联网的技术要点基本一致，包括感知、传输、分析及控制，如图5-3所示。

从所面向的要素特点及实施过程来看，工业物联网又与工程物联网有着明显的差异，具体体现在感知特点、过程特点、任务特点以及环境特点四个方面，如图5-4所示。

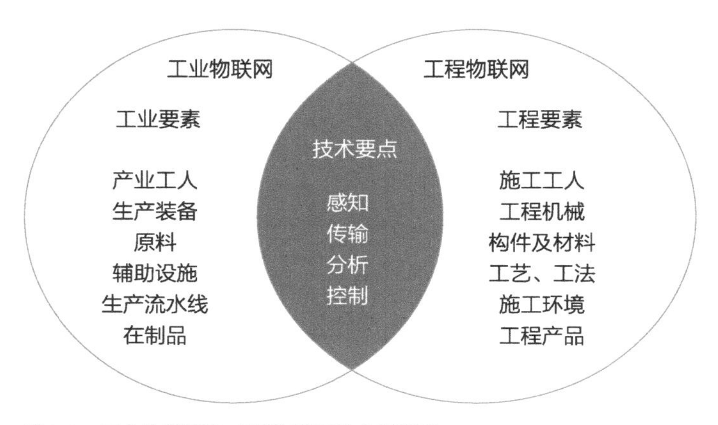

图5-3 工业物联网与工程物联网的主要联系

	工业物联网		工程物联网	
	工业特性	部署需求	工程特性	部署需求
感知特点	以工业设备为主	提前部署	包含人、机、环境多个对象	提前部署及动态部署
过程特点	作业空间相对稳定、瞬时耦合	精确感知严格阈值控制	建造空间实时变化、延时耦合	融合感知模糊控制
任务特点	生产任务流水线重复	相对固定组网	建造活动不可复制、唯一性	固定组网及无线灵活组网
环境特点	工业环境高温、高压情况突出	感知节点的可靠性	建造空间钢结构屏蔽信号传递	传输网络的可靠性

图5-4　工业物联网与工程物联网的比较

特点一：工程感知对象具有泛在性与实时变化特点。组建工业物联网的主要目的在于实现产品和设备的互联，弱化生产中人的因素，提高生产线自动化的水平。其中，感知对象以工业设备为主且相对稳定。相反，工程物联网的感知对象具有泛在性，包括了现场人员、机械、环境等多个要素。更重要的是，工程感知对象随着施工进展实时变化，例如：现场人员存在流动性、个体的差异性和行为的随机性等特点；工程环境也具有不可控的特性。因此，在部署工程物联网时，其技术难点在于如何快速、有效地建立感知节点以适应不同工况下的应用需求。

特点二：工程建造过程具有时空变化与弱耦合特点。大部分工业生产都在室内进行，各个生产要素的状态稳定、位置固定，同时要素之间的相互关系处于高度耦合状态。这意味着一旦生产中的某一环节出现异常情况，系统需要快速响应并及时处理，避免整条生产线瘫痪。因此，在部署工业物联网时更多的需求是感知手段的精度以及控制阈值的设定。反观之，工程场景具有时空变化特性，例如基坑开挖时的地表环境就具有不可控、难以预测等特点。更值得一提的是，工程要素之间的相互关系处于弱耦合的状态，局部出现的异常状态不会立即造成整个建造场景的改变，比如难以准确地描述地表异常沉降给周边施工人员以及机械带来的影响。所以，工程物联网部署的关键技术在于建立融合感知及决策方法，通过多传感器来保障整个建造系统的稳定性以及可靠性。

特点三：工程建造任务具有唯一性与不可重复特点。从生产任务视角看，工业活动往往是面向单一、可重复的任务。在进行工业物联网组网时，往往采用现场总线、工业以太网这种“一劳永逸”的通信组网方式。完全不同的是工程建造任务，其本身具有多样性，可以说每项施工活动都不可复制。因此，部署工程物联网需要采取灵活、便携、易于维护的组网方法，例如无线网络、移动自组网技术等。除此以外，相比于成熟的工业组网体系，工程物联网在组网节点的优化、组网带宽的升级、组网协议的定义等方面还需要逐步探索。

特点四：工程建造环境具有复杂性与信号屏蔽特点。工业生产环境与工程建造环境的复杂程度全然不同。工业的极端工况往往与其生产工艺有着极大的关系，例如炼钢的过程会承受高温、高压、高湿和高浮尘含量等极端条件，此时考验的是工业物联网传感节点的可靠性。工程建造环境极端工况则更加复杂，除了温湿度等因素以外，还面临复杂地质环境、密集结构体、随机地磁场带来的信号屏蔽干扰。因此对于工程物联网而言，其传输技术必须具备极强的信号穿透能力，通信网络需要保持较高的鲁棒性，才能实现整个过程建造全区域活动的感知。

综上所述，有别于工业物联网，工程物联网是支撑建筑业与工业化、信息化深度融合的一套使能技术体系，包含了硬件、软件、网络、云平台等一系列感知、通信、分析及控制技术。在实施过程中，通过工程要素的泛在感知与连接，实现建造工序协同优化、建造环境快速响应、建造资源的合理配置以及建造过程的按需执行，从而建立服务驱动型的新工程生态体系，应用于工程建造的全寿命周期、全要素、全产业，重构工程管理的范式。

5.2 工程物联网的体系构架

工程物联网的构建需要集成并应用各种感知通信技术、计算机技术、控制技术及其相关的硬件、软件等。参考物联网系统的基本架构[72]，工程物联网的体系架构由对象层、泛在感知层、网络通信层、信息处理层以及决策控制层组成，如图5–5所示。

5.2.1 泛在感知

工程物联网泛在感知层包含不同类型的数据采集技术，用以实时测量或感知工程要素的状态与变化，同时转化为可传输、可处理、可存储的电子信号或其他形式的信息，是实现工程物联网中建造过程自动检测和自动控制的首要环节。从泛在感知技术的角度出发，具体包括：传感器技术、机器视觉技术、扫描建模技术、质量检测技术等，如表5–1所示。

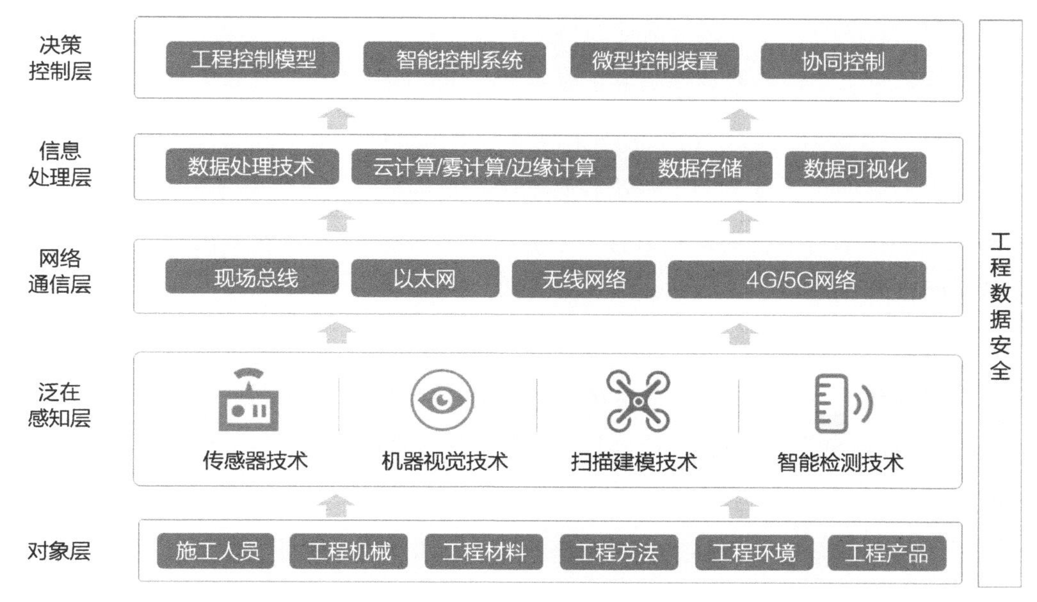

图5-5 工程物联网技术体系架构

工程物联网泛在感知技术（部分） 表5-1

技术类别	技术名称	技术描述
传感器技术	力学感知	测量机械、构件或土体关键性部位的局部应力、变形等情况，常用技术包括应变计、位移计、土压力盒等
	环境感知	采集建造或运营过程中的环境指标，主要包括噪声、地质、气候
	人体感知	感知人体的心率、体温、肌电、心电，关节运动角度、力矩、加速度等多个指标，判断人员的动作、生理和心理状态
	位置感知	定位建造场景中人员、机械、材料等工程要素的位置，常用技术包括 GPS、UWB、RFID、激光定位仪、激光测距仪、惯性测量单元（Inertial Measurement Unit，IMU）等
机器视觉技术	质量检测	快速检测工程建造表观质量问题，如混凝土裂缝检测、墙体质量检测等
	身份及材料识别	快速识别工地人员身份及材料的类型
	目标定位与跟踪	快速定位工程要素的位置，跟踪其运动轨迹并分析其运动趋势
	人员姿态与行为	快速识别工人作业的姿态与行为，判别工人操作是否合格和是否处于安全状况
扫描建模技术	三维激光扫描	激光扫描通过连续发射激光，将空间信息以点云形式记录，具体应用涉及工程建模、测量、变形监测、进度测量、土地测绘、结构预拼装等多个方面
	图像快速建模	图像建模通过连续图片的采集建立工程场景模型，相比激光扫描建模，图像建模更加快速，同时适用于大尺度的工程场景
	SLAM	利用激光测距、超声波测距或机器视觉同步完成定位与周围环境地图的构建
质量检测技术	雷达检测	雷达检测是利用电磁波探测介质内部物质特性和分布规律的一种方法，常用应用包括岩土工程勘察、工程质量检测、结构质量检测等
	太赫兹探伤	太赫兹（THz）包含了 0.1～10THz 的电磁波，其技术优势体现在能够迅速对样品组成的细微变化做出分析鉴别，同时受环境干扰小。太赫兹技术已经在医疗、农业、公共安全等领域应用

值得注意的是，工程建造活动的特性决定了单一传感器难以满足项目质量、安全管理的要求。多传感器融合的方式成为工程物联网泛在感知技术发展的方向，例如，通过"GPS+IMU"融合定位的手段可以解决室内、室外环境变化时的连续定位问题。总体而言，现有的工程泛在感知手段已经初具雏形。在实际应用过程中，还需将上述技术与工程要素相结合，才能做到"对症下药"，达到高精度、高可靠性感知的目的。

工程要素包括"人、机、料、法、环、品"六个部分。按照岗位不同，"人"的感知包括施工员、质量员、安全员、标准员、材料员、机械员、劳务员、资料员等。"机"即机械设备，按照作业特点可以分为起重机械、混凝土机械、土方工程机械、石方工程机械、桩工机械、公路工程机械和其他机械，施工机械和器具是现代化施工的物质基础，也是工程物联网的重点感知对象。"料"包括工程材料和施工用料，工程材料构成工程实体，如工程构件、水泥、砂石、混凝土、钢筋等；施工用料是为完成工程任务而使用的周转性材料和辅助性用料，包括模板、木方等。"法"即工程方法，包括工程建造规划、设计、施工方案等，建造组织实施过程，建造工艺流程，实施标准等，"法"也将最终形成各个施工阶段完成后的临时产品及设施。"环"指工程项目所处的作业环境、周边空间环境以及现场空间环境，包括工程施工场地的地质、水文、气象、噪声条件和地下障碍物等作业环境，施工项目周边存在的建筑物、道路、设施等构成的周边空间环境，以及施工场地内部的结构、设施、建筑等构成的空间环境。"品"是项目从施工阶段到运维阶段的延伸，具体指工程建造完成后形成的建筑产品。不同的工程要素对应了不同的感知方法，下面对此进行介绍。

1. 施工人员感知

施工人员作为建造活动的主体在项目开展的过程中占有重要地位。目前，根据感知的内容可以分为：劳务信息、作业状态以及健康状态；根据感知对象的规模可以分为：单人感知和群体感知。其中，入场人员身份识别普遍应用的是无线射频（RFID）标签和人脸识别，除此之外还有指纹识别、声音识别、虹膜识别、指静脉识别等更为先进的身份认证技术。人员位置的感知依靠的是定位技术，包括：超宽带（UWB）、惯性导航（IMU）、无线网络（Wi-Fi）、蓝牙、红外线、超声波、地磁信号、机器视觉、即时定位与地图构建（SLAM）、北斗卫星定位等。其中，RFID因其便携、低成本、低功耗、传输范围广等优点发展成为施工现场应用最广泛的定位技术。施工人员的姿态和行为的感知有助于识别工人的不安全行为，如未佩戴安全帽等，也可以帮助判断工人的施工操作是否正确。人员姿态和行为的感知是同时进行的，前者是后者的基础。利用机器视觉感知施工现场人员的姿态和行为是最常见的方式，也可以利用动作追踪技术和可穿戴设备。值得一提的是，施工工人往往是群体作业，针对不同的作业类型在群体层面进行感知将更加有利于提高现场人员的管理效率。尤其值得注意的是，无论采取何种感知技术，都要注重工程人员的行为隐私保护。

2. 工程机械感知

工程机械是建造活动的必备工具，随着装配式施工的推行，工程机械及其相关作业活动也越来越频繁。工程物联网技术的应用可以有效监管机械的实时位置、运行状态及执行动作。实时位置的感知主要是针对运输、起重等在施工现场移动作业的设备，机械位置的感知技术与人员定位技术基本相同，比较成熟的是依靠绝对值编码器（Encoder）、北斗卫星定位和IMU等方法。机械运行状态的感知分为温度、速度、受力、电磁和位移等状态的感知，可以依靠机械内置的传感器完成。例如，负载力矩指示器（LMI）是一种普遍应用在感应起重机上的倾覆力矩的传感器。大部分的施工事故都发生在机械操作过程中，感知机械运行时执行的动作是必要的，比如起重姿态、挖土动作等。利用机器视觉进行姿态动作捕捉的方法依然适用，除此以外，还可以利用多种传感器集成来捕获机械关键的执行动作，少数研究尝试将定位标签部署在起重机的关键部件和负载表面，用于跟踪起重机零件和负载的运动姿态。整体而言，基于多种传感器融合感知的技术受到建筑环境的影响较小，在长期使用中比较耐用，可以更全面地捕获机械设备的执行动作。

3. 工程材料感知

材料是最早应用感知技术的工程要素，主要包括材料识别及参数（包括材料型号、生产地、规格等）的获取、数量的统计和位置的跟踪，针对工程构件还需要进行质量的监测、检测和拼装精度的控制。材料的识别、相关参数的获取和数量的统计是同步的，使用最多的是嵌入式芯片、粘贴二维码或者RFID标签的方法。材料跟踪的目的是为了获取材料运输过程中的物流信息，材料到现场以后的使用情况等，利用RFID和GPS技术进行施工现场资源的跟踪已经得到了广泛的应用。同时，一些项目开发了基于Zigbee的无线传感器网络和RSSI（接收信号强度指示器）的系统来解决环境更加复杂的施工现场的资源跟踪问题。工程构件是工程实体的基础，质量监测可以利用位移、应力、应变、超声波等传感器，也可以利用探测雷达、太赫兹、激光扫描等无损检测技术。对于装配式建筑而言，构件的拼装精度直接影响工程质量，可以利用激光定位仪、激光测距仪等技术严格控制构件的拼装位置。机器视觉技术利用不同的训练网络可以实现不同的功能，也可以利用它完成施工现场材料感知工作的部分内容。

4. 工程方法感知

工程方法是以一段时间为载体的过程而不是实物，想要准确感知“法”，大多采用的都是“间接感知”。“间接感知”指的是利用传感器、定位、RFID等技术对“法的产品”和工程其他要素进行感知并计算分析，以生成施工流程和施工计划的对比情况，并验证实际施工方法是否正确等结果，从而作为优化施工流程与方法的依据。“间接感知”具体技术包括电子巡检、智能巡检、关键事件感知、智能旁站等。电子巡检可以利用RFID或者TM卡等移动识别技术，将施工流程中的信息自动准确记录下来。例如，随时读取突发事件点，并将突发点信息及读取时间保存为一条记录，该记录与施工计划进行对比就可以得出漏检、误点等信息，从而判断实际的施工进程。智能巡检是一种系统性技术，能够自动设置巡检区间，对GPS、RFID等感知到的信息进行计算分析，并和预设的施工计划对比达到实时校验施工流程的目的。换言之，智能巡检可以自动感知工程变更点并实时形成数据报告反馈给现场管理人员。关键事件感知是基于多种感知设备的多源信息采集，结合事件关联模型和优化算法对施工流程中的关键事件节点进行感知和分析的一种技术。智能旁站则是利用机器视觉对施工流程进行监督，从而判断实际进程是否符合施工计划的一种技术。除此以外，“法”还包括了对于“法的产品”的感知，即对仍处于建设状态的施工半成品的感知，一般聚焦于结构健康的监测。例如，采用应力应变、超声波等传感器对建筑结构的变形和受力进行实时监测；利用机器视觉、探测雷达、太赫兹探伤、激光扫描技术、声光成像技术进行结构成型质量的检测等。

5. 工程环境感知

工程环境是建造活动不可分割的一部分。利用工程物联网技术对环境进行监测与控制不仅有利于保障施工安全，也有利于运营阶段建筑节能管理。对于作业环境而言，主要感知的内容包括风速、尘埃、气体、光照、温度等气候条件及噪声环境，相应的可以利用风速计、尘埃感应器、气体监测设备、光照强度感应设备、温度计、分贝计等多种监测设备和传感器进行感知。对于地质条件而言，可以利用已经发展成熟的位移、沉降、变形、压力、应力应变、荷载、温湿度、水位、雨量等岩土工程监测传感器以及探地雷达等各种测量设备，对地下土体进行自动感知、测量和数据采集工作。例如，地表沉降的观测可以利用GPS和布设水准测网来完成。

特别地，当涉及水下施工的时候，声光成像技术可以感知水下环境并形成3D影像。周围环境和现场空间环境的感知，可以利用机器视觉、三维激光扫描、图像快速建模和同步定位与建图（Simultaneous Localization and Mapping，SLAM）等技术。激光扫描通过连续发射激光，将空间信息以点云数据记录，目前已经广泛应用到工程建模、测量、变形监测、进度测量及土地测绘等多个方面。图像建模通过连续图片的采集形成工程场景模型，相比于激光扫描建模，图像建模更加快速且适用于大尺度的工程场景。SLAM技术可以利用激光测距、超声波测距或者机器视觉同步完成定位与周围环境地图的构建。

上述工程环境的感知技术在工程建造中发挥了重要作用。一个典型的案例是中建八局建设团队完成的上海世茂深坑洲际酒店项目。该酒店位于地表以下88m巨大矿坑内，依附采石坑崖壁而建，是目前全球海拔最低的五星级酒店，被美国国家地理誉为“世界建筑奇迹”，如图5-6所示。

图5-6　上海世茂深坑洲际酒店俯瞰图
（图片来源：中建八局建设团队）

由于酒店是在废弃的矿坑边坡上进行建造，地下80多米周边都是陡峭的岩石壁，主体结构与强风化坑壁岩大面积接触，需经土方爆破和开挖清理后方可进行施工。天然的不规则坑壁要按照设计标高进行分层精准爆破开挖，必须在建造前准确获取矿坑坑体的三维几何模型和不规则表面几何形状与坐标参数。为此，项目团队

图5-7 基于激光扫描的坑体工程环境三维模型
（图片来源：中建八局建设团队）

为了得到矿坑内的地貌，采用了三维激光扫描技术进行环境重构，如图5-7所示。同时，通过该技术与GIS信息的同步得到了原尺的地理数据信息，实现不规则表面几何形状与坐标参数、设计方案的匹配，从而支持精确选择崖壁爆破点，计算分析所需的爆破与土方开挖量。同时，它所采集的三维激光点云数据还可进行测绘、计量、分析、仿真、模拟、展示、监测、虚拟现实等后处理工作，有力地保障了这一“变废为宝”的矿区修复利用工程顺利建成。

6. 工程产品感知

建设工程的全寿命周期包含设计、施工、运维三个阶段。在本节中，工程产品感知特指对于建筑产品，即投入到运维阶段的建筑产品的感知。特别区分于施工阶段由不同工艺、工法所形成的临时施工产品或在制品。对建筑业而言，工程产品的感知尤为重要，具体通过嵌入式设备、智能传感器、机器视觉技术以及可穿戴设备实现建筑设备运行状态的感知、健康状态的感知、能耗状态的感知以及使用者状态的感知等。通过对感知数据的集成分析与判断，提高人与建筑产品之间的信息交换，保障运行阶段的安全性、舒适性、便利性和节能性的要求。值得一提的是，工程产品的感知促进了智能建筑的发展，基于工程物联网技术形成的智能楼宇系统拓展了建筑服务业务的外延。针对目前工程各个要素的感知内容及技术，如表5-2所示。

工程要素的感知内容及技术手段（部分） 表5-2

感知要素	感知内容	感知技术
人	身份	RFID 卡、人脸识别、指纹识别、声音识别、虹膜识别、指静脉识别
	位置	RFID、GPS、IMU、UWB、WLAN、Wi-Fi、蓝牙、红外线、超声波、磁信号、机器视觉、SLAM
	行为	机器视觉、动作追踪、UWB、PSM、可穿戴设备
	体征状态	机器视觉、PSM、可穿戴设备

续表

感知要素	感知内容	感知技术
机	位置	Encoder、GPS、IMU、RFID、机器视觉
	运行状态	LMI、内置传感器
	执行动作	机器视觉、传感器集成感知、定位技术
料	材料识别及相关参数	内置芯片、二维码、RFID、机器视觉
	材料跟踪	RFID+GPS、Zigbee+RSSI、机器视觉
	构件拼装精度	激光定位仪、激光测距仪、IMU、机器视觉
	构件质量监测	探测雷达、太赫兹、激光扫描、机器视觉
法	工艺、工法	（间接感知）电子巡检、智能巡检、关键事件感知、智能旁站
环	作业环境	风速计、分贝计、尘埃感应器、气体监测设备、光照强度感应设备等多种传感器、GPS、探地雷达
	周边、现场空间环境	三维激光扫描、图像快速建模、声光成像、机器视觉、SLAM
品	产品的运营状态	嵌入式传感器设备、机器视觉

5.2.2 网络通信

工程物联网网络通信层颠覆传统的基于金字塔分层模型的控制层级，取而代之的是基于分布式的全新范式，如图5-8所示[73]。由于各种智能设备的引入，工程建造过程中的各个要素可以相互连接形成一个网络服务。对于不同的管理层级，都可以使用个性化的智能感知、分析以及决策控制技术。与传统工地信息传输严格的基于分层的结构不同，高层次的系统单元是由低层次系统单元互连集成，灵活组合而成[74]。

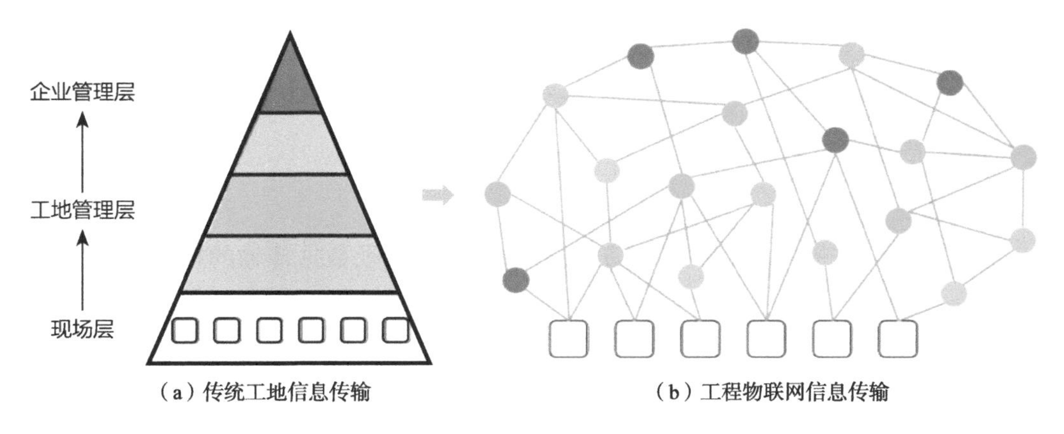

图5-8　工程物联网网状互联网络

从工程物联网技术应用的角度来看，不同层次接入的网络通信技术也有所区别。对于工序级所涉及本地服务器设备往往采用工程现场总线技术进行连接；对于工地级的项目应用，一般采用有线和无线网络相结合的方式；对于企业级的信息传输，一般则采用无线网络上传至企业云端。值得一提的是，对于复杂工况（如：超深地下工程、超密集结构区域）等难以布设有线网络时，无线自组网的方式往往都是最佳的选择。随着5G通信技术的发展，可以预见工程大数据的传输将会更加快速、可靠。

1. 现场总线

现场总线是连接现场设备和控制系统之间的一种开放、全数字化、双向传输、多分支的通信网络[75]，主要解决工程现场的施工辅助设备、工程机械等设施间的数字通信以及这些现场设施和高级控制系统之间的信息传递问题。当然，现场总线作为工地通信网络的基础，其本质意义远远不只一个通信线路或者一种传输标准那么简单，真正的应用价值在于该技术的应用使得工地现场向网络化、集成化以及智能化的方向发展。基于现场总线的控制系统主要有如下特点和优越性：全数字通信、多分支结构、现场设备状态可控、互操作性和互换性以及分散控制[75]。

2. 以太网

以太网是一种计算机局域网技术，相关组件及技术已经广泛应用到工业及工程实施的关键环节中，如EtherCAT、Ethernet、Powerlink等[76]。这些以太网技术，基本上都是各家厂商基于IEEE 802.3（Ethernet）百兆网的基础上增加实时特性获得的。除此以外，以太网提供了一个无缝集成到新的多媒体世界的途径。目前，IEEE 802正在对实时以太网TSN进行标准化，以满足工程环境中时间敏感的需求，这也同时增加了以太网技术在施工过程中的实用性。除此以外，TSN通过标准化的网络基础设施实现了不同设备之间的交互，TSN还可同步支持建造应用中的其他网络传输，进而驱动企业内部信息系统网络与现场控制系统网络的无缝融合，这也有助于以太网在工程领域的应用。

3. 无线网络

无线网络是一种利用无线技术进行传感器组网以及数据传输的技术，具有节省线路布放与维护成本、组网简单（支持自组网，不需要考虑线长、节点数等制约）的优点。目前，无线网络技术已应用于实际的工程建造场景中，如基于IEEE 802.15.4的Wireless HART与ISA100.11a技术，已用于工程环境感知、过程测量与控制。值得一提的是，在极端工况下不适宜有线布放，如超大面积的吊装盲区观测，无线网络几乎是唯一选择。Wi-Fi和Zigbee也是施工过程中会使用的无线局域网技术，前者侧重于高速率，后者侧重于低功耗。此外，移动宽带技术LTE、eLTE，低功率广域无线技术NB-IoT、LTE-M、LoRa等也在工程中有相应的应用。

4. 5G网络

5G是面向2020年以后移动通信需求而发展的新一代移动通信系统，其具有超高的频谱利用率和能效，在传输速率和资源利用率等方面较4G移动通信提高一个量级或更高，其无线覆盖性能、传输时延、系统安全和用户体验也将得到显著的提高[77，78]。目前，5G已经实现了虚拟现实的应用，例如混合现实相关的旅游、体育、视频会议等诸多场景。同时5G还推动了智能交通和智能电网的发展，在物联网技术的应用中起到了关键作用。随着5G技术的逐步深入，工程物联网的使用效益与用户体验将变得更加极致。例如从5G-eMBB新生业务角度来看，5G网络的接入速率，将使AR技术得到更广泛的应用。这也意味着缺乏足够现场经验的工人，只需要通过手中的平板或者相关AR眼镜设施就能立刻获取相关工况信息，并进行最优工程决策。除此以外，5G网络还将促成更加安全可信的网络架构，实现网络自动化管理等。

5.2.3 信息处理

信息处理层被认为是工程物联网建设中最重要的一环。数据分析即是将感知到的工程数据转化成可认知的信息，对原始数据赋予意义，是挖掘工程实体状态在时空域和逻辑域的内在因果性或关联性关系的过程。例如，现有的深基坑监测系统即利用数据挖掘技术进行分析计算，将采集的沉降监测数据（如日沉降量、累计沉降值）转化为可识别的风险分布图，警示现场工程师对危险部位进行查控，避免不安全事件发生。

工程信息往往具有以下特征：①海量性，如施工现场用于感知工人不安全行为的单个摄像头24h的数据量即达Gb级，另外，工程数据要求作为信息资产永久保存，随着项目的推进，数据量会持续增长；②异构性，工程数据涉及结构化数据（变形数据、温湿度数据、尺寸等）、半结构化数据（施工日志等量化及非量化数据）以及非结构化数据（流媒体数据等非量化文件）；③高速性，如定位传感器采样频率约4~20次/s；④工程数据涵盖项目全寿命周期，对数据的一致性、存储性、可访问性要求较高；⑤工程数据需要强大的数据计算和分析能力，但更强调图形运算。因此，工程数据特征给数据中心处理平台的计算能力、储存能力、决策能力、管理能力提出了较高的要求。目前，传统碎片化的数据分析计算方法无法解决海量数据批量化处理问题，不能揭示显性数据中的“隐藏信息”，且非系统化的数据储存方式时常会导致施工数据的丢失。为此，工程物联网平台引入云计算、边缘计算、雾计算等技术进行数据的加工处理，形成对外提供数据服务的能力，并在数据服务基础上提供个性化和专业化智能服务。

1. 云计算

关于云计算的定义有很多种说法，根据美国国家标准与技术研究院的定义：云计算是一种利用互联网实现随时随地、按需、便捷地访问共享资源池（如计算设施、存储设备、应用程序等）的计算模式[79]。在施工过程中，云计算提供工程数据集中式处理服务，例如：现有的施工现场人员安全控制可以将从视频、定位基站等设施得到的工人安全行为数据上传到云端大型计算机平台处理。通过事先进行预训练形成的人员安全监测模型（如危险区域电子围栏的划定、不安全行为规则的模型导入、非规定人员闯入等），实现对人员实时位置的监控，对工人不安全行为（如不佩戴安全帽、进入危险区域等）的预警。资源的高度集中与整合使得云计算具有很高的通用性，针对工地现场各要素都可实现安全管理，如Uptake公司即通过对机械设备数据的统一采集与储存，提供了多工况下机械不同故障位置、不同故障类型的准确识别，甚至可以通过在线参数的调整实现对机械的后期维护。此外，现有的工程物联网云计算平台都应具备工程共享的软硬件资源和信息现场，配合LED大屏幕、手机等各终端设备对现场的危险因素进行可视化展示。

尽管云计算提高了工程海量数据的处理效率，但在网络边缘设备数据量爆炸性增长的今天，云计算表现出固有的缺陷：①云计算无法满足工程海量数据的计算需求；②海量数据同步增加了传输带宽的负载量，难以完成实时性的数据分析；③边缘设备具有有限电能，数据传输造成终端设备电能消耗较大[80]。在这些问题的驱动下，边缘计算应运而生。

2. 边缘计算

边缘计算是另一种新的计算模式，将地理距离或网络距离上与用户临近的资源统一起来，为应用提供计算、存储和网络服务[81]。其理念是将数据的存储、传输、计算和安全交给边缘节点（工地现场的监测设备等）来处理，并非依赖终端而是在离终端更近的地方部署边缘平台，如深基坑施工现场的沉降监测传感器在沉降超过预警值时直接做出预警（警报等）。边缘计算模式可以满足大量实时的需要交互的工作，降低传输的带宽并避免云计算中心的网络延迟问题，例如高空施工的火灾预警，1s的延迟即可能造成严重的人员安全事故。如图5-9所示，广州塔的结构健康监测工

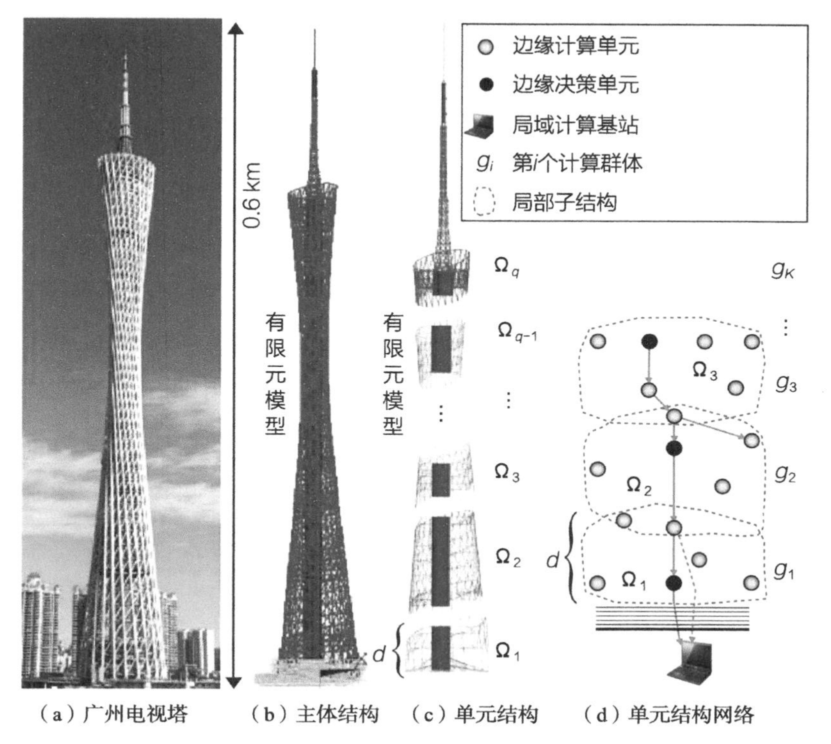

（a）广州电视塔　（b）主体结构　（c）单元结构　（d）单元结构网络

图5-9　广州电视塔边缘端计算示例
（图片来源：广州电视塔工程项目团队）

作即体现了边缘计算的有效运用[82]：不同于传统的无线传感器网络无损检测，考虑到广州塔这一大型结构海量数据集中传输给主体计算单元处理的难度，设计者在实际的无损检测中引入了“有限元”的概念，额外设立了基于分布式网络的决策监测系统，即边缘计算。具体来说，利用压力传感器以高频（如560Hz或以上）获取结构相应数据（即振动和应变），监测横向及纵向的结构应变情况，但每个应力传感器中都嵌入了“通用事件监测”决策算法，传感器除了对结构特征信息进行实时提取外，还通过比较给定结构模型和预测模型的残差来判断是否存在损伤事件，并用“0/1”进行反馈。针对关键部位再设立一个分布式决策控制系统，将多个传感器的决策综合得出关键部分是否存在损伤的群体决策，之后上传至最终的中心处理平台。这种靠终端的计算分析（即边缘分析）在减少数据传输带宽的同时，又能在后期统计时直接提取网络中可能存在损失的节点（局部决策值为“1”的传感器部位），实现了对于大型复杂构筑物的实时损伤监测与预警，避免了延时带来的安全隐患。

边缘计算虽靠近执行单元，从传感器和智能手机等边缘设备收集数据，但同时也是云端所需高价值数据的采集单元，可以更好地支撑云端的智能服务。在工程实践中，边缘计算克服了工程设施计算资源受限的缺陷，同时降低了云端数据处理的压力。随着技术应用的普及，其所支持的工程服务也会更加丰富[81]，以边缘计算技术为核心的智能设备（如智能摄像头、智能传感器）对智能工地的建设也将产生至关重要的影响。

3. 雾计算

除了云计算和边缘计算，还有一种介于云计算与边缘计算之间的计算分析方式——雾计算。思科于2012年提出雾计算，并将雾计算定义为迁移云计算中心任务到网络边缘设备执行的一种高度虚拟化的计算平台[83]。边缘计算解决的是某个单元的计算问题，而雾计算则是解决各个子单元之间的协同计算问题[84]。它是一个控制系统数据中心平台和工程物联网设备或传感器之间的中间层。实施过程中，在工程要素上（如结构的关键受力部位）布设雾节点设施，使得该设施具备与云端进行信息交互的能力，同时也具备本地信息传输以及数据处理的能力，从而可以有效减少网络流量，数据中心的计算负荷也相应减轻[85]。除此以外，雾计算不仅可以解决联网设备自动化的问题，同时它对数据传输量的要求更小。值得注意的是，雾计算和边缘计算并非完全摒弃传统云计算的功能，而是实现同时从云平台提取数据和从边缘设备端提取数据，提高数据处理的能力和效率。

5.2.4 决策控制

决策控制层是工程物联网实际效益的体现。不论是制造业还是建筑业，工程控制的基本理论可谓一脉相承。经典的控制理论以拉氏变换为基础，通过反馈系统的设计解决“单输入—单输出”定常系统的问题。现代控制理论则是融入了更多的基于数据驱动的控制模型，通过自动控制系统的建立解决了“多输入—多输出”系统的问题，其分析的对象可以是多变量、非线性、时变和离散等更加复杂的问题。近年来，人工智能技术的发展催生了智能控制理论，对于一些无法用精确数学模型描述的问题，可以通过模拟人类智能的方式解决。

工程建造系统大部分被控要素及过程都具有非线性、时变性、变结构、多层次、多因素以及各种不确定性的特征。例如基坑开挖时地表沉降的影响因素就包括：桩顶水平位移、深层位移、地下水位、支撑轴力等10余种，其间的相互关系更是难以建立明确的数学关系式。在实际施工过程中，往往通过专业人员的经验判断进行风险管理。显然这样的控制方式既缺乏实时性，也难以保证可靠性。因此，在工程控制理论的基础上，利用工程物联网指导建造活动的决策控制成为更优的方式。在这个过程中，工程控制系统的建立尤为关键。

控制系统一般包括控制器与被控对象，可以分为开环控制系统与闭环控制系统。在工业领域，常见的控制系统包括监控和数据采集（SCADA）系统、分布式控制系统（Distributed Control System，DCS）和其他较小的控制系统，如可编程逻辑控制器（PLC）。相比于制造业，建筑业所面临的控制问题更加难以用精确的数理模型描述，建立在工程物联网基础上的控制技术也逐步朝着智能化、微型化以及协同化的方向发展。

1. 智能化的控制系统

在控制领域，智能控制与智能控制系统并不是一个陌生的概念。早在1972年，科学家Sardis就提出了分级解体智能控制思想，把学习、识别和控制相结合，从最低级控制级到协调级，再到组织级，对智能的要求逐步提高，类似于人的中枢系统的结构组织[86]。随着人工智能、计算机等技术发展，智能控制技术逐步进入工程化以及实用化阶段。最常见的，包括：专家系统、模糊系统以及神经网络系统已经广泛应用于施工风险分析及控制中。同时，智能化的控制系统也体现在建筑的运营管理阶段，例如，阿姆斯特丹EDGE大楼基于工程物联网技术建立了楼宇的控制系统，通过2.8万个感测器，进行动作、温度、灯光、红外线等数据的采集。通过对上述数据的集成分析，使得整个建筑节能最优化。

2. 微型化的控制设施

感知及控制设备的微型化是控制系统发展趋势。比较有代表性的是微电机系统（Micro Electromechanical System，MEMS），它是指微型化的器件或器件的组合，把电子功能与机械的、光学的或其他的功能相结合的综合集成系统，采用微型结构，使之在极小的空间内达到智能化的功效[87]，目前MEMS已经广泛应用于国防科技等领域。控制系统的微型化与智能化一方面适用于大批量的生产；另一方面，微型化的控制系统与嵌入式技术的结合更加有利于工程设备的智能化升级。例如，让工地现场的摄像头具备本地识别、分析及决策的能力；让工人头上的安全帽具备自主定位甚至引导工人施工的能力；让极端工况（狭窄、昏暗等）下工程机械具备自主导航、作业分析的能力等。

3. 协同化的控制手段

工程物联网平台实现了组织管理的信息协同。同时随着控制系统的智能化以及控制设施的微型化，可以预见，工程机械及装备将具备极强的信息交互及自主作业能力。此时整个系统的控制具有高度的协同及自治能力。这一方面有利于建造资源的合理利用，从建筑构配件的制造、运输到现场加工装配，协同治理能够减少各个环节的等待时间，提高项目管理的效益。另一方面，协同化的控制手段也提供了更丰富的建造图景，例如利用建造机器人进行群体性的作业。在未来人类探索极端环境建造甚至深空建造的过程中，智能、自治协同的控制模式将大有可为。

5.3 工程物联网的应用

物联网在工业领域的应用比较广泛，但在建造业的典型应用并不多见，所形成的工程物联网系统也不够完备。本节分别以地铁工程物联网和石化工程物联网为典型案例介绍工程物联网的应用。

5.3.1 地铁工程物联网

目前我国地铁建设处于高峰时期，“十三五”期间，全国地铁投资规模高达3万亿元[88]。然而，地铁施工在国内外都属于高风险生产活动，仅2018年1～2月，广州、成都、佛山等地铁在建工地发生多起重大施工安全事故，造成20余人死亡[89]，经济损失巨大，安全形势严峻。地铁工程施工是一个复杂的“人—机—环境”系统工程，地铁施工现场具有高度不确定性、随机性、多样性，不可避免需要穿越城市内部大量敏感的城建设施和生命线系统，地铁工程物联网的应用主要用于解决地铁施工中安全风险控制难题：①地铁工地农民工占绝大多数，流动性大，安全知识缺乏，不安全行为频发，安全风险预警难；②岩土水文赋存条件随机多样，特别是高承压水（越江跨河）地铁隧道施工中岩土环境风险规律解析与监控困难；③地铁施工涉及大量超大超重机械，地上地下交叉作业频繁，作业风险预警与主动控制困难。针对上述问题，通过建立以工程物联网、BIM技术等为核心的地铁数字工地及安全风险预警系统，提高地铁施工安全风险可感知、可计算、可控制水平，为我国地铁工程安全保驾护航。

1. 应用一：地铁数字工地与安全风险预警系统

根据事故致因理论，施工中物的不安全状态或人的不安全行为将导致安全事故的发生。因此，地铁数字工地与安全风险预警技术目前主要围绕地铁工程结构与环境体的状态智能感知，以及施工现场人员与机械设备等移动目标的行为智能监控两个大的方面。地铁数字工地就是利用工程物联网将施工过程中环境、结构和人的安全信息综合起来进行安全分析判断，及时有效地发布预警信息，第一时间通知现场作业人员采取应急措施，实现安全、感知、控制一体化和实时化[90]。从技术层面看，地铁数字工地与安全风险预警系统可以解析为感、传、知、控四个紧密联系的功能区块，主要分为地铁数字工地智能感知、网络通信传输、信息融合预警三层，具体包括：

（1）地铁工地智能感知。在保障地铁施工安全的过程中，工程物联网主要通过各种类型的传感器对结构状态、环境状态、移动目标行为模式等信息开展大规模、长期、实时的现场监控感知，如图5-10所示，以便能够为上层系统决策提供准确的信息。在地铁数字工地中传感器采集到的安全信息是上层系统决策和处理的基础，主要包括温度、位移、变形、应力、应变等物理参量和空间位置信息，通过传感器、传感节点和汇聚节点采集施工现场信息（包括结构体、工程环境、机械设备、作业人员信息），如图5-11所示。

图5-10　地铁数字工地智能感知
（图片来源：香港理工大学李恒教授团队）

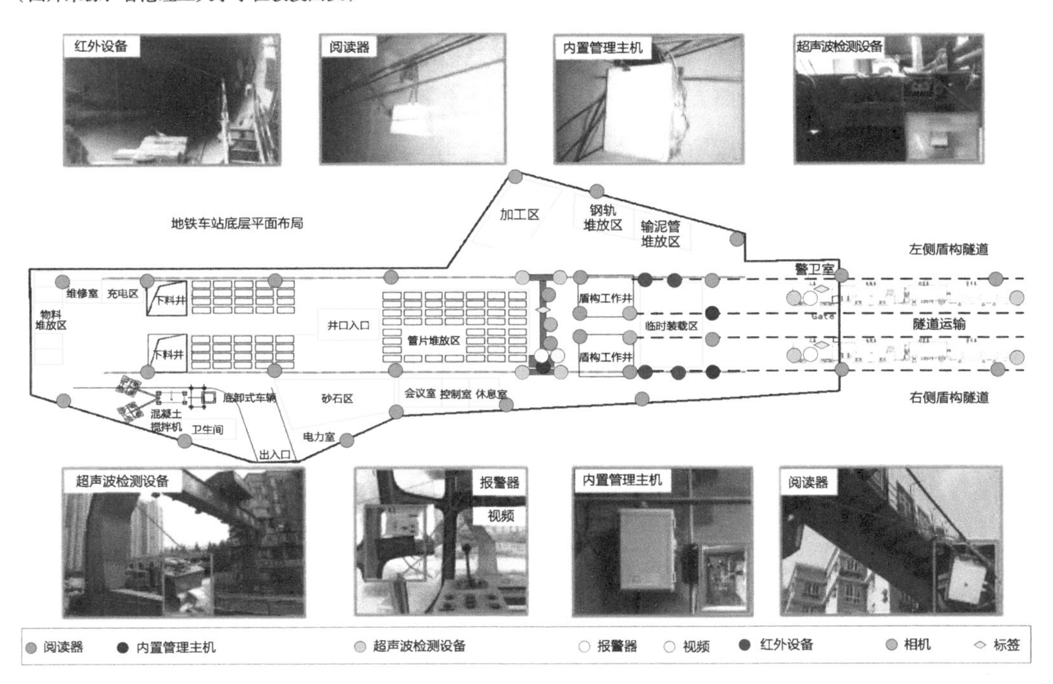

图5-11　地铁数字工地物联网传感器布设方案
（图片来源：华中科技大学数字建造与安全工程技术研究中心）

（2）地铁工地网络通信传输。地铁施工现场实时采集的海量数据必须通过可靠的途径传输至控制中心。为此，需要采用各种通信技术以保证数据采集和传输、人员定位、通信等正常进行。尤其当现场施工大规模开挖，或者地铁车站基坑施工存在的钢结构屏蔽效应，部分通信线路很可能失效，地铁数字工地可考虑路由快速收敛，结合实际需求与网络拓扑结构采用无线多跳路由技术确保通信正常。另外，地铁数字工地由于在某些关键区段出现传感器集中布设，以及地面及井下人员间会有频繁无线通话，而汇聚节点采用Zigbee低速通信技术，如果采用传统存储转发的中继方式很可能出现网络拥塞，可应用基于VoIP的网络编码技术，以增加网路吞吐量，减少拥塞。

（3）地铁工地信息融合预警。地铁施工过程中的安全预警是安全风险事故中控制的重要手段。地铁施工过程中的安全风险时空演化规律与耦合机理难以描述，为了提高安全预警的精度和可靠性，必须最大程度地融合施工现场的安全信息，从而在充分信息条件下进行安全预警，为此，需要建立基于工程物联网的地铁数字工地信息融合预警模型：①通过对地铁施工监测数据及监测误差的统计特性分析，通过表征地铁施工监测数据特点的滤波去噪小波基及小波分解层数的最优选取方法，有效地实现监测数据的去伪降噪；②以监测信息事实表为核心，构建包括时间维、空间维和情境维的多维数据星形模型，建立集成情境的地下工程数据仓库，对施工过程中产生的海量、多源、异构工程信息进行结构化存储，实现监测数据与情境数据的信息关联；③通过模拟专家进行地铁施工警情的人工决策过程，基于实测数据、预测数据及巡视数据，进行多源信息的智能融合与警情决策，实现充分信息条件下的安全预警[91]，如图5-12所示。

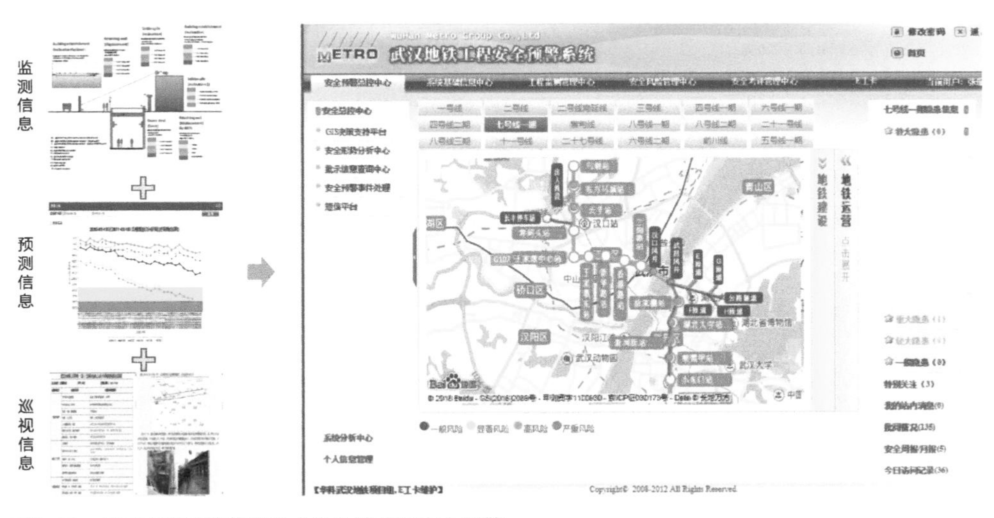

图5-12　基于多源异构信息融合的地铁施工安全预警
（图片来源：华中科技大学数字建造与安全工程技术研究中心）

2. 应用二：越江隧道联络通道冻结施工安全物联网

地铁联络通道是地铁运营防灾中的重要疏散通道。由于我国不同城市修建地铁所处的地下水环境复杂，特别是在越江隧道联络通道冻结施工中，水热力耦合作用机理不清，冻结效果受高水压作用影响，隧道结构、联络通道初期支护和二次衬砌结构受力体系不断发生变化（冻胀、开挖、支护及冻融），一旦发生安全隐患和险情，常会引发不可估计的灾难性后果，如：2003年上海轨道交通四号线越江隧道联络通道因冷冻法失效导致大量泥沙涌入隧道，致使隧道受损报废，造成三幢建筑物严重倾斜，以及防汛墙出现裂缝、沉陷等事故[92]。因此，为了降低越江地铁隧道联络通道施工灾难性事故发生概率，避免严重的人员生命和经济财产损失，施工中迫切需要实时掌握冻土环境与结构的温度、应力和位移等多物理量（场），并能够根据实际工况提供实时的安全状态分析结果，及时有效地采取施工控制和应急措施[93]。

以武汉地铁二号线越江隧道联络通道施工为例，为了满足区间防灾和排水的要求，区间设置3号联络通道及泵房，这是我国长江地铁隧道上第一次采用冷冻法加固+暗挖工法施工的联络通道，也是当时国内最深的江底地铁联络通道，如图5-13所示。该联络通道埋深39m，处于高水头动水层中，采用冻结法施工的冻结帷幕厚度3.1m，分别从左、右线隧道两侧布置内、外圈双排冻结管，其中左线布置冻结孔60个，右线布置冻结孔46个，中部设置穿透孔6个，如图5-14所示。该工程施工难度与风险都很大，主要包括：

1）长江江底高承压水条件下联络通道冻结施工，冻结效果直接关系到工程成败及施工人员的人身安全；

图5-13　武汉地铁二号线越江隧道联络通道
（图片来源：华中科技大学数字建造与安全工程技术研究中心）

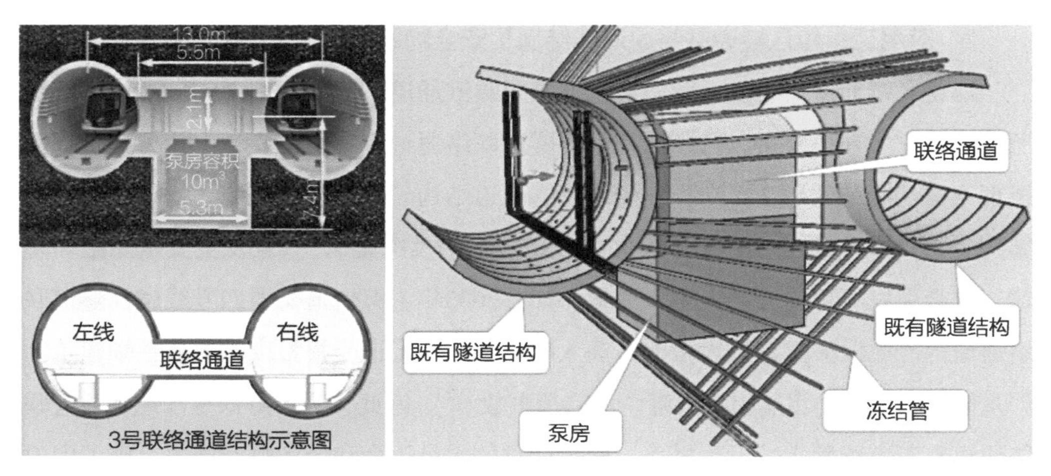

图5-14　越江地铁联络通道冻结帷幕及冻结管布设
（图片来源：华中科技大学数字建造与安全工程技术研究中心）

2）联络通道结构与既有隧道结构受力体系不断发生变化，冻胀、开挖、支护及冻融等各环节影响结构性能和使用安全；

3）紧急状态下施工安全预警信息必须第一时间通知现场施工人员，采取应急措施和处置预案。

针对上述问题，通过建立以光纤传感技术为核心的越江隧道联络通道冻结施工安全物联网，解决了越江地铁隧道联络通道施工中冻土环境与结构安全状态、施工人员行为的实时感知和控制问题。

（1）冻结施工安全物联网设计。将工程物联网技术应用于隧道联络通道冻结施工中，利用光纤光栅传感器（优点：耦合监测、高精度、自动连续、抗电磁干扰、可远距离传输）分别进行水平冻土、联络通道支护结构和既有隧道管片的温度-应变耦合监测，构建基于光纤光栅传感的越江隧道联络通道冻结施工安全物联网，实现高承压水下冻土与结构的多物理量连续实时感知，提高联络通道施工安全信息的采集和传输能力，如图5-15所示。由于施工中现场环境恶劣，可能出现电压不稳、不定时断电、漏水、尘土等意外因素，为了确保在整个施工周期内自动连续采集数据，该工程物联网系统由独立供电系统、数据存储分析系统、数据实时采集系统三大部分组成，并增设防尘防水保护系统。

（2）冻结施工安全物联网安装与调试。由于联络通道钻孔工艺的要求，施工过程必须保证钢管的密封性且不能出现断管，且冷冻管的钻进方法为带水钻进，冷冻管的连接方式为“丝扣+焊接”，故在钻孔过程中必须对传感器、尾纤、跳线接头设置保护夹具，该夹具可将光纤线缆固定在冷冻管内，并使其悬空置于冷冻管中心

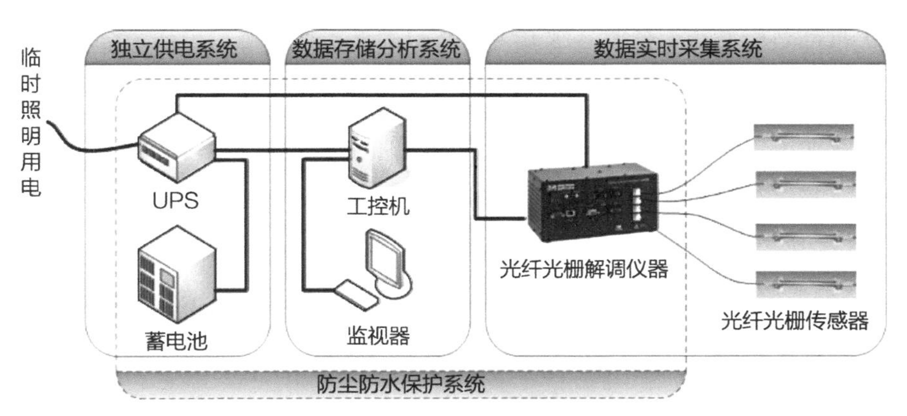

图5-15　越江隧道联络通道冻结施工安全物联网系统组成
（图片来源：华中科技大学数字建造与安全工程技术研究中心）

处，从而在冷冻管焊接和旋转钻进时保护光纤线缆。联络通道支护结构及既有隧道管片结构表面也需要进行光纤跳线接头的保护，以提高传感器的成活率。数据实时采集系统组装时，需要对光纤光栅各通道串联传感器进行编组，每个通道内传感器波长信号数量不能突破上限，同时同一通道内传感器的波长信号必须有足够的变化范围，以防止信号互相干扰。

（3）联络通道人员定位系统及预警装置。越江地铁联络通道埋深大，离两岸风井距离长，采用基于无线传感网络（WSN）与射频识别（RFID）技术建立联络通道人员实时定位系统，如图5-16所示。隧道内沿右线每隔40～60m布置了RFID阅读器共计10个，采用型号为RVVP4@0.5的通信电缆将阅读器进行连接，使得整个信号范围均匀覆盖隧道作业区域。RFID识别卡主要负责对人员实时定位信息进行采集、预处理；然后通过WSN实现RFID阅读器与RFID识别卡之间的信息计算、分析和传输。该系统结合了数据通信、数据处理及图形展示软件等技术，能够及时、准确地将隧道中各个区域人员动态地反映到地面控制中心，使管理人员能够随时掌握

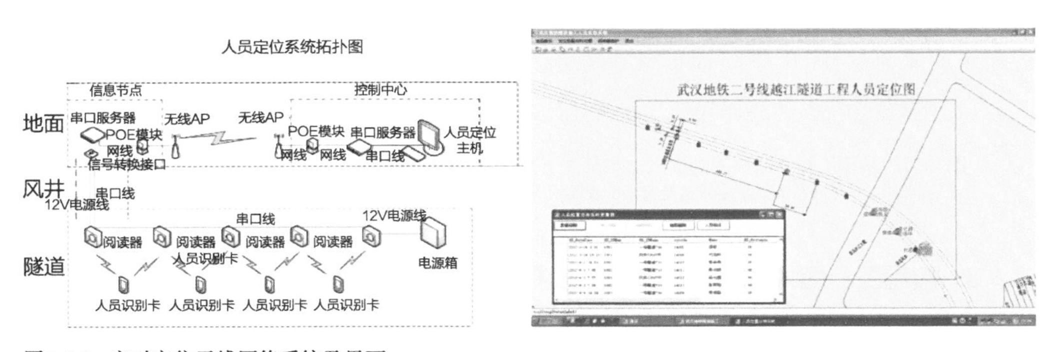

图5-16　实时定位无线网络系统及界面
（图片来源：华中科技大学数字建造与安全工程技术研究中心）

隧道内人员的总数及分布情况，下井、出井时间及运动轨迹，以便更加合理地掌控人员的实时动态信息。同时，便携式智能预警终端上设置有待机状态指示灯和紧急按钮，当作业人员处于安全状态下及阅读器的信号覆盖范围内时，指示灯呈现绿色闪烁状态。当接收到预警信号时，蜂鸣器报警，指示灯呈现红色闪烁，并长时间振动[93]。基于该设备的智能安全帽可以实时接收安全风险预警信号并以声、光、振动等形式进行预警[94]。另外，当现场出现危急状况时，隧道内通过连接RFID阅读器的工地可视化预警装置进行声光广播报警。

（4）冻结施工安全物联网应用效果。该系统成功应用于武汉地铁二号线越江隧道联络通道工程中，该联络通道面临最高水压为4.9bar，所处地层为强渗透性粉细砂层，与长江有直接水力联系，积极冻结历时45d，维护冻结历时20d，顺利保障了该工程如期建设通车。该系统通过建立越江地铁隧道联络通道冻结施工BIM模型，利用实时感知获取的冻土温度、应力和位移数据，采用ANASYS有限元数值模拟计算方法，构建了高水压动水条件下冻结多场耦合模型，获取了不同冻结参数下的温度、应力场、位移场演变机理以及冻结帷幕厚度发展规律，为类似工程建设提供了施工经验，如图5-17所示。

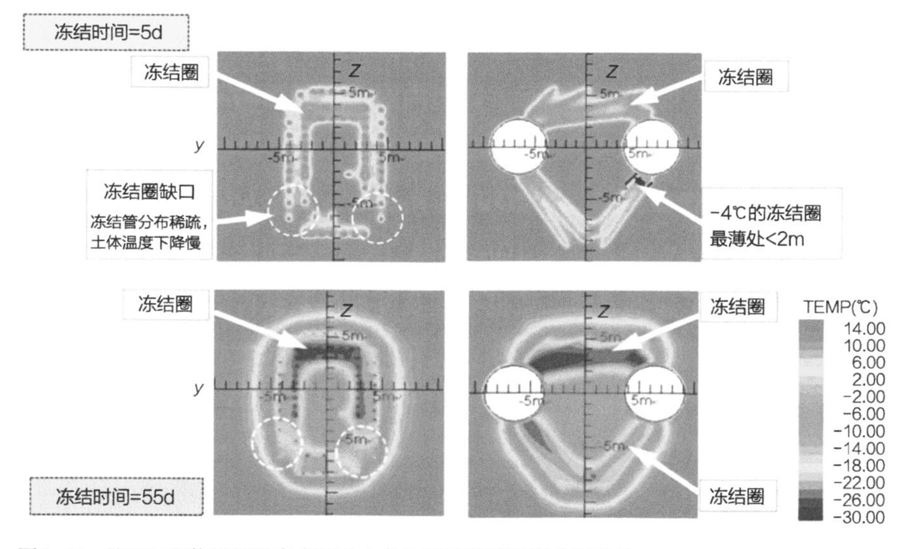

图5-17　基于工程物联网的高水压动水条件下冻结温度场分析结果
（图片来源：华中科技大学数字建造与安全工程技术研究中心）

3. 应用三：超大直径盾构吊装作业指挥系统

起重运输设备是地铁施工现场使用最频繁、交叉作业最多、意外伤害最高的机械。据住房城乡建设部统计，2017年仅起重伤害事故就占到了事故总数的10.40%[95]。

在国际上，由吊装失稳引发的安全事故也极为严重，例如2015年沙特阿拉伯发生起重机失稳事故，造成至少107人死亡，238人受伤[96]。如何保障地铁工程极端工况下（超重、超大、超深、盲区）大型吊装作业的安全性成为国内外急需突破的技术难题。其中，超大直径盾构吊装所面临的主要问题在于：①吊装过程"人—机—环境"高风险耦合作用广泛存在，缺乏安全状态感知能力；②地铁工程施工环境复杂，吊装控制指挥以现场人工为主，缺少可视化平台的支持。因此，工程物联网的应用可以在不改变工序、不影响进度、不干扰施工人员的前提下进行吊装作业实时感知与控制，并有效降低吊装作业失稳、碰撞以及场地结构性破坏风险，具有操作简单、工作可靠、实用性强的特点。

（1）吊装作业"人—机—环境"智能感知传感器。针对超大直径盾构吊装作业"人—机—环境"安全状态数据获取难题，基于工程物联网技术提出了起重机械、操作人员与工程环境的状态感知方法，发明用于吊装作业安全风险监控的便携式智能感知传感器，如图5-18所示，包括：①地铁起重运输便携式智能传感节点及设备，如隧道内超长水平运输车辆防碰撞超声定位传感器、门吊超深垂直运输区域红外侦测传感器、超重超大吊装构件三维姿态传感器、盲区测距传感器、起重运输局域环境传感器等，实现对地铁起重运输失稳风险的实时感知；②通过设计分布式无线多跳路由与同步嵌入控制机制，使得数据处理、存储和智能处理功能一体化，避免了数据传输和运算造成的资源竞争和网络拥塞，提高地铁起重运输中失稳风险感知的泛在性、可靠性与稳定性。相比于传统的视频监控技术，智能感知传感器可以获取吊装过程中的场地温度、湿度、风速和风向等实时数据，以及被吊物体的三维姿态和既有结构之间的距离数据（探测精度厘米级），所设计的装备极具便携性和可操作性，特别适用于超重、超大、超深以及盲区的大型吊装作业极端工况。

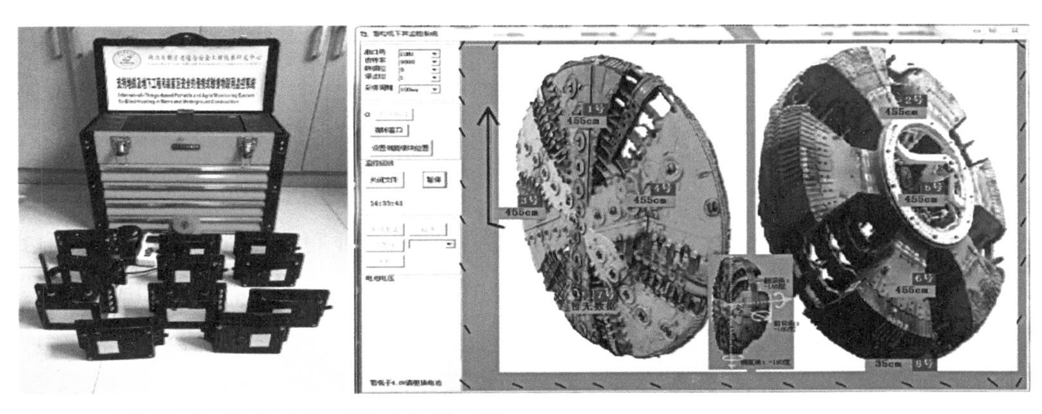

图5-18　便携式智能感知传感器及吊装智能感知系统
（图片来源：华中科技大学数字建造与安全工程技术研究中心）

（2）吊装盲区可视化监控与指挥系统。针对超大直径盾构吊装作业盲区可视化以及复杂吊装场景及实体工程要素的虚实映射问题，基于BIM技术提出了将物理空间中的几何实体工程属性在信息空间中进行全要素自动化建模方法，并将工程物联网实时采集的工程要素的实时状态在虚拟三维模型中进行同步映射，实现了作业状态感知信息的同步更新。通过虚拟吊装模拟，同步对比实景吊装信息与虚拟吊装信息，实现了超大直径盾构吊装作业风险的可视化分析及远程指挥[97]，如图5-19所示。

图5-19　吊装盲区可视化监控与指挥
（图片来源：华中科技大学数字建造与安全工程技术研究中心）

（3）超大直径盾构吊装作业指挥系统应用效果。该系统成功应用于武汉长江公铁隧道超大直径盾构刀盘吊装施工中。该项目盾构刀盘直径为15.76m，吊装过程中需要将重达550t的刀盘吊入44m深的井底，同时被吊刀盘与周边井壁的最近距离仅有20cm。通过该系统的应用，实现了地下盲区下的超大直径盾构刀盘的高精度就位，成功保障了整个吊装施工的顺利完成，单侧刀盘吊装作业仅耗时6h。该项目被中央电视台《超级工程Ⅱ》报道，并获得2017年香港建造业议会创新奖国际大奖。

5.3.2　石化工程物联网

1. 应用场景

近年来，我国石油化工行业正在进行炼油结构及产业布局的深度改革。仅2017年，中国石化集团就有34个重点装置建成投用，同时还完成了367套老旧装置的大修及改造任务[98]。不同于一般的土建项目，石化工程建设项目具有设备工艺种类多、技术工种密集、生产与施工同时进行等诸多特点，这也使得现场安全管理难度大、事故偶发性高。作为石化企业管理的核心方法，HSSE（健康、生产安全、公共安全、环境）制度对石化工程建设项目的管理起到了积极的促进作用。然而，随着工程体量、数量的逐步增大，一些典型的管理问题也突显出来，主要包括：①人员监管手段不足，尤其缺少对于技术工种的审查及考核方式；②现场风险控制滞后，难以主动隔离施工有害能量并实时控制。

针对上述问题，武汉石化在HSSE管理业务的基础上，通过工程物联网技术建立了石化工程施工安全智能管理系统，以实现项目人员的智能监管以及施工风险的主动控制，同时为现场人员资质审查、培训管理、行为指引及许可管理、施工检查与评价等业务提供服务。

2. 基于人脸识别的石化施工智能安全管理

石化工程建设项目包含焊工、起重工等至少22种不同类型的作业人员，其中涉及高危作业的特殊工种高达13种，这也意味着现场人员的行为直接决定了项目安全管理成效。在传统的业务模式中，现场人员管理主要依赖于第三方监管，并通过纸质作业票的方式进行入场许可管理。然而，在实施过程中，常常由于监管人员的疏忽，纸质作业票的遗失及转交，上述方式难以起到实际的管理效果。因此，该系统基于人脸识别技术建立了石化施工智能安全管理的新模式，主要包括：人员电子档案的建立、电子作业票管理、入场许可和预警管理，以及安全考核再教育。其中，人脸识别技术被用来支持复杂施工场景下入场人员快速身份识别，并通过工程物联网系统的统计、分析与控制，实现了石化工地现场人员状况的在线智能安全评价。

（1）参建人员“电子档案”的建立。电子档案的建立是项目人员系统化管理的第一步。在石化工程人员管理中，该系统提供了：人员身份、培训状态、作业资质、组织单位、劳务行为等信息的一体化管理服务，信息管理界面如图5-20（a）所示。一方面，电子信息为现场人员安全管理提供数据支撑，例如为人员进场管理人脸识别提供数据库对比样本；另一方面，电子档案的建立真正实现了工人实名制管理，对减少劳务纠纷、保障工人权益、培养高素质的石化产业工人具有积极的促进作用。

（2）施工人员“电子作业票”管理。作业票主要针对石化工程施工过程中动火作业、高处作业、起重作业等8种高危作业行为，对当天施工人员进行授权许可，是现场工人的“第二重身份”。相比于传统纸质作业票，电子作业票不仅实现了人员作业信息的痕迹管理，更重要的是做到了作业许可信息的可查询、可跟踪、可追溯。除此以外，系统还将电子作业票与其相关的作业区域以及对应的管理人员进行绑定，同步对管理人员的履职行为进行在线查询与监督。电子作业票的录入界面如图5-20（b）所示。

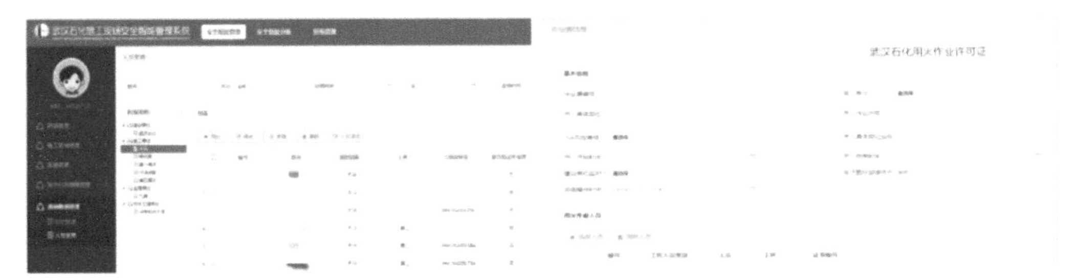

（a）人员信息及组织架构管理界面　　（b）电子作业许可录入界面

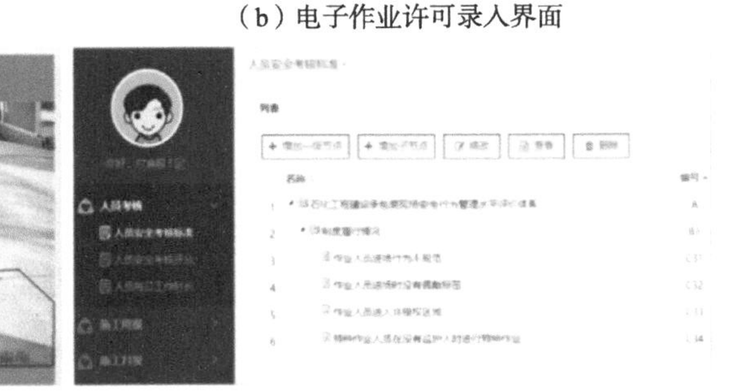

（c）人员进场管理界面　　（d）人员考核管理界面

图5-20　基于人脸识别的石化施工智能安全管理
（图片来源：华中科技大学数字建造与安全工程技术研究中心）

（3）入场实时许可及预警。系统提供工地现场多人进场时的实时作业许可及预警服务，保证经过培训的工人才能进入工地现场。在实施过程中，现场摄像头通过有线网络将人员进场的视频流信息传输到系统后台，依赖于内嵌的人脸识别算法实现进场人员照片与数据库图片的快速比对及身份识别，图5-20（c）显示了现场的抓拍界面。当有非授权人员进入工地现场时，系统会自动进行声光警报，从而提醒管理人员及时制止非授权人员进场，相应的违规进场行为也会被记录。同时，为保障该项管理功能在复杂室外条件的应用效果，自主研发了参建群体进场身份快速识别方法，其通过人员时间序列的建立降低了漏报警、多报警、误报警的概率，提高了系统的实用性。

（4）安全考核及再教育。在石化工程HSSE管理评价标准的基础上，系统实现了对于参建人员安全考核结果的智能推送，为项目人员管理提供依据，界面如图5-20（d）所示。其中，当出现不规范人员进场行为（包括未佩戴标签、着装不规范等）、非许可人员进入某作业区域、特种作业人员在没有监护人的情况下作业时，系统会根据管理评价标准对前端传感数据所反馈的不安全行为进行记录。对于扣分不达标的工人，系统会禁止该人员进入作业现场，只有当工人完成再教育培训时方能继续作业。同时，系统支持管理周报及月报的导出，为现场承包商安全管理水平评比、工人安全意识考核提供依据。

3. 基于BIM的石化现场作业风险能量隔离

石化工地现场是危险能量的聚集地，如何建立有效的安全屏障是施工风险控制的关键。物理屏障如：围挡、栏杆、安全网等，是使用最为频繁的能量隔离手段。但是，物理屏障的局限性也十分明显，主要在于：易被人为破坏及翻越；安装布设耗时费力；难以主动预警响应。因此，该系统基于BIM技术建立石化工地现场作业风险能量隔离及主动控制方法，主要包括：数字工地的可视化呈现及自动更新、人员劳务状态的查询与提醒、高风险作业区域管理、高风险作业方案的制定。其中，BIM技术被用来支持现场实时风险的快速识别，定位技术用于采集人员实时的轨迹信息，最终通过电子围栏的绘制隔离危险能量与人员之间的状态，达到施工风险主动控制的目的。

（1）数字工地可视化管理。建造活动是一个时空变化的过程，工地现场的结构状态、周边环境状态随着施工的进展不断演化，这也使得风险区域时刻在变化。因此，为了更好地识别现场风险，该系统通过BIM模型信息与进度信息的关联实现了数字工地模型的自动生长，如图5–21所示。其中，已完成的结构通过本色显示，正在施工的结构通过蓝色半透明显示，计划施工的结构通过黄色半透明显示。在实时的数字工地模型的基础上，系统提供了现场风险识别，施工进度关键线路在线管控、查询等管理业务，同时为项目决策提供可视化的操作界面，包括：现场实时可视化管理以及领导决策支持管理（图5–22）。

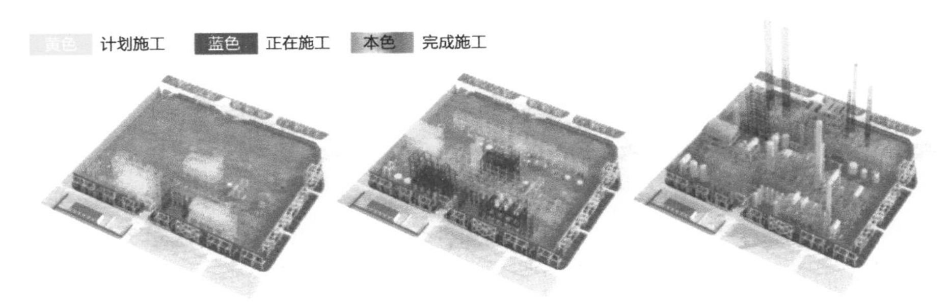

图5–21　数字工地BIM模型生长过程
（图片来源：华中科技大学数字建造与安全工程技术研究中心）

（a）实时可视化管理　　　　（b）领导决策管理

图5–22　基于数字工地模型的实时可视化管理和领导决策支持
（图片来源：华中科技大学数字建造与安全工程技术研究中心）

（2）人员劳务状态的查询与监控。在BIM模型及定位技术的基础上，系统提供了人员劳务状态管理服务，主要包括：①参建人员位置信息的实时跟踪及历史轨迹查询，同步关联作业人员的身份信息、工种信息以及单位信息；②现场人员的分色显示与管理，涵盖施工单位、监理单位、业主方等施工及管理人员；③劳动强度监控与时间提醒。

更重要的是，在上述功能的支撑下，人员劳务状态监控起到了主动引导并控制现场人员远离高危作业区域的作用，同时让合适的人出现在正确的位置，避免交叉作业、长时间作业等状况给工人身体及健康带来的伤害。管理界面如图5-23所示。

（a）现场人员信息查询

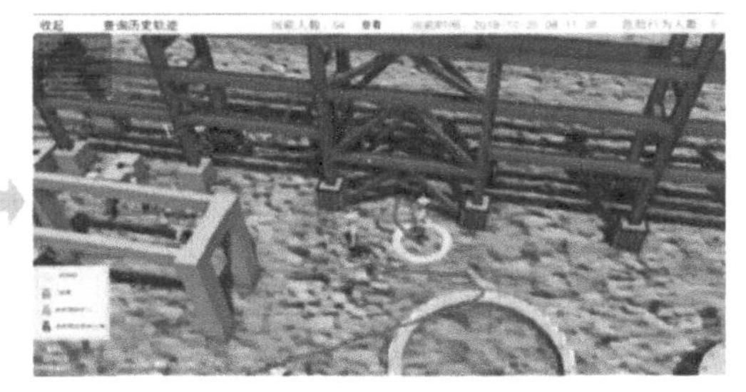

（b）现场人员实时位置跟踪

图5-23　现场人员信息查询及实时位置轨迹跟踪
（图片来源：华中科技大学数字建造与安全工程技术研究中心）

（3）危险区域电子围栏管理。该系统在BIM数字工地的基础上，实现了危险作业区域的管理及其电子围栏的自定义绘制，其管理价值在于通过电子安全屏障的设定对现场人员与危险源进行能量隔离，达到现场作业风险主动控制的目的，如图5-24所示。在实施过程中，非该区域内作业许可人员进入电子围栏时，系统会自动报警并提醒该区域监理进行越界行为的管制。例如：起重作业中，司索工等相关管理人员允许进入该吊车作业区域，而其他工种误入该区域时系统将会报警并记录其不安全作业行为。

（4）高风险作业方案的制定。针对石化工程大型设施吊装等高风险作业行为，系统支持参数化的吊装方案的制定。图5-25展示了某石化工地超大塔体吊装方案，包括吊装设施的介绍、设备进场过程仿真、吊装风险分析、实时参数化仿真以及疏散模拟。相比于传统二维平面方案，基于BIM的吊装方案不仅能够更好地辨识空间风险，还能模拟整个施工工序从而指导工人作业。除此以外，该系统所支持的吊装仿真内嵌了起重机运动学模型，对吊装位姿可进行同步计算，当出现异常的作业姿态时，现场监管人员可以主动对风险进行控制。

（a）危险区域绘制

（b）电子围栏监控

图5-24　危险区域绘制及人员越界行为监控

（图片来源：华中科技大学数字建造与安全工程技术研究中心）

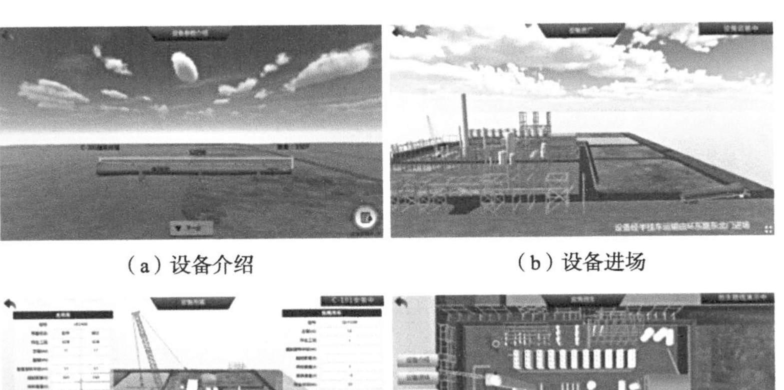

（a）设备介绍　　（b）设备进场

（c）数字吊装界面　　（d）疏散路径模拟

图5-25　超大塔体吊装参数化仿真模拟

（图片来源：华中科技大学数字建造与安全工程技术研究中心）

CHAP

6

第 6 章

大数据驱动的工程决策

社会经济发展进入新的数据时代，通过数据分析为产品和服务提供增值在许多行业已成为现实。大数据还改变着政府的治理方式，影响到我们的日常生活。

毫无疑问，数字建造将积累大量数据，这些数据不仅包含基于模型的工程产品、工程物联网等生产过程产生的数据，还涉及企业经营与管理数据。本章探讨如何利用大数据进行工程决策，包括行业治理、企业管理、施工管理，以及大数据与人工智能结合的应用。

6.1 工程大数据及其价值

从工程大数据中提取知识、预测未来、提高决策效力，需要了解工程大数据的特征、类型、分析方法，以及工程大数据应用蕴含的价值。

6.1.1 工程大数据的特征

“大数据”的概念始于20世纪90年代，最早可追溯到apache.org的开源项目Nutch[99]。当时，大数据主要指更新网络搜索索引所需要处理和分析的大量数据集。近10年来，大数据逐渐引起广泛关注和重视，《自然》杂志于2008年出版的大数据专刊*Big Data*和《科学》杂志于2011年出版的大数据专刊*Dealing with Data*均强调大数据的机遇与挑战。大数据涉及面极广，包括物理学、生物学、环境生态学、金融学以及军事领域、通信领域。

那么，何谓大数据？可从两方面理解：

一方面指数据量大，且超出了常规计算设备的处理能力。麦肯锡公司认为大数据是指无法在一定时间内用传统数据库软件工具对其进行采集、存储、管理和分析的数据集合[100]。我国《促进大数据发展行动纲要》中指出，大数据是“以容量大、类型多、存取速度快、价值密度低为主要特征的数据集合，正快速发展为对数量巨大、来源分散、格式多样的数据进行采集、存储和关联分析，从中发现新知识、创造新价值、提升新能力的新一代信息技术和服务业态”。

另一方面指处理数据的过程复杂。国际数据公司（International Data Corporation，IDC）将大数据描述为一个复杂的动态过程。大数据本身不仅是一个固定的主体，更是一个横跨很多信息技术边界的动态活动。

以工程为载体的工程大数据，可以理解为在工程项目全生命周期中利用各种软硬件工具所获取的数据集，通过对该数据集进行分析可为项目本身及其相关利益方提供增值服务。

工程大数据具有四个显著特征：

（1）体量大：工程项目数据随着项目的不断推进，其体量将迅速增长。据测算，一个普通单体建筑所产生的文档数量就达到了10^4数量级。另外，国内很多城市为了提升交通管理、社会治安、环境保护能力，铺设了大量摄像头、线圈等硬件设施。据测算，一个城市的全部摄像头每天记录的视频数据量相当于1000亿张图片。如果一个人要全部看完这些视频，则可能需要超过100年的时间[101]。

（2）类型多：工程大数据由各种结构化、半结构化以及非结构化的数据构成。结构化数据也称作行数据，其可以通过交换或解析存储在关系型数据库中，并能用二维表结构进行逻辑表达。结构化数据的特点是数据以行为单位，即一行数据表示一个实体的信息，如建筑产品的几何尺寸、质量、成本等。非结构化数据不具有规则或完整的结构，即没有预定义的数据模型，且难以用二维表结构进行逻辑表达。非结构化数据一般是由无结构的自然语言描述的文本数据、图片、音频、视频等构成，无法通过计算机直接解析出其内容，且在数据库中的检索会遇到困难。半结构化数据介于结构化数据和非结构化数据之间，数据的结构和内容融在一起，没有明显的区分，如施工日志等。结构化数据与半结构化数据的最大区别在于，结构化数据的结构是固定的，即先有结构后有数据。而半结构化数据是先有数据，再根据数据的属性调整数据的结构。大部分的工程信息保存在半结构化和非结构化数据文件中，结构化数据文件往往只占整体数据量的10%～20%。

（3）管理复杂：工程建设具有较大的不确定性和复杂性，这也导致了工程数据的快速更新与迭代。考虑到数据收集、集成和共享往往会涉及知识产权和管理权限等问题，用户权限管理是必要的工作。同时，工程数据之间的关系和结构非常复杂，如施工过程中产生的变更会带来项目进度、成本和其他相关数据的变化。因此，高效的数据处理和版本控制有助于将实时数据结合到业务流程和决策过程中。

（4）价值大：工程大数据能够通过规模效应将低价值密度的数据整合为高价值密度的信息资产。比如在盾构施工过程中，通过搜集掘进参数数据与地层变形参数数据，分析盾构掘进与地层变形之间复杂的规律性关系，从而有效预测复杂条件下地层变形，防止地面隆起或坍塌事故。

6.1.2 工程大数据的应用流程

工程大数据的应用流程一般分为数据采集、数据存储、数据分析、数据可视化，如图6–1所示。

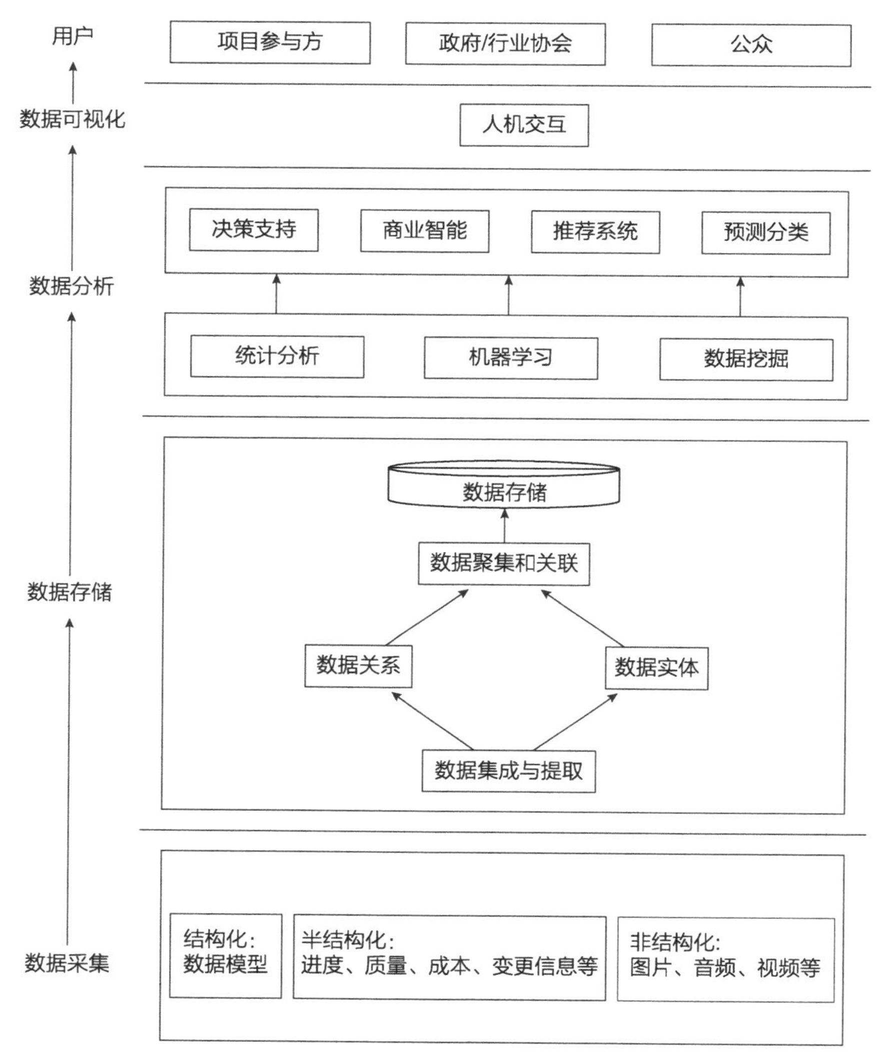

图6–1 工程大数据应用流程

1. 数据采集

数据采集指从不同数据源（如施工机械、现场环境等）获得相应的数据，例如通过物联网、互联网等方式采集各种类型的海量数据，包括施工进度、机械作业状态等。准确的数据测量是数据采集的基础。采集的数据可以是模拟量，也可以是数字量。另外，采集的数据大多是瞬时值，但也可以是某段时间内的均值。

2. 数据存储

数据存储指对采集到的数据进行保存，以便将来能够对数据进行检索或使用。数据存储可分为两种方式，即文件系统和数据库系统。文件系统是把数据组织成相互独立的数据文件，负责文件存储并对存入的文件进行保护，实现了文件记录内的结构化——即明确文件内部各种数据间的关系；数据库系统是在文件系统的基础上发展而来，主要用于管理数据库的存储、事务以及对数据库的操作，保证数据可以被多个用户、多个应用共享使用，从而减少数据冗余。结构化数据一般采用关系型数据库系统存储，而半结构化、非结构化数据可以采取文件系统或非关系型数据库系统存储。

3. 数据分析

工程大数据的价值产生于分析过程，因此数据分析是工程大数据应用中最重要的一环。数据分析是指根据不同应用需求，从海量的存储数据中选择全部或部分数据进行分析，从而挖掘出有价值的信息。数据分析一般包括数据预处理、数据建模和模型应用，这些环节可借助开源或商业工具如Hadoop、Spark、Storm等完成。

4. 数据可视化

数据可视化指把数据通过直观的可视化方式展示给用户。数据可视化可以依靠开源可视化工具如R Shiny、JavaScript的D3.js库等，也可以定制具有特定功能的工具以满足不同可视化需求。数据可视化需同时考虑美学形式与功能需要，使关键数据与其特征能够被清晰地展现，从而实现对复杂数据集的洞察。

6.1.3 工程大数据分析方法

工程大数据分析离不开统计分析、机器学习、数据挖掘等分析技术。统计分析是从统计的角度出发，发现数据中包含的规律；机器学习强调学习能力，即机器在各种算法的指导下具备学习能力；数据挖掘则强调从海量数据中发现有价值的信息。但是，这些分析技术在处理工程大数据问题时需做出一定的调整，例如在数据处理实时性和准确率之间取得平衡。以下介绍四类大数据分析方法。鉴于机器学习特别是深度学习为人工智能研究提供了有效途径，在大数据分析中具有独特的优势，本章第5节将专题介绍工程大数据与深度学习。

1. 回归

回归是一种对数值型连续随机变量进行预测和建模的监督学习，即用函数拟合点集。常见的回归方法包括线性回归、回归树、最近邻算法等。线性回归使用二维或多维超平面拟合数据集；回归树通常使用最大均方差划分节点，每个节点样本的均值作为测试样本的回归预测值；最近邻算法通过搜寻空间内最相似的训练样本，判断新观察样本的取值。

2. 分类

分类是根据数据集的特点构造分类器，从而把位置类别的样本映射到特定类别。常见的分类方法包括Logistic回归、分类树、支持向量机、贝叶斯网络等。Logistic回归通过Logistic函数对模型截距和系数进行估计，将单个参数的质量统计和模型当作一个整体，并将预测映射到0～1之间，即某个类别的概率；分类树使用信息增益或增益比率来划分节点，每个节点样本的类别情况投票决定测试样本的类别；支持向量机（Support Vector Machine，SVM）依靠线性或非线性的核函数（Kernel）或者转换，将数据映射到高维空间并分为均匀的子群；贝叶斯网络包括一个有向无环图（Directed Acyclic Graph，DAG）和一个条件概率表集合。DAG中一个节点表示一个随机变量，节点间相互关系由有向边表示，关系强度则由条件概率表示，能进行不确定条件下的分类推理。

3. 聚类

聚类是基于物理或抽象对象集合的内部结构，将其分为由类似的对象组成的多个集群。常见的聚类方法包括K均值聚类、AP聚类、DBSCAN聚类等。K均值聚类从数据中选出K个点代表聚类的中心，并通过计算剩余样本到聚类中心的几何距离，划分各集群；AP聚类利用两个样本点之间的图形举例，确定集群；DBSCAN聚类通过样本点的密集区域确定各集群。

4. 降维

降维是对模型参数进行简化，其主要目的在于保证模型的有效性，减少模型的复杂性，同时去掉数据集夹杂的噪声，增强数据的可解释性。常见的降维方法包括特征提取和特征选择。特征提取是将原始的多个特征合成为较少的新特征；特征选择是选择重要的特征子集用于模型的建立，同时忽略其他的参数。

6.1.4 工程大数据应用的价值与挑战

工程建设过程中会产生大量的工程环境数据、工程要素数据、工程过程数据和工程产品数据。对工程环境数据和工程产品数据进行分析可以服务工程全产业链的一体化设计；对工程过程数据和工程环境数据进行分析可以实现精确感知的数字工地；对工程产品数据和工程要素数据进行分析可以为工程运维、行业治理等提供支持。

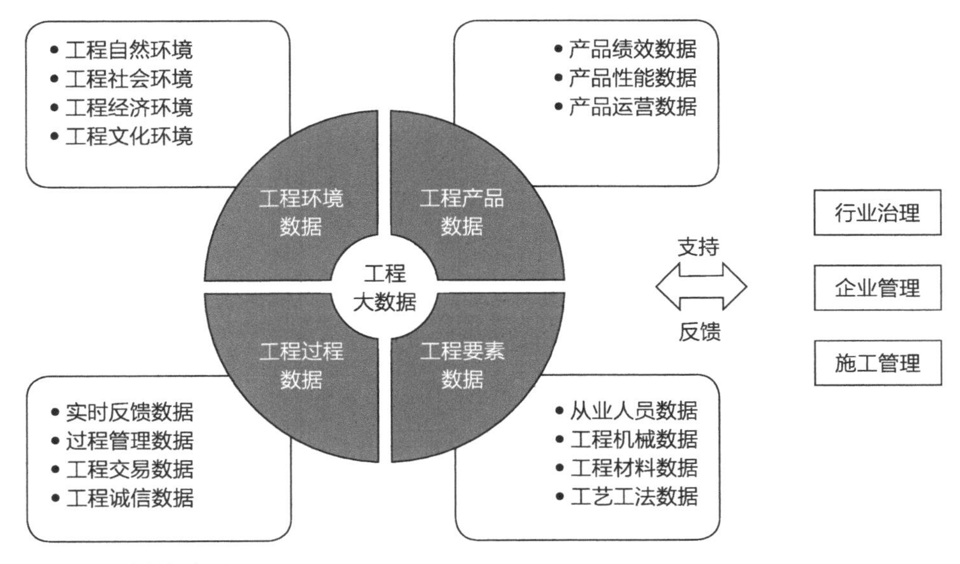

图6–2 工程大数据应用

通过对海量工程数据进行高效学习，挖掘规律，从而提供智能决策支持（图6–2）。具体表现在三个方面：

一是提高项目各阶段协同工作的效率。在建筑设计与施工的各个阶段，各参与方使用相同的数据模型，减少了各参与方之间交流沟通的障碍，进而提高工程建设各阶段协同工作的效率。

二是辅助工程建设各阶段的决策。在新的项目中可使用积累的数据辅助决策，从数据中提取知识、预测未来，有利于工程优化、风险控制、项目管理等。

三是推动建筑产业转型升级。工程大数据为建筑业拓展生产性服务，为消费者提供高品质的“产品+服务”，实现从产品建造到服务建造的转型升级。

工程大数据在工程智能决策中已有一些成功案例。除本书第1章提到的Smartvid、Cape Analytics和Konux公司外，美国北卡罗莱纳州立大学、马里兰大学和AECOM联合研发的桥梁综合健康监测系统，其主要收集和利用四类数据，分别是桥梁影像视频数据、桥梁结构监测数据、桥梁交通通行数据和桥梁设计建造数据，为马里兰州317座桥梁提供远程、低功耗的实时监控、性能退化早期诊断和预警服务。华中科技大学数字建造与工程安全团队从2015年起，通过自主研发的地铁施工安全风险控制系统，采集了300余个地铁工地设计阶段CAD图纸/BIM模型、施工日志，环境、结构监测数据，进度跟踪照片，隐患排查照片和相应监控视频等。每年收集非结构化数据超过1500TB，结构化数据超过50万条，并进行基于CAD图纸/BIM模型数据的设计审查、施工现场安全巡视、监测数据采集与分析、专家诊断及预警等服务。另外，针对重点工地，通过采集到的工程数据支持结构体、环境、机械安全状态和人员安全行为的实时监控预警。Building Radar公司已经搜集了超过300万个建筑物的数据，并且正在以每月5万个的数量增加。这些数据除了建筑类型和精确的地理位置，还包括具体的施工进展，甚至是建筑的楼层、面积等。

总体而言，在国内外建设工程领域，工程大数据已成为推动工程技术和服务创新的要素。但是，工程大数据的技术发展和应用还面临着挑战。

一是数据浪费。我国国民生产生活产生了庞大的数据量，但被妥善储存的数据量只有日本的60%、美国的7%[102]。同时，存储的数据并未得到有效利用。IDC的数据显示，我国目前的数据利用率不足0.4%，大量数据仍未发挥其应有的价值。

二是数据孤岛。实现数据增值的一个重要前提是开放。但是，对于建筑业而言，工程大数据在行业中散落在各个不同的政府部门、施工现场等。但政府和企业的数据往往是封闭的，所形成的数据孤岛使得数据增值难以实现。

三是数据集不完备。建设工程中存在许多互相关联的因素，若要揭示这种关系并发现规律，必然需要相应的数据来支撑。虽然部分因素有庞大的观测数据，但很多关键因素由于工程现场条件、监测成本等原因往往缺失，因而限制了数据的应用价值。

6.2 工程大数据在行业治理中的应用

2015年，国务院办公厅发布《关于运用大数据加强对市场主体服务和监管的若干意见》，要求“充分运用大数据先进理念、技术和资源，加强对市场主体的服务和监管，推进简政放权和政府职能转变，提高政府治理能力”。工程大数据为建设主管部门的政策制定和评估，以及对施工单位、设计单位等市场主体的行为治理提供了重要支持。

6.2.1 工程交易行为评估

许多城市陆续实行工程招标、投标、开标和评标的全过程数字化。在这个过程中，建设主管部门可以依据产生的海量交易数据科学地评估各项工程交易行为，从而推动行业的规范和可持续发展。

例如，政府为了评估招标人自主择优定标权的改革实施效果，可以对海量交易数据进行时间序列分析。时间序列是指将同一统计指标的数值按其发生的时间先后顺序排列而成的数列。时间序列的构成要素通常包含变化趋势、周期变化和随机变化等。针对招投标政策改革实施效果的时间序列分析，可以把能够反映采购效益的企业中标率和中标金额下浮率作为分析指标，并对这两项指标建立时间序列模型。然后，根据建立的模型预测拟合出若没有实施评定分离政策时各指标的时序趋势曲线，并与实际观测值进行对比，从而定量评估政策实施的效果。和传统政策评估方法如同比、环比等统计方法相比，通过对工程大数据的时间序列分析，提升政策制定和实施的精准性与有效性，解决了诸如评估结果滞后和片面，不利于及时调整和优化政策等缺陷。

除了对招投标政策的评估，工程大数据还可用于治理围标串标等违法行为。围标串标指投标人为中标而与其他投标人串通，或是投标人与发标人、代理机构串通，通过限制竞争来排挤其他投标人，从而谋取利益的手段和行为。围标串标扰乱了正常的市场运行秩序，损害了其他相关方的合法权益，甚至导致腐败问题频发、国有资产流失等严重后果。

基于行为的识别方法有助于治理围标串标行为。例如，采用社会网络分析工具，在海量法人信息、项目信息、交易信息、资金信息等工程大数据的基础上建立相应检测模型，还原并捕捉市场交易中的围标人和陪标人。社会网络是由许多节点（可代表个体或组织）以及节点间关系所构成的网络结构（图6-3）。在围标串标行为中，多个投标人为了实现中标，需要经过长期磨合，形成较为稳定的同盟。社会网络分析选取一定时间区域内的招标投标交易数据作为研究对象，数据范围涵盖整个建设工程领域，每条交易数据包含招标人、招标代理、投标人、评标办法、报价、中标情况、地区属性、企业资质属性等多个指标。在此基础上，以每个投标人作为节点，投标人共同参与投标的次数作为投标人之间的合作关系权重，计算出招投标关系

图6-3 社会网络分析

加权网络，得到该网络的关联矩阵。通过分析各投标人的投标参与度和合作关系，可以发现一些指标异常的节点，即为专业陪标户。这种通过社会网络分析的方法可以清晰展示交易行为数据背后的行为规律，暴露招投标过程中的不正当企业合作关系，证明围标串标行为。分析结果为政府监管部门营造规范的市场环境提供了可靠的线索依据。

6.2.2 施工质量诚信评价

施工单位是建筑产品的生产者和施工过程的直接参与者，其行为直接影响建筑市场的秩序和人民生命、财产的安全。住房城乡建设部对施工单位的诚信问题给予了极大重视，并于2007年发布了建筑市场诚信行为信息管理办法。施工单位在工程质量方面的诚信行为是各方关注的重点。由于工程质量问题的隐蔽性和分散性，施工过程中的监控数据通常无法被客观记录，因此基于工程质量的诚信指标缺乏数据基础。此外，当前各地施工单位质量诚信评价体系的建立主要依赖于专家经验，不同地区的评价指标其内容和侧重各不一致，难以给予施工单位客观的诚信评价。

工程大数据为建筑市场良好信用环境的建立提供了新的动力。例如，基于CPP（Component-process-participant）结构数据模型和图片采集技术的E旁站系统不仅解决了人工跟踪和记录质检结果耗时、耗材、耗力的缺陷，还实现了施工过程中工序管理和人员管理的统一，以便及时发现工程质量不良行为并追责到人（图6-4）。相互关联的建筑构件信息、现场作业人员信息和工序质量信息构成了工程大数据中有关工程质量的主要部分。

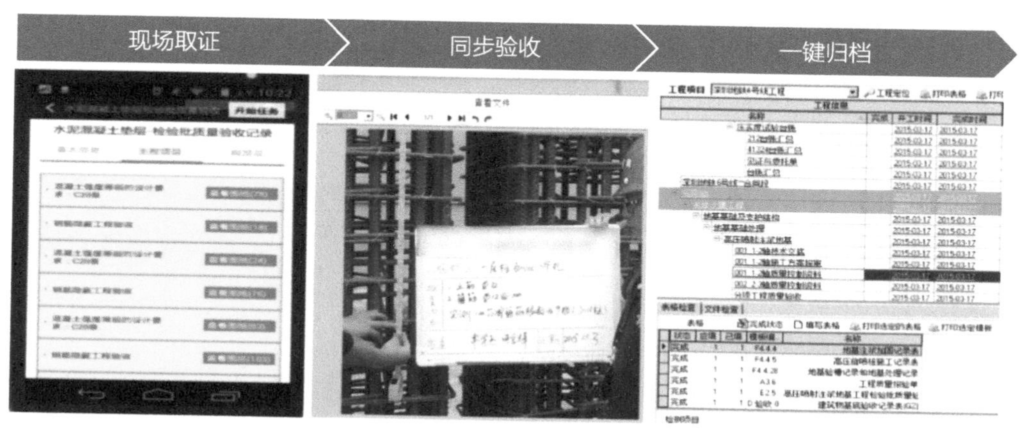

图6-4 E旁站系统（包含施工统一用表，实现高效取证、验收和归档）

相关政府主管部门通过对地区内有关工程质量的大数据进行分析，利用判别分析法对这些工程大数据进行数据挖掘，从而准确地抽取诚信评价的关键指标；利用主、客观综合赋权法，进一步确定关键诚信评价指标的权重。该判断结果不仅考虑了专家经验，还考虑了原始数据之间的关系，因此能得到更客观的评价体系。通过对地区内各施工单位的诚信评价分数进行实时计算，分类统计企业每日/月/季/年度的诚信评分评级、每类信用行为的评分评级、每个项目的质量评分评级、各地区项目诚信评分评级等，从而有效实施质量监管的差异化管理。这种基于工程大数据建立质量诚信评价体系的方法可以有效促进行业主体的自律与自治，促进行业的透明公开。

6.3 工程大数据在企业管理中的应用

建筑企业在工程建设过程中，能积累涉及企业管理的工程大数据。将工程大数据用于企业管理，可以帮助企业了解其自身经营状况、业绩排名、竞争力水平、信用级别等信息。建筑企业基于大数据分析结果可以针对性地解决管理中存在的问题，降低企业经营风险。

6.3.1 企业战略

企业战略在企业管理中起着导向作用，即明确企业的经营方针、投资规模和远景目标等战略内容。建筑企业需要通过系统性规划，将企业战略分解为下属企业战略和专业部门战略。下属企业战略是企业独立核算经营单位或相对独立的经营单位，遵照决策层的战略指导思想，通过侧重市场与产品的竞争环境分析，对自身生存和发展轨迹进行长远谋划。专业部门战略则更侧重对本专业领域的长远目标、资源调配等战略支持保障体系进行总体谋划，如人力资源战略、资金支持战略等。战略决策问题往往属于非结构化决策问题，即决策过程和方法没有固定的规律和通用模型可遵循。在动态不确定的市场环境中，企业管理人员仅凭自身经验和个人偏好已无法快速制定恰当的战略决策。因此，企业战略需依靠工程大数据以减少战略决策风险。

建筑企业战略决策所需要的数据主要包括国内外政治和经济环境数据、行业发展数据以及企业内部积累的历史数据等。建筑企业为了实现发展基础设施业务的目标，可以从市场订单、人力资源、资金支持、设备材料等维度进行目标分解，对各分项决策进行分析。以分析人力资源缺口为例，企业可以收集人员招聘和人才培养的历史数据，判断为实现业务发展目标所需要的人才储备和实现该人才储备的概率。在完成初步分析后，企业可以建立决策树模型，以各分项为叶节点，分析并预测各分项决策组合下，实现业务发展目标的概率。由于单棵决策树在面对复杂问题时精度不高，容易出现过拟合，因此可以采用随机森林来提高分析精度。随机森林利用Bootstrap重抽样方法从原始数据抽样，然后对所有抽样进行决策树建模，继而组合各预测情况，通过投票得出最终预测结果（图6-5）。建筑企业在业务发展目标实现概率预测的基础上，可以做出及时的战略调整。

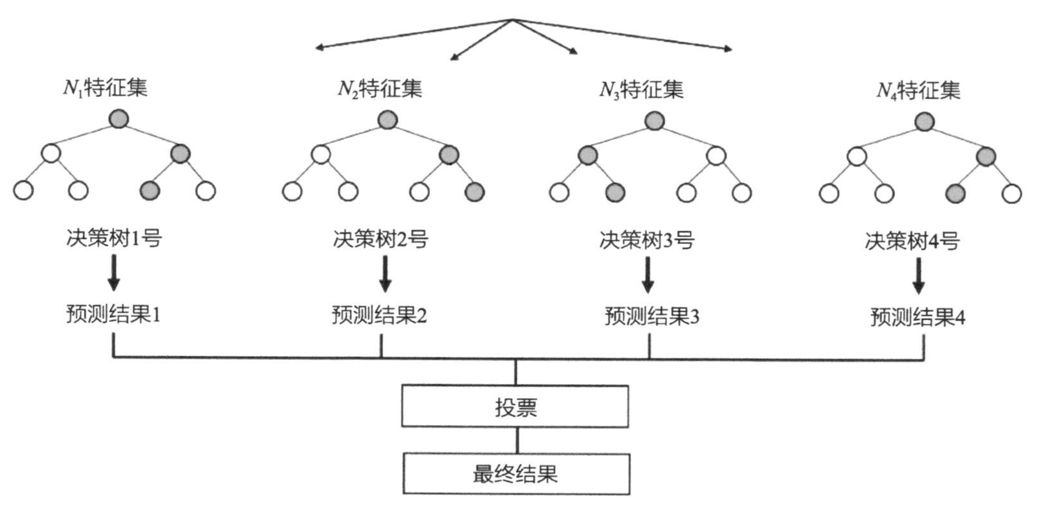

图6-5　随机森林示意图[103]

6.3.2　市场营销

市场营销是在创造、传播和交换产品的过程中，为客户、合作伙伴以及整个社会带来价值的一系列活动[104]。建筑企业主要通过展现自身技术、能力和品牌优势获得工程任务，其营销过程包括前期考察、信息收集、报名、资审、投标、开标、谈判、签订合同等具体环节。在这个过程中，任何环节的失误都会导致无法获取工程任务。

工程大数据的应用可以帮助建筑企业定位目标市场、确定营销方式，从而实现精准营销。例如，建筑企业可以搜集各地有关建设趋势和发展方向的数据，并采用文本分类法追踪重点市场和热点投资领域，剖析市场机遇和风险。文本分类法是指用电脑对文本集按照一定的分类体系或标准进行自动分类标记。利用文本分类法将全国各地方政府机构发布的建设相关指导政策文件中的核心描述内容进行分析，如分析国家建筑业发展纲要得到的专项信息技术词频（图6-6），从而为建筑企业营销策划提供决策依据。再比如建筑企业可以综合多源数据，包括各地公共资源交易中心或建设交易中心电子招投标平台发布的招投标公告、政府管理部门发布的建设项目、企业、人员、企业信用等，然后通过统计搜索、比较、聚类和分类等方法对多源数据进行分析判断和筛选，对重点项目展开针对性跟踪。

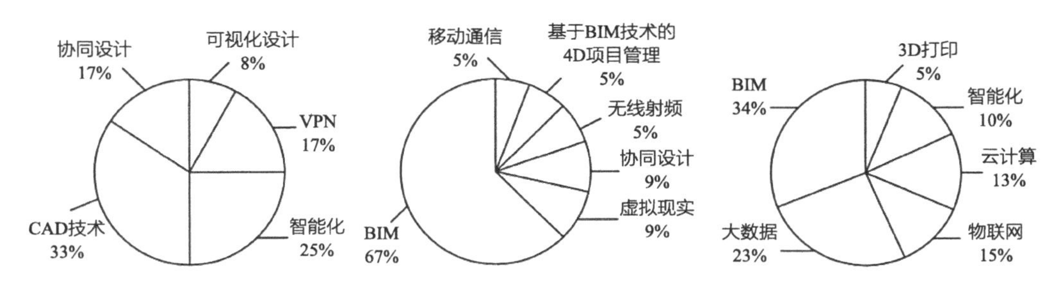

图6-6 建筑业信息化发展纲要专项信息技术的词频[105]

6.3.3 工程报价

工程报价是建筑企业投标的关键性工作，不仅关乎企业能否中标，也和企业中标后的盈利紧密相关。建筑企业的工程报价反映了自身的经营能力和竞争力水平。建筑企业在工程大数据的帮助下，能够快速、精准地形成报价分析和决策，提高编制施工投标书等环节的效率。

利用工程大数据形成工程报价主要有两种方式：即典型清单定额法和典型工程数据库法。典型清单定额法采用基于规则的推理（Rule-based Reasoning，RBR），即建筑企业首先把已完成的项目中所使用的清单按照标准编码方式进行存储，然后按照拟建项目报价要求，基于清单编码规则、项目特征及工程内容，引用较为相似的历史清单，最后在计价软件中进行修订。典型清单定额法可以被视为反复从规则库中选用合适的规则并执行此规则的过程，具有易于理解、规则表示形式一致、易于控制和操作等优点。但是，RBR方法缺乏灵活性，难以实现对复杂问题规则的获取和定义，且管理和维护难度大。

典型工程数据库法采用基于案例的推理（Case-based Reasoning，CBR），即建筑企业利用已经结算完成的工程项目文件，构建“工程样本”数据库，然后根据拟建项目相关信息，基于“工程样本数据库”，推理选择一个匹配度较大的工程进行修正。与典型清单定额法相比，典型工程数据库法不需要进行规则匹配，而是利用过去同类问题的求解来获得当前问题的解决办法。随着工程样本数据库的不断扩大，类似的案例可以通过索引检索，从而迅速得到报价分析和决策。虽然典型工程数据库法具有快速、灵活的推理能力，且案例库比规则库容易构造和维护，但是CBR方法对噪声很敏感，也难以构建良好的案例修正机制。

考虑到RBR和CBR在形成工程报价方面各有优缺点，可以将RBR和CBR结合起来协同运作，以弥补两种推理模式各自的缺陷，充分发挥两种推理模式的长处（图6-7）。在实际应用中，建筑企业将工程量清单数据统一采集，并结合企业内部交易信息，形成包含市场价、定额价、成交价等信息的标准案例库。然后，建筑企业基于RBR设置检索策略、相似度计算策略、案例调整策略等规则，并通过CBR进行案例检索匹配，从而获取相似项目清单，为投标前目标成本编制、中标后目标成本编制、竣工后实际成本编制提供帮助。

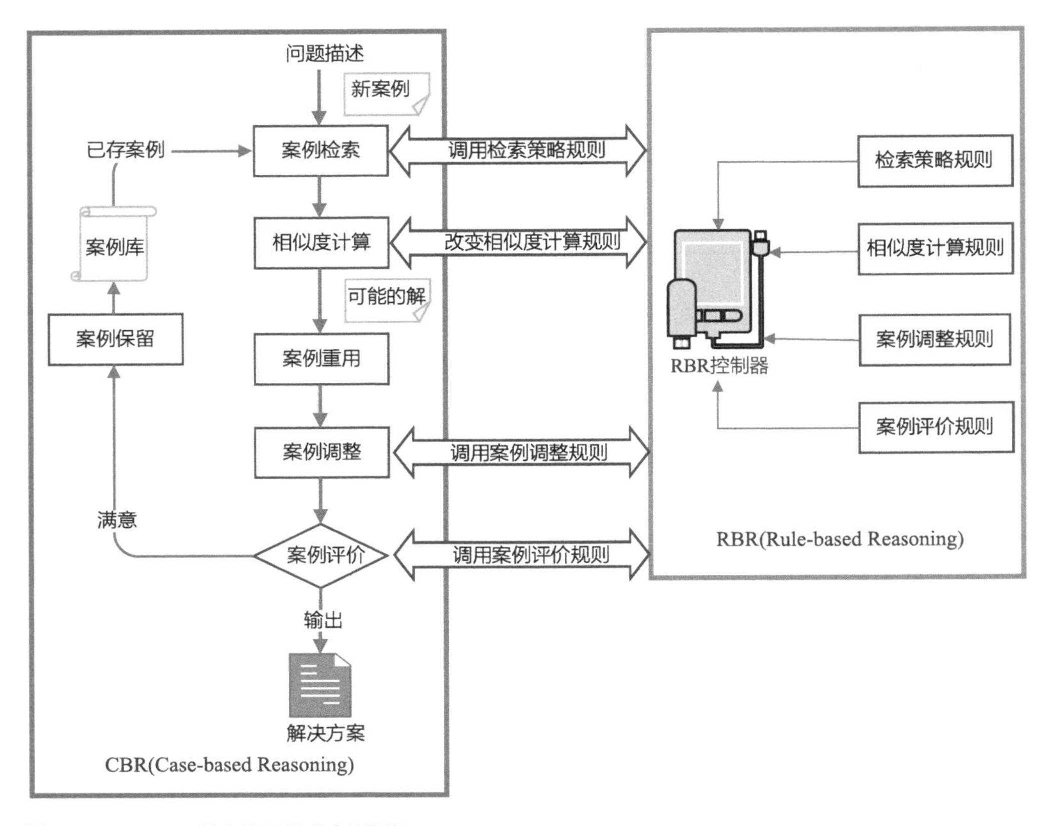

图6-7　CBR-RBR混合推理模式应用框架

6.4 工程大数据在施工管理中的应用

施工管理包含成本、进度、质量、安全和环境管理等多个方面。传统施工管理主要依靠管理人员的实践经验和主观判断，更多采用事中和事后控制，难以实现项目的全面管控以及各参与主体的协调。工程大数据的应用有助于实现施工管理由“经验驱动”到“数据驱动”的转变。

6.4.1 成本管理

施工成本管理指对施工成本的预测、计划、控制、核算和分析，是提高企业利润的关键管理工作。施工成本包括材料成本、机械成本、人工成本、其他直接成本以及组织管理等间接成本，其相关数据的主要来源包括生产、销售企业发布的材料、机械价格，劳务市场发布的用工信息，施工单位历史数据等。施工单位利用这些与成本管理相关的工程大数据，可以针对单位工程、分部工程、分项工程、施工工序等不同层次的需求，根据拟建工程的地域、工期、分包模式等具体情况，判断最优的成本构成，并在成本预测、成本过程管控等方面实现更好的效果。

例如，某施工项目通过网络计划分析得出该项目由63项具体任务组成。施工单位总结了每项任务可以采用的施工方案及其对应的工期和成本[106]。为了使项目工期和成本达到最优，需要对每一项任务采用的方案进行选择，图6–8展示了其中一种可行解对应的网络计划和关键路径。

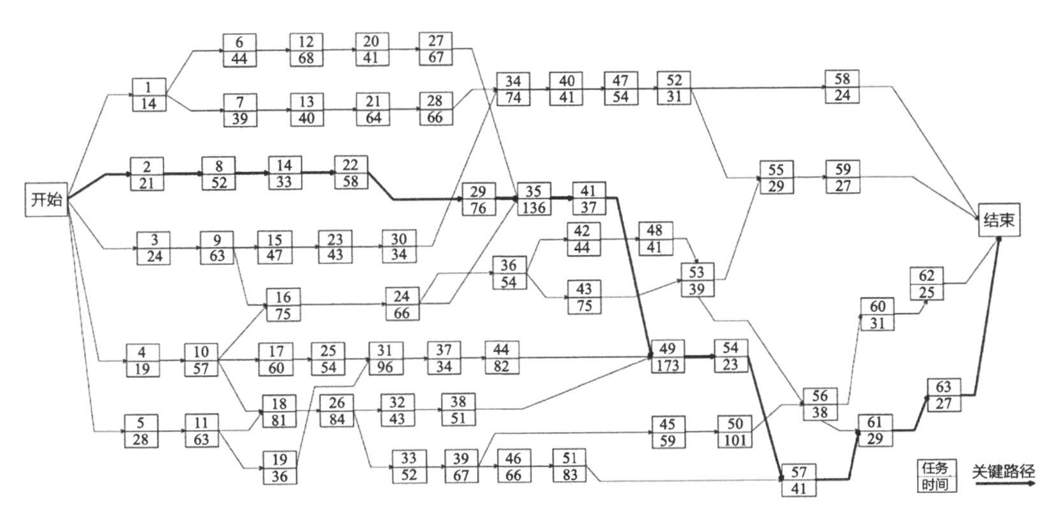

图6–8 网络计划图及关键路径[106]

面对各种施工方案组合的庞大搜索空间，采用传统方法难以高效地得到最优解。因此，采用粒子群优化算法能有效地在整个解空间寻优。群优化算法最初是基于对动物社会行为的观察，并以此为基础开发的算法。如今，群优化算法已逐渐形成多个版本以提升该算法的性能和实用性，包括自适应粒子群算法和离散粒子群算法等。由于施工方案选择是一系列离散状态的组合，因此采用离散粒子群优化算法遍历解空间内的可行解，便能得到施工项目的最优方案组合[106]。

6.4.2 进度管理

施工进度管理主要是对进度偏差进行分析，建立计划实施的检测记录体系和统计报告制度，并在此基础上采取措施，纠正进度偏差。施工进度计划管理已有不少成熟的软件工具，也有企业定制的进度计划管理系统。施工单位可以利用这些系统，将各项目的进度数据进行整合，统筹分析影响项目进度的因素，并分析工期履约情况，预估延期成本。

例如，在某隧道项目的施工过程中，施工单位整合已完成工程的大量相关数据，基于动态贝叶斯网络建立了隧道工期的概率预测模型[107]。该模型考虑了施工过程中地质水文条件不确定性、施工效率不确定性和不利事件（如安全事故）不确定性所带来的工期延误风险，并进一步提炼出开挖区域、围岩等级、隧道几何尺寸、施工方法、人员因素、单位开挖时间、不利事件性质、不利事件发生频率、不利事件造成的延误时间等变量（图6-9）。然后，施工单位基于专家知识建立变量之间的关系和对总工期的影响，通过采集对应模型节点的历史数据，对模型进行参数学习，并把模型用于新项目的工期实时预测。

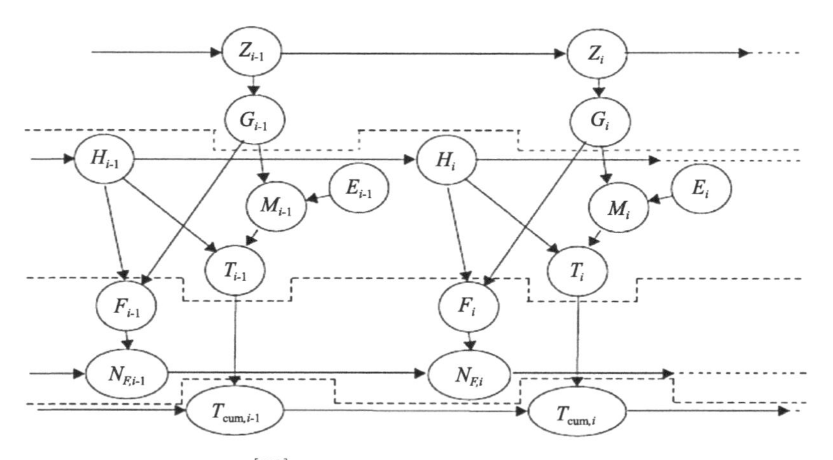

图6-9 动态贝叶斯网络[107]

利用动态贝叶斯网络的特点，在模型的部分节点获得新的观测数据后，可以对整个模型进行更新，得到其他节点在新观测值下的条件分布。图6-10展示了基于该模型的工期预测，图6-10（a）为隧道尚未开挖前的工期预测结果，该结果不仅包括工期的预测值，还给出预测的不确定性。图6-10（b）为隧道开挖150m后，通过向模型输入已开挖阶段的实际观测值而得到新的工期预测结果。该结果不仅模拟了施工过程中的正常开挖绩效，也充分考虑到不利事件对工期的影响，因此具有良好的实际指导作用。

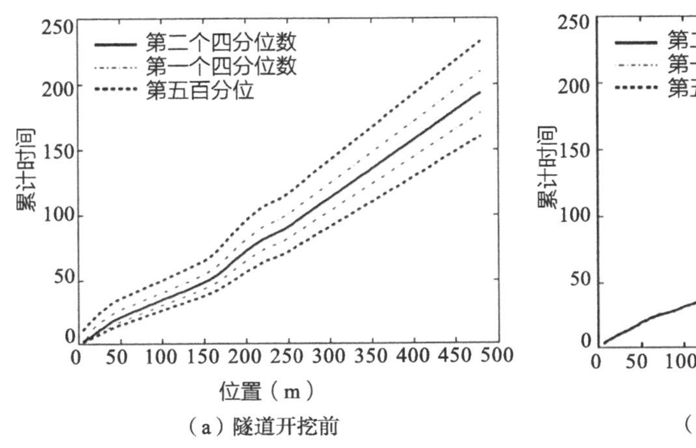

（a）隧道开挖前

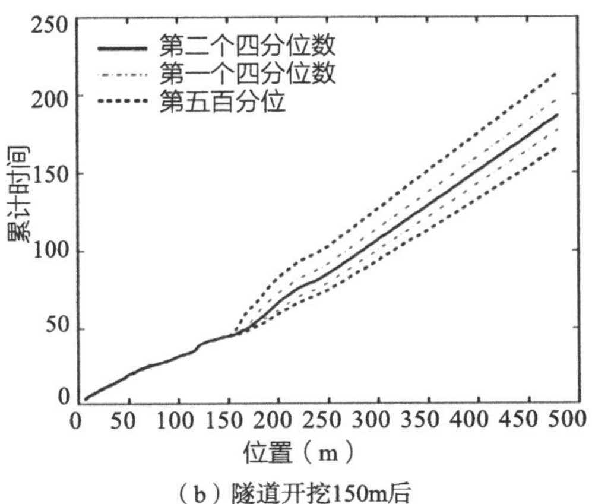

（b）隧道开挖150m后

图6-10　施工工期的更新[107]

6.4.3　质量管理

施工质量不仅指完成的建筑产品的质量，也包括施工过程中的工序质量和工作质量。影响施工质量的主要因素涉及人工、机械、材料、施工方法以及环境等多个方面。因此，在施工质量管理过程中，除按相关规程进行质量过程检查外，还需要对人工、机械、材料、施工方法和环境等因素进行综合分析。这个过程得益于工程大数据的支持，让施工单位能够准确地把握施工质量问题产生的原因，从而提出更有效的解决措施。

施工质量管理需要的数据包括管理人员属性数据、工人属性及作业数据、机械设备属性及作业数据、工程材料数据、施工工艺数据、施工作业环境数据、国家及行业设计与施工规范标准等数据。这些数据主要来源于施工过程中各关键环节的过程记录和日常记录等。例如，施工单位可以利用手持移动设备在施工现场进行机械设备检查记录、物料检查和验收记录、日常自检记录等工作，并记录发现的质量问题。记录的数据可以通过网络进入服务器端进行集成和处理。

针对施工过程中出现的质量问题，对采集到的相关工程大数据进行关联分析，可以快速识别出问题发生的主次原因。关联分析又称关联挖掘，即在关系数据或其他信息载体中，发现其对象集合间的关联，甚至因果结构。关联分析通常采用Apriori算法，该算法的核心是从数据中抽取出所有的频繁项集（即经常在一块出现的数据的集合），并建立有效的关联规则。Apriori算法使用一种逐层搜索的迭代方法，即把K项集用于探索K+1项集。首先，找出频繁1项集的集合L1。然后，利用L1找出频繁2项集的集合L2。这个过程将持续，直到无法找到频繁K项集时停止。

利用Apriori算法能有效发现引起不同施工质量问题的各因素间强关联规则，其结果将有助于施工过程质量检查等工作，明确责任人和问题的具体位置，使得项目质量问题能够得到及时甚至预先处理[108]。这种方法使质量问题的发现和传达得以简化，从而提升质量管理水平，实现精细化质量管理。

6.4.4 安全管理

施工安全管理是对施工过程中的人、机、环等因素的管理，有效控制各类不安全行为，消除或避免安全事故。由于施工本身的复杂性，各种因素相互交错，传统安全管理办法存在监管力度不够、管理效率不高等问题。特别是对于地铁隧道施工，由于其周边环境复杂，地质条件等不确定性因素多，因而需要利用工程大数据建立智能预测模型，对施工过程进行安全风险监测和预警。

地铁隧道施工安全管理的一项艰巨任务是识别和控制各种变形的发展，而地表沉降是这些变形指标中极其重要的一种。利用工程大数据建立的模型分析和预测地表沉降的发展，有助于识别地铁隧道施工中潜在的安全风险。例如，某地铁隧道项目采用泥水盾构施工，穿越黏土、泥土和粉质黏土等地质层（图6-11）。该项目中，31个地表沉降监测点沿隧道中线以5～50m的间距布置，监测频率为每

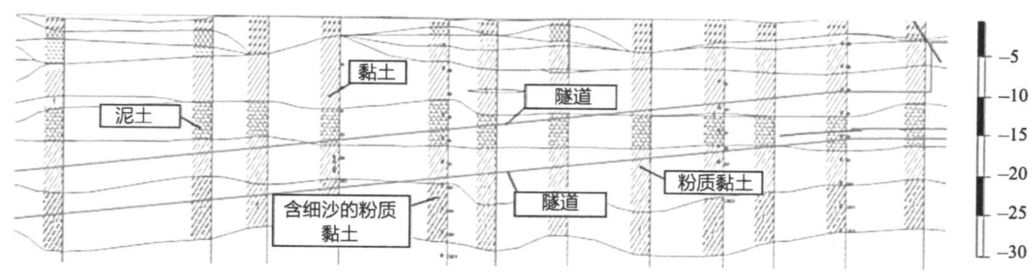

图6-11　地质纵剖面图[109]

天1次[109]。另外，盾构机装有自动化监测系统，可实时监测包括土仓压力、总推力、刀盘扭矩、泥浆流量、壁后注浆在内的多个盾构参数数据。通过搜集的地表沉降监测点和盾构参数数据，可对该项目盾构施工诱发的地表沉降进行分析，并利用平滑相关向量机模型（Relevance Vector Machine，RVM）对地表沉降的纵向发展进行预测[109]。

RVM和SVM类似，但是具有更好的泛化能力和更短的训练时间。平滑RVM是RVM的一种扩展形式，通过引入平滑因子调节模型的稀疏性，并可依据不同的信息准则确立不同的平滑因子取值。图6-12展示了在采取不同信息准则时的模型预测结果。其中，基于AIC准则平滑RVM的输出结果最优，即预测精度最高。该预测结果有助于适当调整盾构运行操作，从而减少地表沉降带来的安全风险。

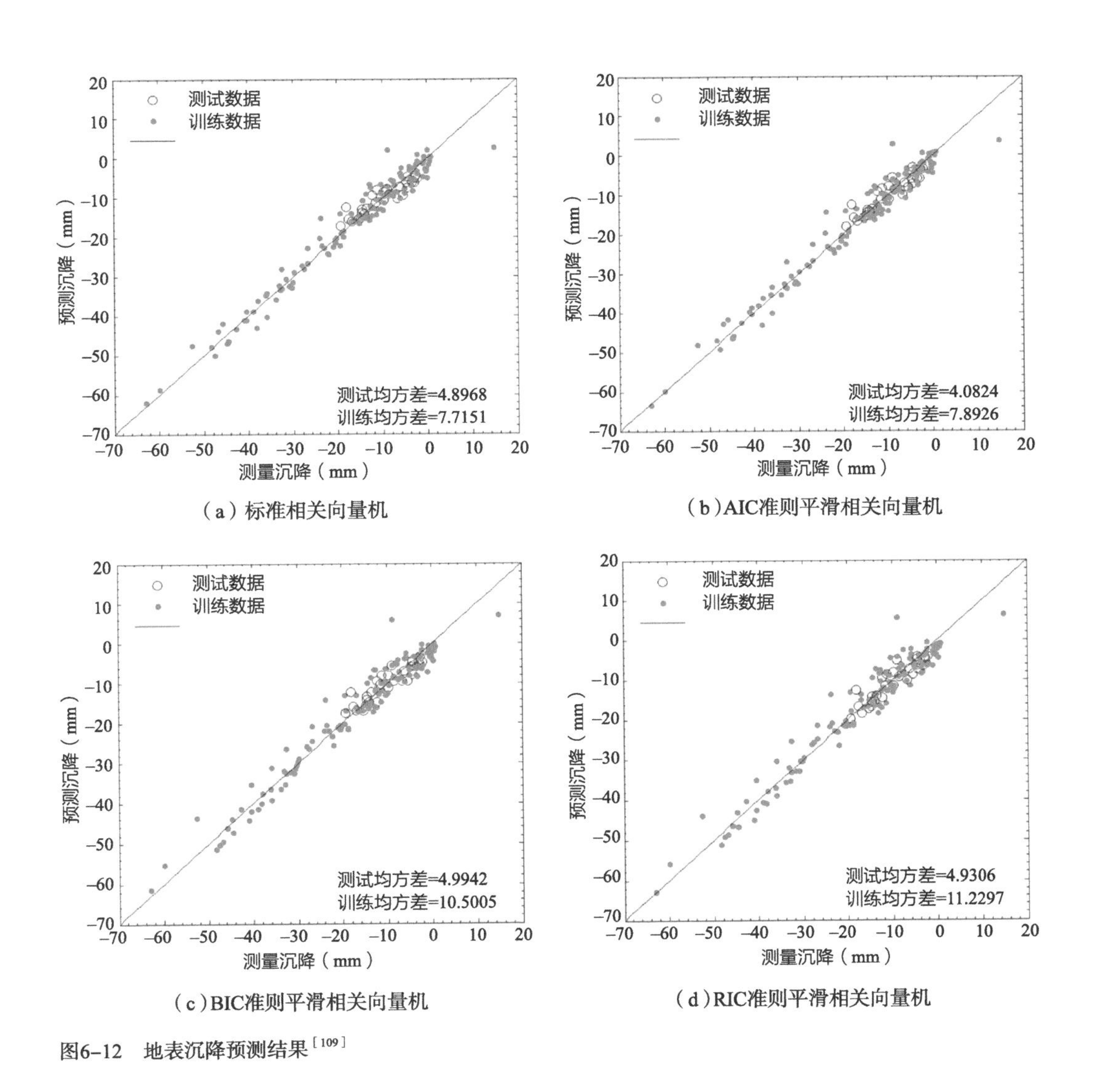

图6-12　地表沉降预测结果[109]

6.4.5 绿色施工

绿色施工是指在保证质量安全的基本前提下，通过先进的管理和技术，最大限度地减少施工对环境的负面影响，实现节能、节材、节水、节地和环保的施工活动。随着各行业可持续发展战略的不断推进，施工单位也开始建立相应的平台，对有关绿色施工的数据进行采集、储存和处理。例如，在建筑废弃物管理方面，施工单位能利用基于GIS和物联网的建筑废弃物监管系统，对施工现场建筑废弃物的申报、计量、运输、处置、结算、统计分析等环节进行信息化管理。前期工程项目废弃物排放数据的统计分析有助于制定后期废弃物排放计划。同时，地方政府能分析相关工程大数据，全面了解区域内项目建筑废弃物的总体排放及回收资源化利用的情况。

香港特别行政区政府自2006年起实施建筑废弃物处置收费计划。该计划用于监督施工和拆除过程中产生的建筑废弃物，并推动资源回收和重复利用。该计划要求施工单位按规定将废弃物倾倒在指定废弃物处理设施，并依据废弃物的重量进行收费。香港环境保护署负责管理这些废弃物处理设施，并对每一单废弃物倾倒行为进行记录。每条记录包含交易日期、施工项目、废弃物清运车辆车牌号、车辆进场重量、车辆离场重量、垃圾净重、车辆进场时间、车辆离场时间等。通过关联施工项目数据库，可以从废弃物来源进一步查明对应施工项目的信息，包括合同额、合同类型、地址等。通过S曲线法对所有项目施工过程中产生废弃物的累计曲线进行拟合，可以得到最能表达废弃物随项目时间产生的公式（图6-13）。然后，采用神经网络对每个项目信息和对应废弃物排放累计曲线公式的参数进行拟合，从而训练出不同项目废弃物排放的预测模型（图6-14）。

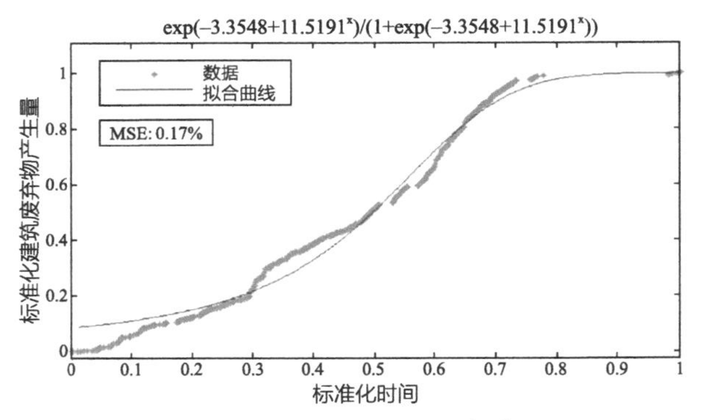

图6-13 建筑废弃物累计排放量拟合曲线[110]

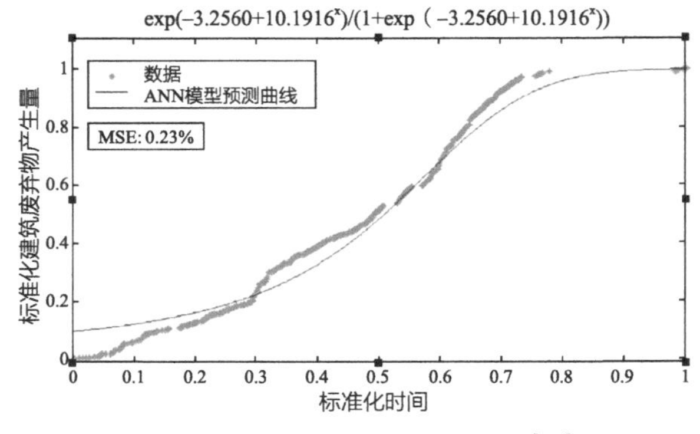

图6-14 基于神经网络进行参数拟合后的曲线[110]

该模型能精确地计算诸如各阶段废弃物倾倒量、废弃物清运车辆需求和废弃物堆放空间等指标，为新项目废弃物的排放规划提供参考[110]。

6.5 工程大数据与深度学习

工程大数据的应用和发展离不开人工智能。从计算机应用系统的角度出发，人工智能是研究如何赋予机器类人的感知、学习、思考、决策和行动等能力的科学。任何智能的发展都需要一个学习过程，而深度学习则是当前人工智能的重点研究领域之一[111]。和其他机器学习类似，深度学习指从有限样例中，通过算法模型总结出一般性规律，并能将这些规律应用于新的未知数据的学习过程。但是，深度学习的算法模型往往更复杂，其输入数据与输出目标之间具有多个线性或非线性组件对数据进行加工。深度学习的优势在于其无多余假设前提，并能根据不同输入数据而自优化。这些优势使得深度学习被广泛应用于各行各业的推理和决策任务中。

任何学习过程离不开数据的支持，深度学习则更需要依靠大量数据的输入，从而自行模拟和构建相应的一般性规律。对于建筑业来说，各类传感器和数据采集技术的发展使得项目参与方能够拥有各类工程大数据，这些深入、详尽的数据是建筑业应用深度学习的基础。本节首先简要回顾深度学习的发展历程，然后介绍工程建造利用深度学习识别人的不安全行为和物的不安全状态案例。

6.5.1 深度学习

深度学习主要采用的模型是人工神经网络，其发展可以大致分为三个阶段。1943年，美国心理学家McCulloch和数学家Pitts受生物神经元工作模式的启发，发表了神经元的M-P模型[112]，该模型是对生物神经元信息处理模式的数字简化。1958年，第一代神经网络单层感知器由Rosenblatt提出，这是历史上第一个将神经网络用于模式识别的装置[113]。虽然该感知器模型只有一层，但这项工作构成了后续人工神经网络发展的基础[114]。

第二代神经网络兴起于20世纪80年代。1982年，Hopfield提出连续和离散的Hopfield神经网络模型，对非多项式复杂度的旅行商问题进行求解。1983年，Hinton和Sejnowski提出隐单元的概念[115]，并基于此概念设计出玻尔兹曼机（Boltzmann Machine，BM）。80年代中期，Rumelhart和McCelland带领的研究小组深入研究多层网络的误差反向传播算法，解决了多层感知器无法训练的问题，推动了BP神经网络的发展[116]。此后，许多研究人员进一步探索BP神经网络的非线性函数逼近性能[117]。相较于第一代，第二代神经网络在很多模式识别问题上取得了良好的效果。但是，这一代神经网络模型仍存在很多问题，如模型泛化能力较差，训练速度很慢等。

第三代神经网络始于2006年。Hinton和Salakhutdinov在《科学》杂志发表的*Reducing the Dimensionality of Data with Neural Networks*一文中，提出多隐层深度神经网络比浅层网络拥有更好的特征学习能力[118]。Hinton建议首先利用非监督学习逐层初始化参数，然后利用监督学习调整整个神经网络。该训练方法充分考虑真实生物神经元信息处理的动态变化，容易收敛到较好的局部极值。

为解决早期神经网络过拟合、人为设计特征提取和训练难等问题[119]，机器学习领域诞生了一个新的分支，即深度学习研究。深度学习经过十余年的发展，形成了以深度置信网络（Deep Belief Network，DBN）、深度玻尔兹曼机（Deep Boltzmann Machine, DBM）、自动编码器（Autoencoder，AE）和卷积神经网络（Convolutional Neural Network，CNN）为早期基础模型的深度网络派生树，后续提出的众多模型多是在此基础上通过对网络结构或训练算法进行微调或改进提出的学习算法。如基于自动编码器和深度玻尔兹曼机衍生出来的深度自动编码器、降噪自动编码器、稀疏自动编码器和堆叠自动编码器。其中堆叠自动编码器是受深度置信网络启发，将其中的受限玻尔兹曼机替换为自动编码器而形成。而基于降噪自动编码器和堆叠自动编码器又派生出堆叠降噪自动编码器，基于稀疏自动编码器和堆叠自动编码器则派生出稀疏堆叠自动编码器。基于深度置信网络衍生出了卷积深度置信网络和稀疏深度置信网络。在卷积神经网络基础上考虑时间维度提出循环神经网络和长短时记忆，结合卷积神经网络和自动编码器则衍生出堆叠卷积自动编码器，深度卷积神经网络结构则是卷积神经网络的深层结构，基于深度卷积神经网络又提出多通道深度卷积神经网络。此外还有生成对抗网络、深度卷积生成对抗网络等算法，这些深度学习算法如雨后春笋般涌现，在计算机图像识别、语音识别、自然语言处理以及信息检索等方面得到了广泛应用。

深度学习的网络架构对于学习的性能有很大影响。目前主要有三种网络结构模型，即深度置信网络、卷积神经网络和循环神经网络（Recurrent Neural Network，RNN）。深度置信网络是层叠多个受限玻尔兹曼机的深度神经网络。通过训练其神经元间的权重，使得整个神经网络依据最大概率生成训练数据，形成高层抽象特征，提升模型分类性能。卷积神经网络主要由卷积层和池化层组成，其中卷积层能够保持图像的空间连续性，能将图像的局部特征提取出来，池化层可以降低卷积层输出的特征向量，同时减少过拟合的可能。RNN是一个配有额外循环连接的神经网络，能把过去时刻的信息（即上一时刻隐藏层的输出）也作为这一时刻隐藏层的输入，因此有助于非线性序列处理任务。除了这三种常见的网络结构模型外，深度学习还有其他改进的网络结构模型，如CNN与RNN结合模型等[120]。

深度学习是对传统特征选择与提取框架的突破，对包括语音处理、自然语言处理、计算机视觉等众多领域产生重要的影响[121]。深度学习最先在语音处理领域取得突破性进展，并广泛应用于语音识别中。2016年，微软开发的语音识别系统对日常对话的识别准确率达到94.1%，首次达到人类水平。自然语言处理领域各种任务也广泛运用深度学习，包括词性和语义标注、文章分类、机器翻译、自动问答等。

另外，深度学习在图像识别和行为识别等方面得到广泛应用。尤其是在计算机视觉领域，应用深度学习的理论和方法可以实现图像场景的自动化识别和分类，具体应用包括人脸识别、多尺度变换融合图像、物体检测、图像语义分割、姿态估计、行人跟踪等。这些应用可以延伸至建设工程领域，通过工程大数据提供的训练样本，帮助现场作业人员行为检测、风险预测预警等管理任务。

6.5.2 识别人的不安全行为

大量的研究与工程实践已证明人的不安全行为是导致安全事故发生的直接原因之一。施工过程中，人的不安全行为包括不正确佩戴个人防护用品、进入危险区域和采取危险行为等。安全帽和安全绳是施工常用的个人防护用品，安全帽可以减少高空坠物对现场作业人员头部的打击，安全绳则可以避免高空作业人员从高处坠落，因此现场作业人员必须正确佩戴安全帽和安全绳。但是，建筑业每年因不正确佩戴安全帽和安全绳而导致的人员伤亡事故时有发生。基于深度学习的计算机视觉能有效识别现场作业人员是否正确佩戴安全帽和安全绳，帮助管理人员有效杜绝此类事故的发生。

为了判断现场作业人员是否正确佩戴安全帽，首先需要采集大量视频画面，并进行标注作为训练样本。然后采用Faster R-CNN对样本进行学习得到模型。接着对工地现场视频进行实时动态提取，并利用得到的模型识别每一帧静态画面中，现场

图6-15　不同条件下工地现场安全帽佩戴识别结果[122]

作业人员是否正确佩戴安全帽的情况。图6-15展示了不同条件下的识别结果。该结果证明深度学习能在不同的视频拍摄距离、天气状况、光照条件、人员姿势和身体露出比例下，准确地识别未佩戴安全帽的人员，为现场安全管理提供了帮助[122]。

图6-16展示了利用深度学习得到的模型识别现场高空作业人员是否佩戴安全绳的结果[123]。该模型包含两个部分：第一部分是利用FasterR-CNN识别现场作业人员是否在高空作业；第二部分利用深度CNN识别该现场作业人员是否佩戴了安全绳。通过对大量现场视频样本的学习，该模型对现场作业人员是否佩戴安全绳的识别精度可以达到80%。

除了识别现场作业人员是否佩戴安全帽和安全绳，基于深度学习的计算机视觉

图6-16　高空作业人员安全绳佩戴识别结果[123]

还能识别现场作业人员与危险区域的空间位置关系。图6-17展示了现场作业人员接近现场机械作业半径的报警系统。该系统包含两个模块：第一个模块是视频处理模块，其采用高斯混合模型从视频中识别现场作业人员和作业机械；第二个模块是安全评估模块，其采用模糊推理评估工人的安全级别，并依据安全等级对相应人员进行警示提醒[124]。该系统能够及时警示进入危险区域的现场作业人员，避免可能发生的安全事故。

图6-17　现场作业人员受机械作业影响的安全态势评估[124]

另外，现场作业人员有时为了方便，会采取一些较为危险的行为来完成作业。例如，现场作业人员在进行粉刷作业时，为了减少移动会尽量伸手至较远处的粉刷区域。这种行为可能会导致作业人员跌落受伤。基于深度学习的计算机视觉能动态识别类似的危险行为[125]。首先，采用CNN对工地现场视频数据进行训练，得到以线段和节点表示的人体骨骼几何参数模型。然后，根据给定参数中各分量的取值范围描述目标动作（图6-18）。该模型将现场作业人员的实时动作与预先定义的施工行为前置动作参数比较，判断作业人员的动作是否属于施工行为前置动作，从而判断该作业人员是否采取目标施工行为。该方法将复杂的动作识别算法转化为相对简单的数值比较计算，减少计算量和计算时间，实现对现场作业人员不安全行为的实时预警。

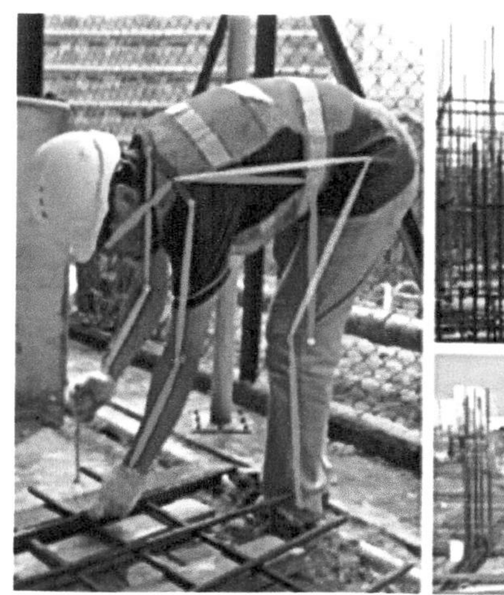

图6-18　现场作业人员行为识别[125]

6.5.3　识别物的不安全状态

在工程施工中，物的不安全状态是导致安全事故发生的另一个直接原因。施工现场受场地限制，交叉作业面较多，如起吊作业容易与既有设施、电线等发生碰撞，从而引发事故。除了空间碰撞，物的不安全状态还包括设备超载、结构受损等。由于施工现场的复杂性，管理人员很难通过人工检查发现所有潜在的不安全状态。因此，需要利用深度学习对物的安全状态展开监测和预警，从而实现实时安全引导，减少安全事故的发生。

例如，针对现场起吊作业可能遇到的空间碰撞问题，可以通过吊车关键部位的传感器数据（如底盘旋转角度、吊臂抬升角度、吊臂伸长长度等）重建吊车的实时姿势，然后采用现场激光扫描得到的点云数据获取现场环境状况，最后通过比较吊车姿态数据和现场环境点云数据判断是否存在空间碰撞问题[126]。图6-19展示了将实时吊车姿态数据和现场环境点云数据在虚拟环境下整合，重构起吊作业的实时状态。

除了空间碰撞，其他危险环境的识别也可以采用计算机视觉技术，进而结合空间定位技术实时获取现场作业人员与危险环境的空间位置和属性信息，并通过图像语义提取场景中的行为个体、位置区域和安全风险三个维度信息。这些不同维度的信息可以通过深度学习进行分析，获得施工现场环境风险的深层次、多维度关联规

图6-19 起吊状态实时重构[126]

则，从而对现场作业人员的安全进行实时预警。如图6-20所示，在对现场危险源或危险环境进行有效识别并确定预警等级后，可以利用人机交互技术将预警信息传递给现场作业人员及安全管理人员，让他们能及时对现场作业安全状况进行判断，以采取相应的安全措施[127]。

图6-20 施工现场危险源识别[127]

结合上述施工过程中的应用案例，不难发现深度学习将是工程大数据分析的核心技术之一。利用深度学习分析工程大数据，对底层数据特征进行层层抽象，从而凝练具有实际物理意义的特征，挖掘数据中蕴含的价值。虽然工程大数据和深度学习均处于发展初期，但其未来发展将引领建筑业产业革命的浪潮，为建筑业生产和管理模式的智能化升级与转型带来深远的影响。

CHAP

7

第7章

“制造—建造”生产模式

“制造—建造”生产模式是对工业化大规模定制模式的借鉴，既体现工业化特点，又保留建筑产品的特色。通过部品部件工业化的批量生产，用规模化、集约化降低成本并提高质量；用现场建筑模块组合满足用户的个性化需求。“制造—建造”生产模式包含三个主要内容：模块标准化，部品部件柔性生产，施工现场高质量快速建造。

7.1 模块标准化

模块标准化是“制造—建造”生产模式的前提与基础。模块标准化包含从最基本的构配件，到集成的部品，再到集成度更高的功能模块。模块体系的标准化程度越高，越有利于进行工业化生产。

7.1.1 工业化装配式建筑结构体系

模块标准化体系与工业化建筑结构体系密切相关。世界各国建筑业根据本国本地实际情况，建立和发展了各具特色的工业化装配式建筑结构体系。例如，日本经历了从预制混凝土墙板结构到预制混凝土框架结构，再到预制混凝土框架-墙板结构和预制混凝土-钢混合结构的发展过程，其建筑模块产品的抗震性能不断提升。新加坡模块化建筑预制技术体系（Prefabricated Prefinished Volumetric Construction，PPVC）和中国香港组装合成建筑法（Modular Integrated Construction，MIC）是将建筑整体分成若干空间模块，每个模块内的设备、管线、装修、固定家具均已做好，同时模块的外立面装修也已完成，然后将这些模块构件运至施工现场装配。法国以混凝土结构为主，钢结构、木结构为辅，多采用预制预应力混凝土框架结构，装配率达到80%以上。美国低层住宅多用钢、木结构体系，而高层住宅则多采用框架轻板结构体系，注重多样化和个性化需求。

我国公共建筑（如办公建筑、商业建筑等）多使用框架结构体系，而住宅以剪力墙结构体系为主。我国广泛使用的剪力墙结构体系用钢筋混凝土墙板来代替框架结构中的梁柱，满足空间整体性要求，同时将梁和柱隐蔽起来，不影响建筑内部的整齐美观。

7.1.2 模块标准化设计思路

模块标准化设计的思路是将复杂的产品分解为相互联系的模块。模块是组成系统的、具有确定功能和标准化接口的通用独立单元。通过对这种独立单元进行深入研究，总结归纳并创建标准化的模块库，从而将复杂的整体设计问题转化为标准独立单元之间的排序与接口的问题，这一过程即是对复杂系统进行标准化的模块分解。通过由数量多、种类杂的零部件向数量少、种类简化的模块转变，减少最终组装过程的模块数量，简化接口，提高工作效率，降低能耗。这很大程度上满足了大规模定制化的生产需要。

当前，许多领域已经采用了模块标准化设计，建筑领域也不例外。早在1947年，法国建筑师Le Corbusier对住宅进行了建筑模块标准化设计。1987年，Alexander通过办公空间的设计，论述了模块在建筑中的重要作用[128]。Smith在*Prefab Architecture: A Guide to Modular Design and Construction*一书中，分析了多个国家的模块化预制案例，论证了模块化预制的优势。Smith认为建筑模块标准化设计是非常灵活的，可以通过不同的模块组合获得多样性的建筑产品[129]。

标准化的模块使工厂批量生产的部品部件能够在各种建筑产品中得到广泛的应用，这意味着可以用最少的资源和时间，实现最大的工作效率。同时，将标准化的模块经过不同的排序和接口进行组合拼装，形成多种形式、多种效果的建筑产品，这可以应对不同用户的个性化需求。需要注意的是，模块标准化更多地强调独立建筑模块单元、接口和装配方法的标准化，而不是统一整个建筑的平面布置以及立面设计，因此可以同时满足规模化和个性化的需求。

基于模块标准化设计的模式，以规模化的工厂生产、个性化的装配来进行建造，既考虑了建筑质量、环保要求、成本控制和用户满意度等因素，也为建筑设计提供了广泛的选择。

7.1.3 模块标准化设计原则

模块标准化设计是在综合分析建筑自身特点的基础上，根据用户提出的个性化要求，将整个建筑系统地分解为若干独立的、可复制的、重复性高的功能模块，并将各功能模块进一步分解为可工业化生产的部品部件。通过这种层层分解的方式，将重复性高的部分抽离出来，实施标准化和参数化处理。通过构配件的标准化，逐层带动部品和集成度更高的功能模块的标准化。

模块标准化设计包含以下四个原则。

1. 统一标准

模块标准化最基本的原则是统一部品部件的标准。构配件是模块设计的底层单元，是模块设计的基础。在某一具体项目中，由事先划分好的各种构配件通过标准化接口相连接，构成具有某种特定功能及结构的部品。不同的部品部件也可以通过标准接口相连接，构成更大的功能模块并最终形成建筑整体。因此，构配件的划分需满足高度通用、易互换、可组合等基本原则。在实际操作中，遵守这些基本原则需从两个方面考虑。

其一是构配件本身的标准化。唯有构配件的标准化，才能统一生产流程，实现规模化生产与集约化管理，并促进“制造—建造”生产模式向纵深发展，形成稳定的构配件市场，真正使构配件广泛流通。在适当时机，可以针对同类型建筑项目建立“标准化构配件信息库”，引入智能设计的概念，通过前端需求反向选择标准化构配件的类型和数量，并发送订单信息到工厂中进行规模化生产。

其二是接口的标准化。Isaac等认为仅仅使用标准化的构配件无法满足用户对个性化的全部需求，并提出非重复的构配件与标准化接口的结合应用，确保构配件的可互换性[130]。标准化接口在模块设计的过程中发挥着重要的作用，特别是在各个平台或各个专业的交互中，统一规范的接口标准减少了设计人员花费在统一描述语言和逻辑体系上的时间，可显著提升工作效率。实现接口的标准化，应该在需求调研的基础上，分析建筑产品的构成，考察其功能互换性与几何互换性。基于调研结果，划分基本构配件、通用构配件以及专用构配件，以构配件为基础进行内部接口和外部接口设计，通过增加或减少相应构配件满足建筑产品的需求。

2. 协同性

建设项目中专业繁多，模块标准化设计要考虑最终形成的建筑产品在建筑、结构及各专业设备管线之间的准确协调。这包含两个具体问题。

一个是碰撞检查问题。在设计阶段，需要将建筑系统、结构系统、各专业设备和管线系统在横竖两个方向完整地连接闭合，形成功能整体。满足这一需求的前提即是在模块划分、部品部件设计时，实现精准的开口与预留，统一化的接口处理和各专业协同设计，不能碰撞和漏管少线。这个过程往往需要借助建筑信息模型对各专业系统进行协调设计和碰撞检查。建筑信息模型作为协作平台，有助于各专业间信息精确传递，从设计源头减少错、漏、碰、缺等问题，提高设计效率和质量。

另一个是节点深化问题。在现场装配阶段，需要将连接接口、管线预埋交错、各种主筋密布交叉等复杂节点进行二次深化设计，目的是确保可施工性，避免工艺时序冲突，无法实现按图就位。

总的来说，满足协同性原则有利于业主、建设管理部门、设计单位、施工单位之间的信息交流，避免形成信息孤岛；有助于建设项目各参与方的协作，减少冲突，实现项目的高效率推进。

3. 结构可靠

结构可靠原则是根据建筑不同阶段结构形式的受力可靠程度，约束部品部件的划分形式。具体包括初始模块划分阶段部品部件协调受力的可靠性和施工阶段结构中间形式（或临时结构措施）的可靠性。

在初始模块划分阶段，需要对整体建筑进行功能模块划分以及对功能模块进行再划分。每一层级的划分需符合相关规范和力学计算。若计算结果不合格，则应重新考虑划分及组合。如英国伍尔弗汉普顿市的25层模块化建筑（图7-1），中间为混凝土核心筒，周边为825个模块单元。模块单元可以形成受力体系，或者和钢框架结构、混凝土结构组合，由模块化结构承担竖向力，其他结构承担由风和地震产生的水平力[131]。另一个例子是在平台结构上放置模块单元（图7-2），以解决承载力问题[132]。

（a）建造中的模块化建筑　（b）已建成的模块化建筑

英国伍尔弗汉普顿市的25层模块化建筑，建设周期由12个月减少到6个月，材料浪费率减少90%，运费减少60%[131]

图7-1　模块与结构合一的建筑

在施工过程中，还要充分考虑中间结构形式或临时措施的受力可靠性问题。现场装配时，临时荷载与吊装荷载等力学因素会对已完成的部分工程结构产生一定的影响，如大型城市桥梁工程预制主梁装配过程中的“体系转换”问题。模块化建筑的结构设计还需要考虑吊装承载力因素。标准层或转换层在建造时，梁、板、柱等部品部件的吊装顺序会影响下承层及基础的受力形式。如未事先设计并验算，盲目施工会直接导致施工过程中各种结构安全事故的发生。

模块单元放置在钢结构框架结构上方，下部可以作为需要大开间的商场、饭店等，上部可以作为宾馆的客房[132]

图7-2　模块与结构分离的建筑

4. 运输条件及其经济性

模块标准化设计还需要考虑运

输条件。部品部件的尺寸、外形与运输条件紧密联系。

首先，各国家及地区具有不同的运输管理规定。针对某一区域内在建项目所使用的部品部件必须满足可以运输的各项条件。例如在英国，一般允许的最大宽度是3.5m，最大高度是4.5m[133]。而在美国，各州允许的最大宽度和高度不尽相同，一般最大宽度是4.88m，最大高度是4.27m[134]。其次，与各地区运输管理规定相匹配的运输车辆也有较大区别，其负荷能力也会约束部品部件的尺寸和外形。另外，生产厂商与项目建设所在地之间的运输线路及沿途可能影响运输的各方面因素也需要被充分考虑。

在模块设计阶段，需要综合考虑运输的各方面约束因素，建立相关模型。将运输限制尺寸、单次运输重量、运输线路等作为模型的约束条件，将总体运输时间最短或成本最小作为目标函数求解相关变量。模型的结果将指导部品部件的设计。

7.1.4 模块组合设计

建筑产品和工业产品有相似之处，即一旦以技术为基础的模块标准化设计得以实现，便可以受益于规模经济。同时，由于建筑内部或者形成建筑产品的生产过程具有灵活性和适应性，通过标准化建筑模块的组合可以实现最终建筑产品的个性化。在模块标准化设计的过程中，模型信息化的应用可以对功能模块、部品部件进行经济、合理的“分解设计”，例如对预制外墙的类型和数量进行优化，减少预制外墙的类型和数量（图7–3）。

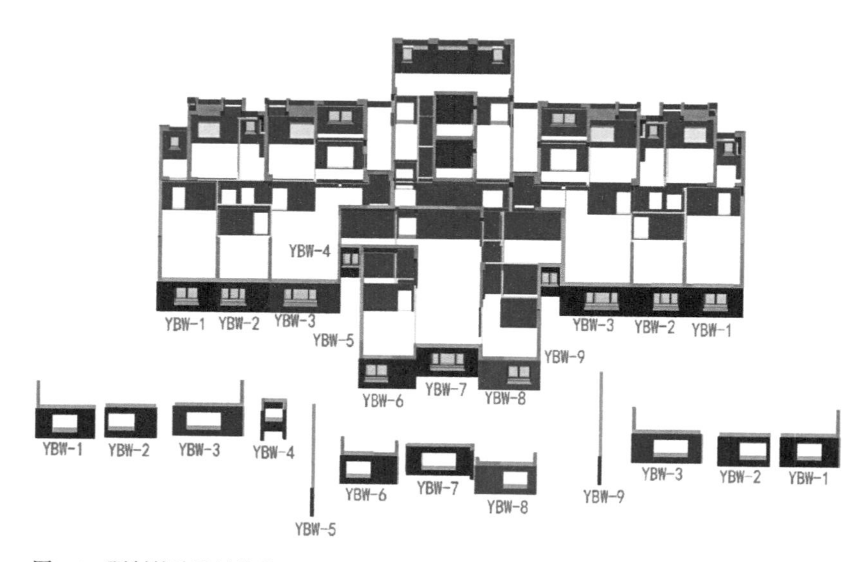

图7–3　预制外墙设计优化

实现模块组合设计，有必要将建筑模块确定为几个等级，如综合模块、分部模块、构造模块和精细模块等，并建立标准化部品部件库，不断增加虚拟部品部件的数量、种类和规格。在部品部件库的基础上，创建集成度更高的标准模块库，加强通用设计。从减少建筑内部多样性、增加建筑外部多样性的角度平衡大规模生产和个性化需求之间的关系，实现低成本、高效率的大规模定制化的生产和装配。

考虑到建筑产业链中各环节间信息传递和协同的需求不断增大，可以采用建筑信息模型建立标准化部品部件库，实现库内资源的共享及应用，并且具有各专业协同化设计的功能。这个过程需要整合装配式建筑工程的实际案例，研究分析当前使用的部品部件并总结其规律，确定开间、进深尺寸，践行模数协调原则，全面考虑建筑、结构及其他专业功能要求以及相互协调关系，对常用各类部品部件进行分类归纳。

在标准化部品部件的基础上，还可以按照建筑模块的功能，将模块化建筑划分为居住、厨房、卫浴、电梯楼梯和阳台等模块进行整体预制。这些模块在工厂中即进行内部布置与装修，然后运输至施工现场，通过不同模块之间的空间组合形成不同的建筑产品。如图7-4所示。

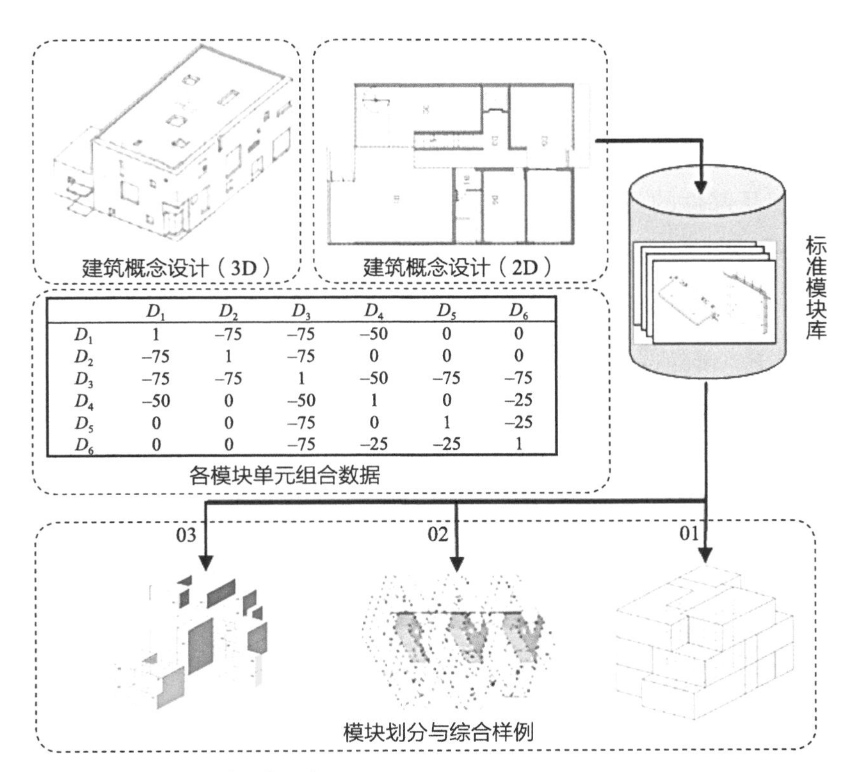

	D_1	D_2	D_3	D_4	D_5	D_6
D_1	1	−75	−75	−50	0	0
D_2	−75	1	−75	0	0	0
D_3	−75	−75	1	−50	−75	−75
D_4	−50	0	−50	1	0	−25
D_5	0	0	−75	0	1	−25
D_6	0	0	−75	−25	−25	1

图7–4　模块组合设计方案生成

“制造—建造”生产模式下的模块标准化设计应该提供最大限度的定制化，允许不同部品部件类型按任何方式进行配置，以标准化接口进行连接。在标准化部品部件库的基础上进行模块化组合与试配，层层综合与分析最终形成建筑实体，而不是先按照现浇整体设计方式完成传统的技术设计或施工图设计，然后进行机械的模块分割。模块标准化设计后应该交由生产厂商进行部品部件的批量化生产。模块标准化设计的最终交付成果应该是具有明确工艺要求的部品部件需求清单表。

7.2 部品部件柔性生产

有了完善的模块标准化体系，就可以进行部品部件生产。这个过程可以借鉴制造业先进的柔性生产技术，提高部品部件生产的总体效率。

部品部件的加工图能在建筑信息模型中直接生成，这改变了传统图纸的二维关系，将离散的二维图纸信息集中在模型中，从而加强设计和生产的协同和对接。在生产加工过程中，借助数字化技术能够自动生成下料单、派工单、模具规格参数等生产信息。工人在可视化直观表达的帮助下能更清楚地理解设计意图。通过引入计算机辅助制造技术和智能生产管理系统，实现生产过程的自动化、智能化和网络化，达到生产资源最优化配置，生产和物流任务实时优化调度，生产过程精细化管理和科学决策管理。另外，还可以引入基于建筑信息模型的图元信息及二维码、射频识别技术、物联网技术等对部品部件进行动态追踪和全流程周期管理，实现对部品部件的身份识别、状态确认、在途追踪等操作，最终实现部品部件从计划下达、生产下线、检验出厂、现场验收、吊装就位和后期维护的全过程管理。

通常情况下，部品部件生产工厂往往只有一套或相对固定的几套模具和生产线可以利用，这不利于扩大产能和实现多样化生产。解决生产线适应性差、生产方式硬性化的问题，丰富同种生产线的产品类型，需要实现一种可以同时兼容多种标准化部品部件生产的模具及与之匹配的自动化程度较高的“柔性”流水线。

7.2.1 柔性生产

柔性，是指适应变化的能力和特性。在制造业中，柔性生产的概念由英国Molins公司于1965年提出，是相对20世纪50年代提出的硬性标准化生产方式而言的[135]。如今，柔性生产在世界上不同制造领域已经得到广泛应用，产生了如精益生产、并行工程及敏捷制造等相关概念和方法。例如，日本Honda公司采用柔性生产以达成在任何一个工厂都能生产任何一款车型这一目标，使生产能对市场需求做出快速反应，从而满足多样化、周期可控的需求，并且能够应对各种突发人为或自然干扰事件。正如Honda公司所体现的，当某一行业进入大规模定制时代，需为每一位顾客提供独一无二的定制产品。在大规模生产中，用户处于价值链的末端，企业生产什么就买什么。而在大规模定制生产中，用户处于价值链的最前端，企业要按订单而不是按预测来生产。

对于建筑业来说，柔性生产强调依据市场需求决定建筑产品的成型，继而确定建筑产品包括各建筑部品部件的设计和生产，并且使用兼容多种部品部件生产的模具，实现用户价值最大化、浪费最小化。

使用“模板柔性”实现尺寸大小、配置不同的建筑模板共线生产，需采用数字信息模型对部品部件进行数字化表达，检索抽象常用模板基本形状，并构建一系列中间“模板库”，从库中筛选模具或进行简单的模具组合。同时，改进生产线使其可多向拓展，甚至实现生产过程中的自动换模，从而可以无障碍地适用于不同的部品部件生产订单。柔性生产技术必须有完善的柔性管理体系相匹配。

①多体系标准兼容性：不同生产质量控制体系的兼容与快速切换。

②全产品链柔性化：与柔性生产线相配套的设计系统、模具制造系统、物流系统、服务系统必须具有相同的柔性程度。

③岗位人员多能化：管理人员、一线操作人员必须多能多专才能胜任。

④时空柔性化：柔性的概念可以拓展到时间与空间领域，同样产能的部品部件生产线，可以远端设置，可以近端设置，也可以二者快速切换。具体决策时，可以建立数学模型，将模型的求解目标设定为在满足工期条件下的生产线与工地之间的最经济距离，模型的其他约束条件包含项目所在地及周边的交通运输条件、部品部件尺寸、工厂生产效率、工地生产效率等。将求解结果定性划分为远端工厂、近端工厂和整体制造。

设想开发一种能实现“自组装”“巡航式”智能机器人功能的生产线，免除普通生产线复杂的土建基础施工与设备安装，使工厂与工地可以同步匹配。在主体装配结束后进行其他不需要生产线参与的扫尾环节时，该生产线可以快速收拢并移动至下一需要生产部品部件的区域进行新一轮的自组装开机生产。这种做法可以消除空间移位制约与组装延迟时间浪费，最大限度地提高生产效率。

7.2.2 预制混凝土构件柔性生产

预制混凝土构件的生产目前基本以固定模台法和移动模台法为主。固定模台法生产产品适应性强，但作业环境相对较差，并且自动化程度相对较低。移动模台法适合形状简单的构件，但要克服生产线故障对产能的影响。

1. 基于固定模台的柔性生产

固定模台通常是一块高平整度的钢结构平台或是水泥基材料平台，并以平台作为预制混凝土构件的底模，在模台上固定侧模，形成完整的模具。

柔性生产线基于固定模台，结合流水线中的自动化、智能化单元装置，通过轨道自行移动，使得这些装置在固定模台上完成相关作业。即模台不动（但可侧翻），清扫划线机、物料输送平台小车、混凝土布料机、移动式振动及侧翻小车在轨道上往复直线移动，生产线之间有中央行走平台装置将各个移动装置进行转运，实现预制混凝土构件生产线的柔性生产。

以上海建工集团搭建的固定式模台生产线为例。该公司在从德国引进的相关设备的基础上，研制出一条双向可扩展预制混凝土构件数字化生产线。总共布设30个固定模台，分纵向两条生产线布置。两条生产线之间通过横向摆渡轨道运输装置连接。生产装置可在模台两侧的轨道来回移动，完成预制混凝土构件的生产任务。整个生产线布局灵活，可按产能需求优化组合生产装置（图7–5）。

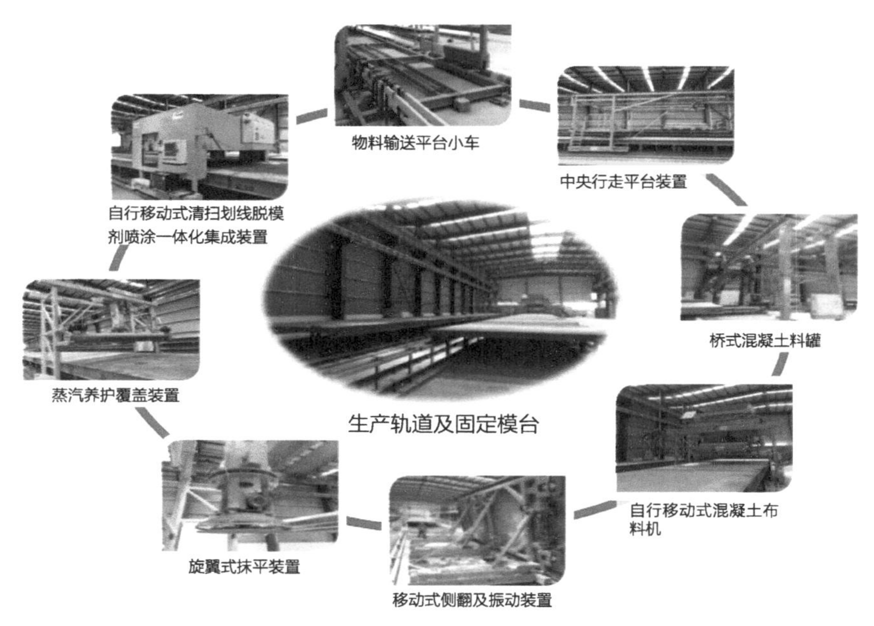

图7–5 自动化生产装置

2. 基于移动模台的柔性生产

基于移动模台的柔性生产线更具有工业化的流水生产线特征。移动模台以标准订制的钢平台为底模，并将其放置在滚轴或轨道上，使其能移动至不同操作区进行相应的预制混凝土构件生产作业。移动模台在我国一些重点推广建筑工业化的城市中已经得到了日趋广泛的应用。如上海市的大部分建筑工业化基地都是采用移动模台生产技术。

移动模台预制混凝土构件加工系统是一个由多个数控单元构成的数控系统集合，包括数字化构件成型加工系统、数字化钢筋加工系统、数字化模板加工系统。工位系统、模具机器人、绘图仪、中央移动车、混凝土运输配料系统、托盘转向器、表面处理技术、蒸养加热装置、卸载臂和运输架及出库系统是构件实现数字化生产管理的重要设备构成。模台动态化可实现柔性生产线循环性操作。但由于模台动态化是流水线作业方式，当某一工位不能满足生产线节拍需求时，整条生产线效率也会随之降低。因此，采用该工艺时必须考虑备用缓冲工位，同时也对设备的稳定性提出了更高要求。

7.2.3 钢结构构件柔性生产

针对我国钢结构构件生产主要靠人工、效率低、产量小等问题，部分钢结构设计和制造企业对建立钢结构柔性生产线开展了有益探索。

中建钢构有限公司于2015年建立了一条数字化钢结构柔性生产线。钢结构构件的生产包含智能下料、部件加工、自动铣磨、自动组焊矫、自动锯钻锁、机器人装焊和抛丸喷涂这七个步骤。其中，板材集中下料和储存得益于智能物流设备和智能加工设备的集成，实现了全流程自动化。零部件的二次加工由各式机器人自动进行。铣磨、组焊矫和锯钻锁也通过自动化系统与检测传感实现全自动加工。为了进一步增加生产柔性，设计了全自动卧式组立、焊接及矫正新型装置，并且使用由自动导引车、自动辊道、有轨制导车组成的自动物流体系代替绝大部分的人工物流转运工作，以此减少构件周转时间，提高产品质量。该生产线还具有三维模拟仿真功能，能够实现监控每一根材料的加工进度，通过数字技术实现智能化管理。在最后一个步骤中，所生产的钢结构构件将通过机器人自动喷涂生产线进行油漆喷涂。和传统以人工为主的喷涂方式相比，智能化的供漆和配比系统、恒温烘干系统具有效率高、连续性强、质量稳定等显著优势。

另外一个例子来自某钢结构产业化基地。该基地根据加工钢材不同类型、不同生产工艺，建立了五种不同类型的生产流水线，即热轧H型钢生产流水线、BH生产流水线、BOX生产流水线、卷圆生产流水线和桥梁生产流水线。为了增加这些生产流水线的柔性，该基地引进多项数字化加工技术，包括数字化钢板加工中心、数控锯床、数控等离子火焰切割机、喷涂机器人等。特别地，从美国引进的数字化钢板加工中心能实现精确的板材钻孔、切割和标识，并能与信息系统联网实现自动化加工。另外，同样的数控等离子火焰切割机集电子计算机、机械、热切割三者于一体，能根据需要生产的产品进行自动下料。

7.2.4 特殊构件生产

为了满足建设项目的多样化需求，一些项目需要一定量的特殊构件。与常规尺寸和标准化构件相比，特殊构件从生产到装配需要考虑更多的因素，通常包括以下两种情况。

第一种情况是构件尺寸过大。尺寸超过一定范围的特殊构件，其运输受交通运输规则与经济条件限制，因而较远地设置生产线并非最佳选择。例如，大型高速公路或铁路的桥梁工程，上部简支结构形式的箱梁，其尺寸往往在20～40m之间，无法使用现行交通体系运输。解决办法是在距离全线路各个工作面最近的地点设置制梁场，并使用专门的运梁车在已架好的主梁上进行运输，直接将梁传送给架桥机进行装配作业。第二种情况是构件形状复杂。非标准形状的构件无法使用标准化的模具进行生产，而需要定制相应的模具，数字化技术为其提供支持。

对于超大型工程，从构件的生产到装配的条件更为苛刻。以港珠澳大桥工程为例。港珠澳大桥跨越珠江口伶仃洋海域，东接香港特别行政区，西接珠海市和澳门特别行政区，全长约55km。港珠澳大桥由桥梁、人工岛、隧道三部分组成，中间段为5664m长的沉管隧道工程，隧道东西两头分别由两个人工岛与桥梁相连（图7-6）。

隧道每节沉管11m高、38m宽、180m长、8万t重，共33节，沉管预制后经海上运输到桥址指定位置安装。由于沉管巨大，沉管预制厂选址需要距离工地现场较近且靠海边，以便于运输，如图7-7所示。每节沉管在车间逐段预制，并逐段推出车间，预制好的整节沉管两端为临时封闭状，通过向坞内注水，利用其浮力将管节从浅坞横移至深坞，并运管节出坞，流程如图7-8所示。然后，采用6～8艘大马力全回转拖轮将管节浮运至施工现场安装。

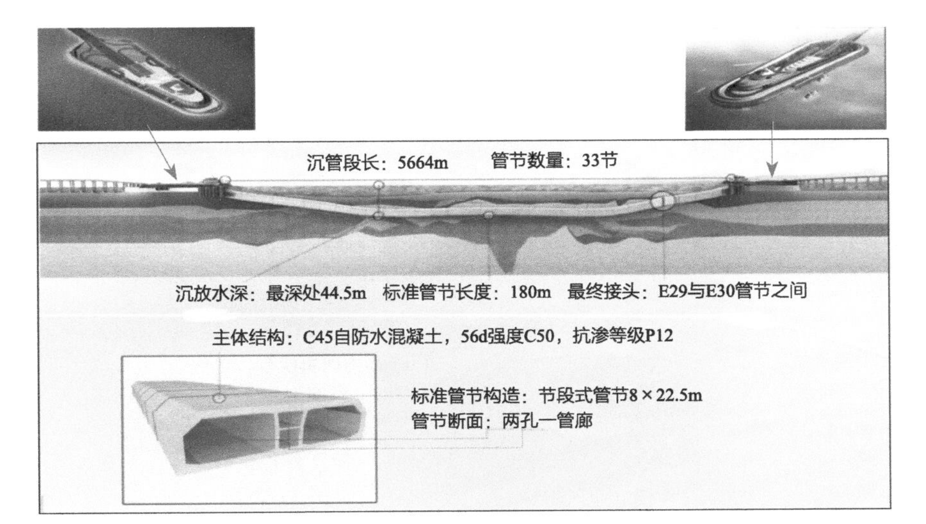

图7-6　港珠澳大桥沉管隧道与人工岛布置示意图
（图片来源：中国交通建设集团）

图7-7　港珠澳大桥隧道工程沉管预制厂现场
（图片来源：中国交通建设集团）

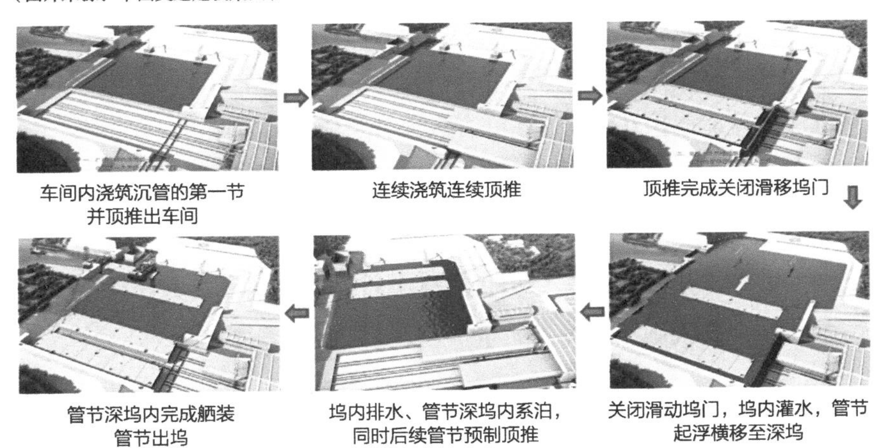

图7-8　沉管管节出坞流程
（图片来源：中国交通建设集团）

（a）钢筒岛壁施工

（b）岛内回填沙石

图7-9　人工岛施工
（图片来源：中国交通建设集团）

连接桥梁与隧道的人工岛工程施工，采用直径22m巨型钢圆筒插入不透水黏土层形成止水型岛壁结构，回填砂石形成陆域。巨型钢圆筒在上海振华生产，然后通过运输船行驶1600km运至港珠澳大桥施工现场安装，如图7-9所示。

7.3　施工现场高质量快速建造

施工现场高质量快速建造是将工厂批量生产的各种部品部件（包括梁、柱、墙板、楼梯、楼板等）运输到施工现场以数字化、自动化技术进行“搭积木式”建造施工。

规模化生产的效率是由物质生产速率和流转速率共同决定的。物质生产速率是指“制造—建造”生产模式中的生产与装配两个环节的规模化生产效率；物质流转速率是指部品部件在空间内的流转运输效率，可以是由工厂向工地运输的效率，也可以是各种部品部件的场内搬运效率，这属于物流的组织与调度问题。部品部件工业化生产及施工现场高质量快速建造需相互匹配，才能有效提升整体建造效率。

施工现场高质量快速建造有一个逐步发展的过程。以手工作业和现浇为主的传统建筑生产方式向新型现代建筑生产方式过渡的发展进程中，先在各道工序中改进并推广标准化、数字化和自动化技术，然后再依次对各分部分项工程、各专业工程进行技术提升，最终全面实现施工现场高质量快速建造。

7.3.1　生产—运输—装配的物流优化与调度

物流是对物品进行运输、储存、装卸、搬运、包装、加工、配送等实体流动过程。在制造活动中，按照物流的作用，主要分为供应物流、生产物流、销售物流、回收与废弃物流，强调产品流和服务流的运作。物流是大批量定制生产的重要因素，及时化生产、减少库存和物流停滞等可以有效地提高效率，缩短生产周期。对于物流系统的要求，总结起来即准确、高效及个性化。

物流信息化、网络化是现代物流管理的基础。物流信息系统提高物流信息的透明度，促进信息共享，最终提升企业对顾客需求的反应速度，降低了流转、结算、库存等成本。例如海尔集团，应用GVS核心业务平台加强了与全球用户、供应链资源网的沟通，实现了与用户的零距离，提升资产周转的速度。

“制造—建造”的生产、运输和装配物流一体化属于两阶段优化调度问题。

第一阶段属于在工厂生产部品部件的优化调度。

在我国，1999年出现的商品混凝土使建筑物流变革迈进了一大步。随着数字技术推动建筑工业化发展，预制混凝土构件、钢构件的社会化物流，正在带来建筑物流的大变革。社会化物流改变了传统的工厂与项目之间一对一的供应关系，工厂不再按照项目单独生产构件，而是形成以建筑工厂为配送中心与多个项目之间的一对多的关系，并且将线下与线上平台相结合，创造建筑物流的新模式。与此同时，建筑业的社会化物流问题和上述生产规模问题息息相关，在对市场信息的及时、准确把握的基础上，更有利于工厂的弹性生产，按照客户的“大批量、个性化”的需求安排生产，使建筑部品部件能够迅速配送到建筑工地。随着互联网价值的不断放大，建筑物流社会化不仅将会以独特的价值引领建筑业发展，更重要的是，建筑物流社会化是工厂降低成本、增加效率的关键途径，而且建筑工厂之间、工厂与项目之间能形成真正的双赢和完善的产业链。

建筑预制构件工厂的生产优化调度与工业产品的生产优化调度相比，没有本质区别。主要是根据建筑工地对部品部件的需求，在工厂内组织生产，并按工程项目的要求特别是时间、数量和质量要求，及时配送到建筑工地。由于一个建筑工厂要对多个建设项目工地（每个建设项目可视为一个用户），每个建设项目的进度不一样，部品部件的规格也不同，且工厂和工地上极其有限的库存空间也影响到交货批量，建筑工厂必须考虑以上诸多约束安排生产，其目标是在满足建设项目需求下实现企业生产经营利润最大化。

第二阶段属于建设项目的工程建造优化调度问题。

对于某个具体建设项目而言，如果生产、运输、装配过程非常分散，每个环节的衔接不通畅，就会导致物料供应时间不合理、建造效率低下等问题，因此，要建立生产、运输和装配一体化的物流体系。工程建造优化调度是一个多维空间“制造—运输—建造”资源协同与优化调度问题。建筑部品部件复杂多样，供应商往往不是一家工厂，而是多家厂商生产供应的多品种产品，这就使得物流具有单元多样化、资源调度和协作难的特点。还有一个就是建筑部品部件的需求与供给也具有不确定性。建筑工地是开放的，建筑施工受天气的影响，自然影响到施工节奏和施工进度；建筑工厂同时为多个项目提供部品部件，难免出现供不应求的情况。

考虑上述影响因素，建立优化调度模型，搭建生产、运输和装配一体化的数字化物流平台，运用定位技术、自动化数据采集技术和智能调度算法等，优化物料运送路径，提升人员效率，最大化设备利用率，精益库存，有效支撑数字化物流调度的构建。调度问题的解决过程是将即时需求上传到智能调度系统，调度系统生产最优组合任务，并将任务发布给自动化及移动设备，设备执行任务。一体化物流调度的示意如图7–10所示。

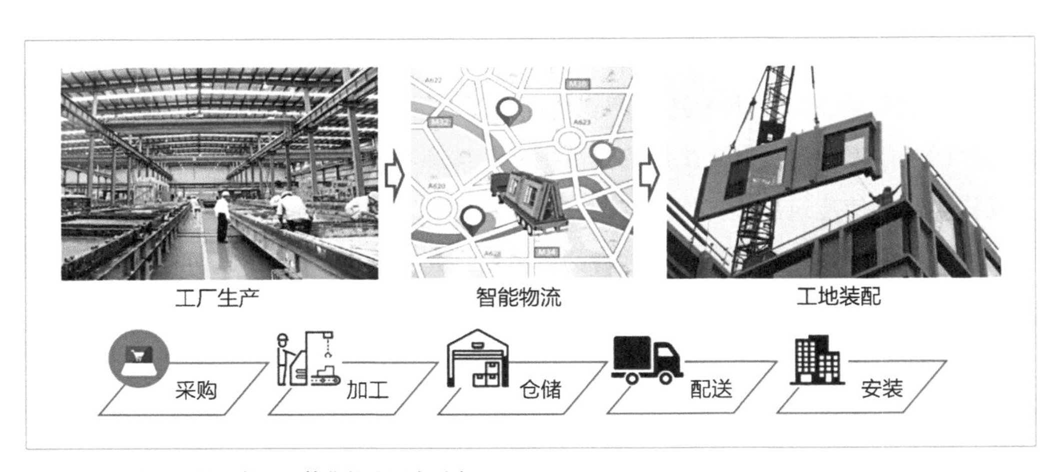

图7–10　生产、运输、装配一体化物流调度示意

数字化排产是生产计划管理的重要内容。主要以数字化和建模技术为依托，使传统的资源供应计划和施工进度计划从低效手工作业转变为数字化高效运作，高效排产快速响应各种需求变化，并通过大数据分析优化人员配置、场地利用、设备的换模次数以及精益库存，应用感知技术，实时获取库存和可用资源数据，实现精准计划排产。通过运用各类仿真软件及模型算法等工具，在工艺同步、自动化方案和仓储布局等方面进行仿真规划与验证，从而大幅降低实际运作的风险和成本，提高物流运行效率。

7.3.2 基于数字技术的现场施工

1. 复杂节点数字化建模

对于装配式建筑，其预制混凝土构件的预埋件细部位置种类繁多，各节点现浇核心区域构造复杂，施工难度相对较高。例如，高预制率框架结构节点区域构件伸出钢筋一般为25 ~ 32mm，生产完成后很难在施工现场进行调整。一旦节点钢筋发生碰撞，将给后期施工带来较大困难，影响施工进度。使用数字化建模技术对复杂节点进行建模，能有效检查可能存在的钢筋碰撞等问题（图7–11），避免施工过程中，预制混凝土构件无法安装的情况。

另外，造型复杂的混凝土工程（如艺术造型假山）更需要采用数字化技术对其关键节点进行建模。假山模型需要从"网片"精度级进一步深化至"钢筋"精度级，即每一根钢筋都会被赋予其特定的三维造型及编号。用模型将钢筋网塑造成凸凹起伏的假山自然外形，并精确控制内部支撑骨架结构及网片安装的具体节点位置、各自编号及其一一对应关系。数字化模型还可以辅助脚手架及施工平台的深化设计（图7–12)。

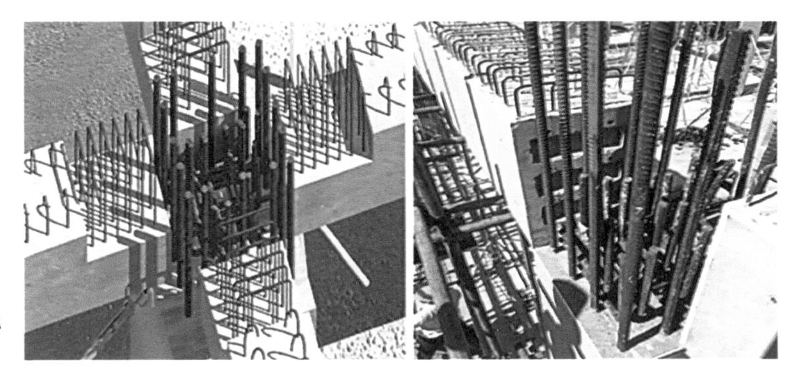

图7–11 复杂节点数字化建模

图7–12 假山钢筋网片安装脚手架与施工平台深化（图片来源：上海建工集团）

2. 施工过程仿真模拟

施工过程仿真模拟可以用建筑信息模型为建模工具，针对总体施工工序和特定构件的装配过程，加深对施工工艺和环境的理解。通过将施工进度计划导入建筑信息模型，形成一个整合空间信息与时间信息的仿真模拟（图7–13），从而直观、精确地展示项目的施工工序，提前评估项目主要施工的控制方法、施工安排是否均衡，总体计划是否合理，工序是否正确等。如果发现存在不合理、不正确以及潜在风险和不安全因素，管理人员能及时进行优化调整。例如，建筑信息模型能对塔吊进行数字化建模，从三维视角观察塔吊的运动姿态，避免相邻塔吊产生冲突。

建筑信息模型还可用于模拟复杂设备机组的施工过程。在建立机电模型的阶段需要输入加工、施工所需的几何尺寸、管材、壁厚、类型等参数信息。根据机电工程的功能布局，分析各机电模块组合方式和分割方法，从而确定模块与模块之间的最优分割方法、连接方式与连接位置（图7–14）。

图7–13　基于建筑信息模型的施工流程虚拟仿真

图7–14　设备机组模块化示例
（图片来源：华中科技大学数字建造与安全工程技术研究中心）

3. 增强现实技术（Augmented Reality，AR）

AR技术是一种通过镜头位置及角度精算并加上图像分析，让虚拟信息能够与现实世界场景实时互动的技术。AR技术以二维图纸作为三维模型的检索目录，将图纸和建筑信息模型无缝结合，通过二维图纸调用与之对应的三维模型，改变传统的视图方式，增加图纸易读性，从而辅助复杂节点施工。AR技术还可以支持使用手机快速查看图纸的模型构造，在屏幕上同时显示二维图纸及复杂关键节点的三维模型，为装配提供更加详细的信息（图7-15）。

图7-15　AR辅助复杂节点施工
（图片来源：Australasian Joint Research Centre for Building Information Modelling Curtin University）

4. 高精度测量传感装置

主要用于构建拼装监测，提高拼装质量。在装配式建筑施工中，可采用高精度测垂传感装置提高预制混凝土墙板的装配效率和精度。该装置操作方便，实现无线数据传输，克服了经纬仪、靠尺或线垂等传统检测方法检测精度较低，无法实现远程实时监控等缺点。

在某些复杂的装配作业中，高精度测量传感装置对工程质量起着决定性作用。仍然以港珠澳大桥工程沉管深埋施工为例，将33节沉管（每节长180m、高11m、宽38m，重量8万t）在水下约40m处进行精准对接，且需要考虑风力、洋流、浮力等多种因素，这是海底隧道沉管法施工面临的严峻挑战。

通过对沉管连接进行工程多维建模与仿真分析，试验验证，确定为沉管基床铺设一层由夯平石块组成的复合地基方案。沉管安装由配有动态定位系统的1.2万t起重船进行，采用无线声纳深水测控系统实现精准测量和定位沉管；开发遥控遥测压

（a）采用声纳测控系统实现精准测量和定位沉管

（b）数控拉合系统实现管节连接

图7-16　港珠澳大桥隧道工程沉管安装施工
（图片来源：中国交通建设集团）

载系统，实现向管节压载水箱内注水、排水，调节管节在水中的负浮力和姿态；借助数控拉合系统，在管节顶面设两处拉合点，每个拉合点能提供400t拉合力，成功实现管节压缩止水高精度连接。如图7-16所示。

5. 新型施工装备集成平台

即使最完备的装配式建筑，也很难避免施工现场的现浇作业。为了高质量完成现场现浇作业，可以应用数字化新型施工装备集成平台提升现场施工的自动化水平。新型施工装备集成平台为现场施工，特别是超高层建筑施工，提供了一个灵活、动态的场所。以下介绍两种新型施工装备集成平台，包括爬升钢平台和落地钢平台。

（1）爬升钢平台

爬升钢平台是超高层建筑现场高质量快速建造的新型重大施工装备，具有承载力强、集成度高、适应性好、智能在线监控等优势。该平台包含支承系统、动力系统、钢框架系统、挂架系统、模板系统等，全面集成各类施工设备、设施，通过便捷的立体交通网络及高效的场地布置规划，在智能在线监控系统指导下，可大幅提升建造效率。智能在线监控系统采用可编程逻辑控制，通过可视化三维软件平台对监测数据进行分析、处理，对运行指令、信号显示、运行状态和通信联络等进行综合调控，可实现同步爬升、负载均衡、姿态校正、过程显示和故障报警等多种功能（图7-17）。

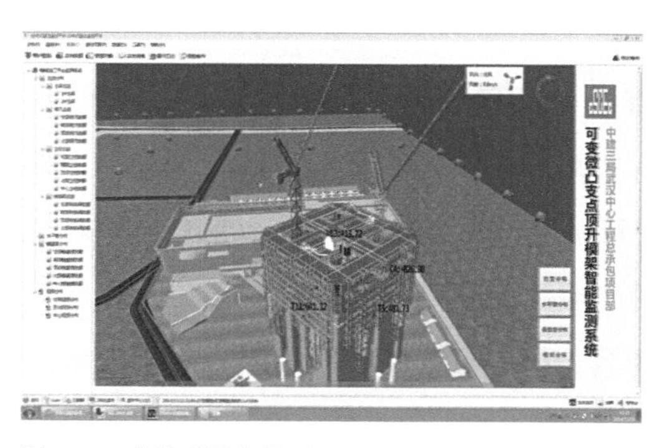

图7-17　监控系统主界面
（图片来源：中国建筑第三工程局有限公司）

将钢平台信息、监测信息、施工工况等信息集成在建筑信息模型中，智能在线监控系统可根据这些信息自动更新钢平台模型和结构计算模型，支持钢平台实时几何形态的可视化展示和复杂工况的模拟分析。

（2）落地钢平台

落地钢平台适用于80 ~ 180m高的建筑项目。落地钢平台是将单一功能的机械部件，通过多道钢构桁架操作平台高度集成，并用程序自动控制，在中央控制室内监控与记录建造全过程，从而实现功能互补与相互协调。落地钢平台具有多项独立的标准化部件，包括液压升降传动机组、自密实混凝土二次布料机、钢结构平台、中央控制室等。落地钢平台具有自动开、合模功能，能实现基于模板模架一次性精确安装，避免了传统现浇建造方式中反复支模、彩膜及隔离剂涂刷工序。

7.3.3 可视化管理平台

可视化管理平台采用面向全寿命周期质量控制信息化管理技术，以“建筑信息模型+物联网”为基础，通过协同平台准确安排每一层部品部件的装配进度和对应的供货计划，采用RFID实时追踪和反馈部品部件状态信息，借助建筑信息模型实现状态实时可视化。在模型中，处于不同进度阶段的部品部件呈现出不同的颜色，使得项目施工建造过程中的沟通、讨论、决策都在可视化状态下进行，以实现生产、储存、运输、装配全过程有条不紊，各环节的管理信息有迹可循。

采用物联网技术可以实现对每个部品部件的实时监控，为工程建造管理提供构件级别的数据。当预制工厂规模化生产后，基于物联网的全过程工程建造管理平台可支持工厂生产经理掌握所有部品部件的实时生产状态，以及各生产线的实时负荷情况，从而合理规划生产，避免积压库存。基于物联网的全过程工程建造管理平台可让相关管理人员快速了解施工动态，有针对性地调整生产计划。

另外，工程建造可视化管理平台，能集成预制构件产品合格证、各阶段质量验收数据、装配质量验收数据等数量庞大的质量信息，有助于实时控制现场预制构件生产加工质量、现场就位安装质量等。各阶段现场验收时，利用手持式设备可快速查看部品部件的规格尺寸大小、预留预埋，校核与模型是否一致，扫描部品部件（预埋RFID芯片）进行验收表单数据的填写并上传实时更新的影像。通过云平台可方便快捷地查阅所有部品部件从设计、生产、储存、运输到装配完成的全部信息。这种高效且有条理的质量管理为质量总体水平评定以及后续装配式建筑结构可靠性分析提供合理依据。

7.4 工程建造机器人

工程建造任务的复杂化和专业化催生出各种工程机械，如起重机、盾构机、高空作业平台等。随着人工智能和机器人技术的发展，加快了建筑工业化的步伐。工程建造机器人可以协助或代替人完成更复杂的工程建造任务，提高工程建造效率和安全水平，甚至在深海、深空、深地等极端环境下实现无人建造。

7.4.1 工程建造机器人智能化

自20世纪80年代起，工程建造机器人在工程施工、运维、破拆等阶段得以应用，现已初步发展成包括砌墙机器人、钢梁焊接机器人、喷射混凝土机器人、地面铺设机器人、拆除机器人、巡检机器人在内的庞大家族。美国SAM系列砌砖机器人可与工人配合完成砌砖工作；澳大利亚全自动砌砖机器人Hadrian X能实现砂浆的自动灌注和找平、自动定位砖块并精准砌筑；日本Robo-Carrier机器人可将重量级钢筋搬运至指定位置。

工程建造机器人的发展趋势是具备感知能力和自我调控能力的智能机器人。智能机器人对外界的感知能力很强，能在非结构复杂环境下完成动态、精细的作业，并且能实现多机协同。目前，全球多家企业、机构对智能机器人进行了大量研发并生产了相应的样机或产品，如美国Da Vinci手术机器人、美国Roomba系列清洁机器人、丹麦UR10协作机器人、日本Pepper家用机器人等。

然而，不同于制造业领域的工厂流水线生产作业，工程建造的过程绝大部分是在复杂的室外自然空间完成，且建筑产品尺寸大、重量大、造型多样。针对“制造—建造”生产模式下的多重复杂任务耦合、精细化定制建造和极端环境建造等发展需求，工程建造智能机器人应具备以下几种核心能力。

第一，强大的机械作业能力。工程建造智能机器人具有高性能的机构和驱动系统，能根据工程建造任务的不同需要，实现精细复杂或高负载比的重载操作，从而有效地减少繁重的人力工作。同时，工程建造智能机器人具备一定极端环境通过性（如爬过废墟、穿过坑洞等）和耐受性（如抗冲击、抗覆压、耐水淹等），能在极端工程环境中进行破障、顶升、铲除等作业。

第二，全面现场感知和远程再现能力。工程建造智能机器人能全面感知现场各种信息，辅助在线决策。除视觉传感器、位置传感器外，工程建造智能机器人可以视情况配置红外传感器、烟雾传感器、激光雷达以及各种工程现场检测仪器等，从而准确地构建工程建造的几何模型和物理模型。

第三，自主学习、自主规划和适应能力。工程建造智能机器人具备在线修正和强大的自学习能力，能通过在线训练和操作历史数据的积累，提高执行工程建造任务时的鲁棒性和适应性。工程建造智能机器人具备先进的控制和规划算法，可以处理更大不确定性和大量机构自由度的场景，如具有12个自由度以上的移动建造平台，能有效地搜索高维空间，实现复杂工程建造场景下的自主规划。

第四，人机自然交互能力。工程建造智能机器人具备与人类合作共同完成复杂的工程建造任务的能力。这就需要重视人机的合理功能分配、人机的相互作用、机器人和人的安全性；能充分考虑工程建造任务的需求，通过简单、明确、自然的人机交互接口，使人与机器人实现协同工作，减轻人的操作负担和认知负担。

上述智能机器人的核心能力将在诸如部品部件柔性生产、现场高质量快速建造、现场工程检测、运营维护以及对极端环境的探索开发等诸多应用领域得到体现。利用智能机器人进行安全、高效、精细的工程建造已经成为全球建筑业的关注热点。以下将介绍四类工程建造智能机器人。

7.4.2 建筑3D打印机器人

建筑3D打印技术主要源自21世纪初期美国南加州大学Khoshnevis教授提出的“轮廓工艺”3D混凝土打印技术。该技术早期采用龙门式3D打印机横跨于待建建筑物之上，在指定位置逐层堆砌，打印建筑产品[136]。后期逐渐演变为由大型工业机器人完成打印。但是，建筑产品尺寸受限于龙门吊车的跨度或大型工业机器人的作业空间，而增大这些装备的尺寸必将增加建造成本。因此，采用与建筑产品同样尺度的巨型建筑3D打印机或大型工业机器人打印建筑的做法是不可取的。为了突破尺寸限制，给打印复杂结构的建筑提供更多可能，需要将自主移动机器人与建筑3D打印技术相结合，这便催生出3D打印智能机器人。

3D打印智能机器人集成3D打印成型装置，在输入待建工程的信息模型后，能利用其自身具有的自主控制、规划以及可移动的能力，通过自适应算法确定适合打印的区域并规划出终端打印轨迹和打印流程，实现自由路径打印工作。3D打印智能机器人不仅可以打印如“轮廓工艺”中所展示的单体式房屋建筑，还可移动完成桥梁、道路，甚至隧道等长距离线性工程的建造。例如在荷兰MX3D Bridge项目中，移动式建筑3D打印机器人采用堆焊3D打印技术，逐层打印钢桁架，创造出造型独特的桥梁。

3D打印智能机器人的一项重要应用是在极端环境下的原位建造。随着人类对生存空间的拓展，工程建造已经逐步由大陆向两极地区扩展，未来还将向深海、深地和深空区域扩展。这些极端环境一般远离目前人类活动集中的大陆地区，长距离运输建造材料将耗资巨大。因此，采用3D打印智能机器人就地取材，自主移动至指定位置进行原位建造成为一种可行的解决途径，如在极地环境中利用冰、在沙漠中利用沙等形成建筑物。原则上，只需为智能3D打印机器人提供原料和能源，便能实现快速、自主的工程建造。

美国麻省理工学院Media实验室研发了名为“数字建造平台（DCP）”的移动式原位建造机器人系统（图7–18）。该系统由履带式移动平台、太阳能板电源模块、伸缩式动臂和工业机器人手臂等组成。在极端环境下，该系统可通过搭载的机器视觉模块智能识别场地信息、自主规划路径并移动至目标区域，利用太阳能板展开给系统供电，机器人手臂末端集成的铲斗等机构将自主原位收集材料，再传输至材料制备模块并最终通过3D打印实现快速原位建造建筑物和构筑物[137]。

图7–18 “DCP”3D打印建筑
（图片来源：Steven Keating/Mediated Matter Group）

在极端环境原位建造中，月面原位建造是当前一些国家关注的热点问题。目前，科学家已证明3D打印可处理月面疏松材料，该方法在未来具有实现的可能性。极端环境还包括其他人类难以抵达的区域，比如大型自然灾害地区，可以利用智能3D打印机器人进行灾后快速原位建造。

7.4.3 工程检测机器人

工程检测是为保障工程建造质量及服役性能安全而进行的一项重要工作。一方面，施工现场需要对使用的混凝土、钢筋等工程材料进行强度、应力等力学物理性能进行检测，以保证工程建造质量。特别是在地下桩基、隧道壁后注浆、装配式结构节点等隐蔽工程，需要开展垂直度、灌浆饱和度、空洞等一系列无损检测项目，以确保达到工程设计要求。另一方面，工程建造过程的临时性结构受荷载作用影响，服役期间的永久结构在经过长期使用后性能逐渐退化，也需要工程检测来定量评估临时性结构安全及服役结构寿命和可靠性，特别是在地震、爆炸、火灾等极端荷载冲击后必须快速有效地开展工程结构的检测，为应急救援和灾后恢复提供重要依据。随着工程建造及服役所面临的极端环境挑战越来越突出，常规的人工检测手段难以达到工程检测实时与精准的要求。为了有效完成极端环境中工程建造材料、服役结构性能以及灾后结构评估中的工程检测，在机器人技术的发展推动下，智能检测机器人应运而生，它可以满足各种恶劣环境下的工程检测需求。

智能检测机器人集成多种传感器，通过扫描、发出波频、力反馈等多种方式实现对环境或目标的精细化自主检测，而且可用于空间尺度较大的建筑物。智能检测机器人的智能性体现在两个方面：一是传感技术的智能化，工程上已经采用现有的成熟技术如超声波、微波、激光等获取相关信息并进行检测分析，而新的无损检测技术如毫米波、太赫兹等研究逐渐成熟，将推动工程检测的精准化和快速化发展；二是检测分析的智能化，面对工程检测所产生的检测图像、视频、传感器数据等海量多源异构的检测数据，人工分析手段无法有效分析处理，因此需要运用深度学习等方法提供工程检测分析结果。

根据建筑业的需求，工程检测机器人将主要应用于施工阶段和运营阶段。施工阶段的应用集中于工程施工过程中的现场作业质量检测。在此方面，美国Doxel现场进度质检机器人通过搭载激光雷达来扫描建筑工地，确保在既定的时间和地点安装正确构件，从而准确地实时监控施工进度，跟踪施工情况。该机器人向目标发射激光束，然后将接收到的从目标反射回来的信号与发射信号进行比较并做适当处理，便可获得目标的有关质检信息。运维阶段的应用主要集中于房屋、桥梁、隧道等建筑设施的现场巡检。在此方面，欧洲ROBO-SPECT机器人能利用超声波和计算机视觉，得到隧道裂缝周围的三维点云图像并通过颜色显示标记出观测到的裂缝情况，自动测量变形隧道断面。美国佐治亚理工大学研发了一款现场结构扫描机器人

GRoMI，能集成激光扫描和红外摄像的采集数据，通过颜色标记自动识别各类建筑结构及这些结构可能存在的缺陷[138]。美国内华达大学设计了一款桥梁巡视机器人，用于桥梁缺陷、结构腐蚀和其他故障的智能检测，该机器人通过使用探地雷达将雷达信号发送到桥梁表面，基于反射信号得到的雷达图判断混凝土腐蚀状况，并用蓝色、绿色、橙色和红色表示不同的腐蚀程度。在未来，工程检测机器人将拥有更多的应用场景，包括在太空中对月面建筑进行检测，在深海对海底管道进行检测等。

7.4.4 可穿戴外骨骼机器人

可穿戴外骨骼机器人是一种人与机器人相互协作，将人的智慧和机器人的力量、速度、精确性和耐久性相结合的辅助性机器人。可穿戴外骨骼机器人包括关节外骨骼、上肢外骨骼、下肢外骨骼以及全身外骨骼机器人，它们不仅可以成为保护工人身体的外壳盔甲，也可以起到增强工人身体力量的作用。

可穿戴外骨骼机器人的关键技术包括脑机接口、可穿戴技术和遥操作控制技术。脑机接口技术又称为脑机融合感知技术，利用这种技术可以直接建立人脑和外骨骼机器人控制端之间的信号连接和信息交换，从而使工人更加直接、快速、灵活地控制外骨骼。可穿戴技术强调实现一套舒适穿戴、灵活控制、无多余负重感的外骨骼机器人外壳，这种技术对于作业环境复杂、施工工艺技术难度高的施工场景来说尤为重要。遥操作控制技术使工人穿戴一套拥有环境信息输入、力反馈、遥操作等功能的外骨骼套装，从而在相对安全舒适的室内环境中精准控制现场施工。

上述关键技术说明，将可穿戴外骨骼机器人大规模应用到工程建造中需要重视机器人的安全性和人机自然交互能力。综合可穿戴外骨骼机器人的发展情况，其人机交互方式可以按照信号获取的方式分为电信号（如脑电）和肢体动作。脑电信号交互与脑机接口技术密不可分，是一种最理想、最迅速的交互方式；肢体动作信号采集常用的是外骨骼关节力矩、末端操纵杆等，是目前发展比较完善的人机交互技术。例如，日本HAL外骨骼机器人能够帮助工人完成重体力劳动并对工人的腰部进行支撑，降低腰部受损伤的几率（图7–19）。

图7–19 HAL轻型劳动力及腰部支撑
（图片来源：Cyberdyne/NEDO）

7.4.5 仿生群体机器人

仿生学是连接生物和技术的桥梁，其广泛应用于医疗、军事、机械制造、机器人设计等领域，旨在为人类提供更灵活、更高效、更经济和更可靠的技术系统。随着未来工程建造任务的复杂化，为了保证施工效率，需要多个工种、多个工人的组织协调和相互配合，这类似于生物界的群体组织工作现象。例如，蚂蚁在筑巢过程中分工明确，搬运植物、堆放土壤、挖通道、建蚁室等工作协调安排、井然有序。受生物群体中个体间的组织、交流和协作的启发，让智能机器人相互协作、沟通交流、彼此配合，使其成为仿生群体机器人，有助于提高施工效率。

仿生群体机器人结合仿生学和机器人技术，充分利用群体优势，表现出高组织性。单独的个体功能和群体进行协作，便能完成高度复杂的任务，具有较高的鲁棒性和灵活性，且成本相对较低。另外，仿生群体机器人的发展不仅注重多个机器人的协同配合，同时也期望增强单个机器人承担不同工作的能力，即机器人变胞技术理念。该理念旨在让机器人的结构在瞬间发生变化，从而适应不同的任务场景。基于变胞技术理念，只需设计一种拥有变胞能力的智能机器人，就能利用多个这样的个体完成钢筋绑扎、砌块搬运、砌块堆砌、墙面处理等墙体砌筑的全部工作。

仿生群体机器人的最大特点是能通过“迭代学习”适应复杂多变的施工环境和作业类型，提升自主学习和环境适应的能力，保证各个个体的专业度和可靠性。“迭代学习”的根本目的是让机器人仿照人类的学习特点，不断进行迭代使其学习的实际输出轨迹能快速接近人类期望的轨迹。利用这种方式，仿生群体机器人能自主学习多种作业模式，迅速掌握各种施工工艺，适应不同类型的施工环境，从而代替工人群体完成复杂的工作。美国哈佛大学韦斯研究所（Wyss Institute at Harvard University）的工程师研发的TERMES小型群体建造机器人可以感知周围环境，沿规定好的栅格搬砖移动（图7–20）。整个系统不会因一个机器人故障而瘫痪，并且如

图7–20　TERMES小型群体建造机器人
（图片来源：Wyss Institute at Harvard University）

果工程规模扩大，只需对机器人的数量进行增减即可。

另一个例子是由日本东京工业大学研发的多机器人装配系统（Automatic Modular Assembly System，AMAS）。在这个系统中，每个装配机器人的两个末端执行器分别用于控制积木和固定拼搭结构，以蠕虫状方式完成复杂的装配任务（图7–21）。

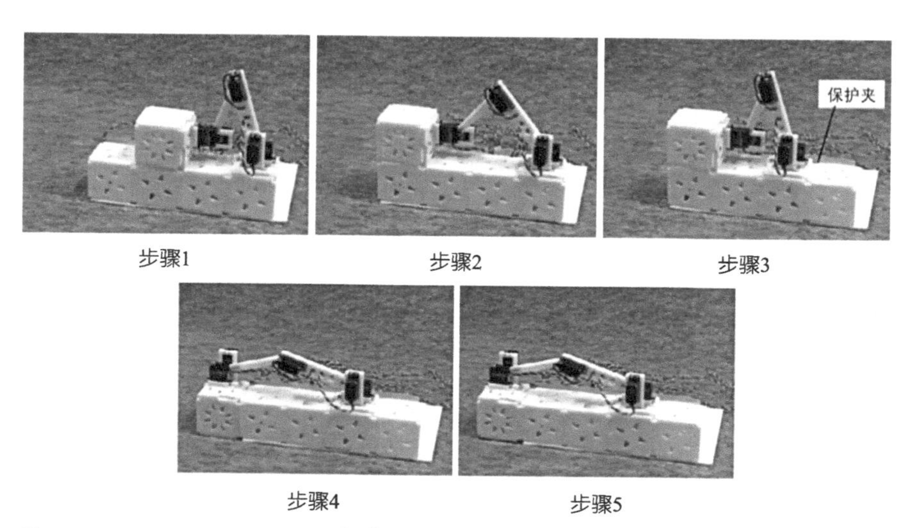

图7–21　AMAS多机器人装配系统[139]

CHAP

8

第 8 章

建造服务化

数字建造推动建筑业从产品建造向服务建造转型，通过提供“产品+服务”，实现企业向价值链高处迁移。本章重点阐述工程建造服务化的理念与价值，介绍建造服务化的类型与模式，包括工程建造生产性服务和建筑产品消费与运维服务。

8.1 工程建造服务化理念与价值

从两封信说起。

武汉市鄱阳街53号的景明大楼，是一栋设计年限为80年、修建于1917年的6层建筑。1999年，也就是在其服役的第82年，业主收到了英国设计单位发来的一封信函，告知该楼已超期服役[140]。远隔万里，跨越80年的沧桑，楼已残旧，但服务却未终止。无独有偶，2005年，广州市政府也收到了一封英国企业的来函，提请广州市政府注意，其1950年修建的海珠桥，所使用的钢材来自于英国的一座旧桥，其寿命已近百岁了[141]。

这两封信让我们看到了建造衍生服务的含金量。当年的设计者和建造者或许早已不在，但这两份郑重提醒却还能跨越沧桑、漂洋过海而来，这便是“建造+服务”的生动体现。

8.1.1 建造服务化的理念与类型

建造服务化的提出借鉴了制造服务化的理念。20世纪60年代，生产性服务业的兴起为制造服务化的产生和发展奠定了基础。生产性服务（Producer Services）的概念最早是由美国经济学家 Green-field在研究服务业及其分类时提出的。该服务主要指以人力资本和知识资本作为主要投入品，贯穿于工业生产过程各环节，能够有效提高生产效率、保证生产连续性的生产配套服务，如信息服务、生产性租赁服务等，是二、三产业加速融合的关键环节。在此之后，又有学者进一步提出“服务增强（Service Enhancement）”的概念。对这一相关研究，各国的称呼略有不同，但就其内涵来说，都是指在提供具体的产品本身外，还向消费者提供信息或服务。如服务增强型制造、服务导向型制造、基于服务的制造等，其核心都是借助服务提高产品竞争力，并通过服务化转型获取新的价值来源[142]。

在我国，这种制造与服务融合产生的新型生产模式，一般称为服务型制造，最早于2006年底正式提出[143]。它是现代信息技术高速发展和经济全球化背景下出现的一种高效创新的制造模式，主要依托产品的制造和服务的提供，实现制造价值链中各利益相关者的价值增值。可分为两大类：一类是制造网络中的合作企业相互提供的生产性服务和服务性生产，目的是实现制造资源的高效整合和自身核心业务的培养；另一类是借助产品服务的融合或客户全程参与，为客户提供个性化定制产品及服务，实现全寿命周期的价值增值。它是基于制造的服务，也是为了服务的制造[144]。

服务型制造可按组织形态分为面向服务的制造（以满足顾客的服务需求为目的，设计和制造产品）和面向制造的服务（即生产性服务）；也可按服务对象分为面向最终消费者的服务和面向生产企业的服务。

建设行业与制造行业同属第二产业。得益于数字技术在工程建造领域的广泛渗透，工程建造行业也可像制造业一样，向服务化转型。工程项目各建设方能够协同合作，最终用户全程参与建造过程，从而实现工程建造价值链子系统的互联互通、协同运行，提升建设行业的系统性服务能力。同时，在数字技术的支持下，建造过程中的大量信息得以收集、利用，能够产生新的增值数据产品。建造服务化是在互联网科技、数字化技术快速发展的背景下，由服务与建造融合出的新的建造模式，是面向服务的建造和基于建造的服务的整合。是为了实现建造价值链中各利益相关者的价值增值，通过建造过程服务化和产品使用服务化两种方式，为相关利益体及最终用户提供个性化的“建造+服务”综合解决方案，实现建造资源高效整合的一种新型建造模式。

建造服务化可以从组织形态和服务对象两个方面进行分类。从组织形态来看，建造服务化可以分为服务企业向建筑领域的拓展和建筑企业向服务领域的渗透。从服务对象来看，建造服务化又可以分为建造过程服务化和产品使用服务化，且两者可进一步分为基于数据的工程咨询、网络协同建造服务、工程金融服务以及个性化服务、专业化维护和智能产品的系统解决方案，如图8-1所示。

建造过程服务化，属于生产性服务。针对“建造过程”，可以是工程建设项目全寿命周期，也可以是项目决策、实施、运营直至拆除阶段中的任一环节或若干环节组合。如基于数据的全过程工程咨询服务，就是利用多种咨询方式组合，基于外部环境数据、经验数据及该项目相关数据，为项目全寿命周期或某一特定阶段提供局部或整体的工程咨询服务。如在项目决策阶段，提供项目前期策划顾问服务和项目规划设计顾问服务；在项目实施阶段，提供施工监督管理服务等。也可以是网络协同建造服务，如搭建地铁安全网络协同管控平台，汇集进度、成本、质量、安全、合同以及工程资料等各类工程大数据，将六道监管防线资源进行整合，为安全

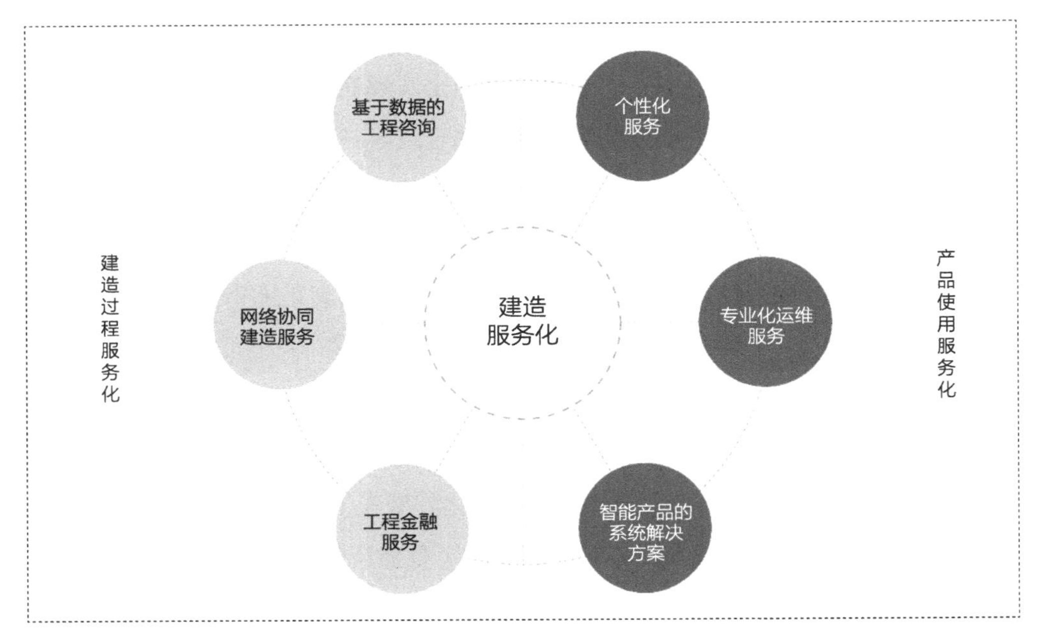

图8–1　建造服务化的分类

管理提供科学分析决策，有效保障地铁施工全要素、全过程、全主体安全。还可以是工程金融服务。建造服务化的工程金融服务，改变了传统金融服务仅作为外部支持服务的单一形象，将金融模块内嵌于建造系统内部，解决工程建造全流程或重点环节金融服务需求，增强建造系统综合能力。

产品使用服务化，针对的则是产品的使用过程，指为用户在使用阶段、体验方面提供服务，是面向工程产品消费者的服务。其将建造与服务紧密结合，充分考虑最终用户的需求，深入用户的业务领域，通过向两端延伸产业链条，满足用户由于使用建筑产品而派生的服务需求，为最终用户提供优质建筑产品+优质服务体验。如考虑到用户越来越重视服务体验，且希望参与设计建造过程、携手专业设计人员共同打造自己的个性化建筑空间的需求，企业可以向建筑产品的上游产业链条方向延伸，为用户提供参与建筑设计的个性化体验，并在用户参与或与其交互的情境下，最大程度地了解用户的个性化要求，提供个性化定制建造服务。又如考虑到不同年龄层次、工作状态、消费层级的租客的不同租房需求，提供可选择可定制化的租赁空间与配套服务。再如，考虑到特定群体的特殊需求——老年人的养老需求等，除设计建造符合老年群体使用要求的建筑产品外，还增加后期的管理与服务环节，为老年群体提供养老不离家的养老新模式。也可以是在公共建筑、基础设施等建筑产品交付后，为业主提供专业化的运维服务，如节能导向的专业化运维服务、复杂工程的智能化运维等。还可以考虑用户的健康追求、智能化需求等，为最终用户提供科技与健康兼备的“智能产品的系统解决方案”。

8.1.2 建造服务化产生的价值

改革开放以来，建筑业作为我国重要的物质生产部门，虽然得到了高速发展，产业规模、企业效益、技术装备及建造能力都有很大提升，但是工业化程度还是较低，仍然滞留在劳动密集型产业阶段，经营管理方式粗放，企业利润微薄。而且，人口红利的消失也使得过去30年我国建筑业发展所依赖的劳动力优势将不再持续，劳动力供给减少、劳动成本快速上升进一步压缩传统建筑行业的利润空间。

建筑企业若要在这一背景下继续生存与发展，就必须在不断变化的外部环境中寻找新的增长点。工程建造服务化为整个建筑行业发展提供了新路子。一方面，以培育新的业态为建筑业注入了新的生命力。另一方面，由于提供了功能更强、更符合用户需求的高质量建筑产品和服务，使得整个行业的专业化水平得到提升、资源得到高效利用。工程建造服务化为企业、市场、行业乃至整个资源环境以及用户都带来了价值增值。具体表现为以下四个方面。

1. 建造服务化为企业带来价值增值

对企业而言，建造服务化提供了新的动力和增长点。在服务经济时代，服务是企业的利润源泉。通过增加建筑产品的衍生服务，拓宽盈利方式和渠道，能够为企业的发展提供新的动力和增长点。同时，通过提供服务，可使建筑企业与业主的关系从短期的一次性的交易转变为长期稳定的合作关系，使建筑企业从不稳定的低利润困境中走出来。

2. 建造服务化为市场带来价值增值

对市场而言，建造服务化培育了新的业态。通过在建造过程中嵌入服务要素，拉长产业链条、增加服务内容，从而产生新的盈利点。如提供基于数据的全过程工程咨询服务、工程金融服务、主动化维护服务等，为传统建筑业注入新的生命力，刺激市场增长。

3. 建造服务化为行业及整个资源环境带来价值增值

对行业而言，建造服务化提升了专业化水平。工程建造服务化引入多种先进的管理思想、理论、技术和方法，可以更有效地利用、整合资源，从而改善传统建筑业生产经营管理方式粗放、能耗大等问题。通过诸如协同建造服务、系统解决方案等服务，能够集成整合各种建造要素，降低不必要损耗，更加有效地利用资源，实现绿色可持续发展。

4. **建造服务化为用户带来价值增值**

对用户而言，建造服务化提供了功能更强、更符合用户需要的高质量建筑产品和服务。经济发展水平的提高使得消费者的可支配收入快速增加、消费水平不断提高，对建筑实体的需求也趋向多样化。用户不再满足于建筑的基础使用价值，而是对建筑系统中的建筑形态、建筑的附加价值以及从中获取的心理满足等越来越关注，追求个性化、专业化、智能化以及绿色健康。工程建造服务化适应于用户需求的不断增长，由提供建造生产基础效用转变为满足利益相关者及最终用户个性化需求的总效用，满足各方服务需要，为用户提供功能更强、更符合用户需求的高质量建筑产品和服务。

事实上，已经有越来越多的建设行业相关企业意识到走向服务化的必要性，率先进行了服务化转型。比如将企业业务拓展到工程金融、旅游、养老等。

8.2 建造过程服务化

建造过程服务是面向工程产品建造活动的生产性服务，是现代服务业发展形成的新业态。传统的建筑企业从事单一的建造工作，盈利空间非常有限。企业可以增加面向建造活动的生产性服务，如基于数据的全过程工程咨询、可支持参建各方网络协同工作的网络协同建造服务，以及嵌入建造系统内部的工程金融服务等。如此，不仅能够优化建造活动、提升整体建造水平，还帮助企业实现盈利增收。

8.2.1 工程咨询

工程咨询服务这一行业在国内兴起、发展已有几十年历史，它主要是为客户提供项目决策和管理方面的咨询服务。其服务业务牵涉面广，涉及政治、经济、技术、社会、文化等多个领域，需要考虑各种复杂多变的因素，运用管理科学、工程技术、法律法规等多学科知识经验，协调和处理方方面面的问题；服务对象可以是政府部门，也可以是项目业主或其他各类客户，可针对项目全寿命周期的任一环节或若干环节组合提供局部或整体的咨询服务；要求多学科知识、技术、经验、方法和信息的集成及创新，提供工程咨询服务的企业具有知识密集型要求。工程咨询服务包括如下内容。

在项目决策阶段，提供项目前期策划顾问服务和项目规划设计顾问服务，对项目进行可行性研究（市场调研、初步规划设计、项目建议书、环境评价报告、节能报告），编制可行性研究报告，进行市政配套调研；协助业主获取选址意见书、土地出让合同、建设用地批准书、土地使用权证等系列文件，并制定相应的筹资方案，配合业主落实筹资情况。

在项目实施准备阶段，提供多方面的专业顾问服务，包括招标代理、工程监理、造价咨询、法律顾问、保险咨询、税务咨询、专业技术顾问服务等，配合业主方项目管理团队制定管理文件、筹划项目建设的各项工作。协助项目管理团队编制项目设计纲要、进行地质勘探，为业主提供设计招标服务，确定设计单位，并依次完成建筑规划设计、方案设计、初步设计、施工图设计及专业分包施工图设计等的管理工作，完成图纸、文件及专业设计审查；帮助项目管理团队确定采购发包模式及合同包划分方案，为其准备标书、合同文件，提供施工招标服务，并协助合同签订后的备案、登记工作；还可提供物业顾问服务，进行物业管理策划；协助业主获取建设用地规划许可证、准拆证、建设工程规划许可证等系列文件，并审查筹资活动中的付款申请书和分期付款情况，编制建设项目投资计划。

在项目实施阶段，主要提供施工监督管理服务。在协助业主获取建设工程施工许可证后，对土建施工、装修施工、室外环境条件施工、机电设备安装施工、单系统调试、全系统联合调试等工作的实施进行监督管理；物业顾问方面，协助业主或物业管理单位编制运营方案。

在投产竣工阶段，协助业主完成竣工验收、档案交办、竣工结算、项目决算等工作；协助投产准备工作、试运营和正式运营等工作；提供项目后评价服务。

建设领域的AECOM公司，便是成功地由一个建筑设计公司，转型成为利用数据和数字化技术从事全过程工程咨询服务的企业。AECOM公司的名称意为Architecture、Engineering、Construction Management、Operations、Maintenance，涵盖了项目设计与工程技术方案—建设管理—运营维护全寿命周期的工程咨询服务。业主可以根据自己的需要，随意组合不同建造过程的不同服务内容，既可单独做工程咨询，也可以同时选择咨询和设计服务，还可选择咨询、设计、施工管理一体的交钥匙工程。由于AECOM公司拥有交通运输、基础设施、环境、能源、水务和政府服务等多领域全项目周期所需的技术和专家，形成了大量的企业知识积累，使其能提供多领域全周期的工程咨询服务。如果没有数字技术，不对企业知识进行有效管理、学习和积累，一家公司很难做到跨行业、跨专业的全过程咨询服务。而且通过信息化存储企业经验知识，企业的专业化水平也得到进一步提升。

我国工程咨询服务也有成功的模式，如丁士昭教授倡导并实施的工程项目总控。它是在项目管理基础上，结合企业控制论发展起来的。服务对象主要是项目顶层决策者，工程项目总控借助收集、处理大型工程项目信息指导项目建设，为决策者提供全局性和总体性咨询服务[145]，实现强化项目目标控制及项目增值。其中，关于项目进度目标控制的部分，称为进度总控，是项目总控的一个子类。进度总控的任务是运用系统的观点对整个建设过程的进度实行策划与控制，包括影响任一建设过程或过程交界面、节点进度的所有可能因素。在特大型工程背景下，尤其受到业主的关注，并逐步形成专项咨询业务。

以北京大兴国际机场建设为例。该机场预期建成“三纵一横”全向构型的4条跑道、五指廊放射构型航站楼及“五纵两横”综合交通主干网络，工程总投资约800亿人民币，如图8-2所示。机场航站区总用地面积约27.9hm^2，总建筑面积103万m^2，南北长1753m，东西宽1591m，超过了首都国际机场T3航站楼，是目前全球最大的机场航站楼。

北京大兴国际机场作为中国规模最大的空地一体化综合交通枢纽，由机场直接相关工程（包括机场、空管、供油及航空公司基地等）、外围市政配套工程（包括

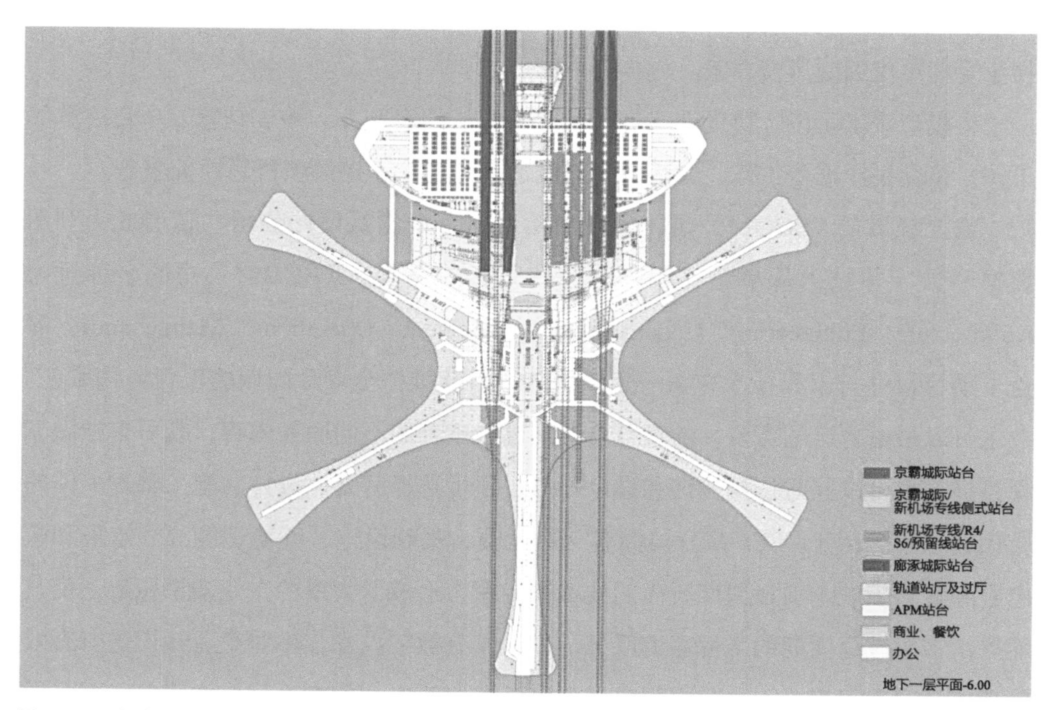

图8-2　北京大兴国际机场五指廊放射型航站楼平面图
（图片来源：同济大学北京大兴国际机场工程进度总控项目组）

供电、供水、排水、排污、高速公路、地面道路、高铁和地铁等）以及其他工程组成，其进度总控目标由建设目标和运营筹备目标组成，形成机场投用目标。项目呈现出投资主体多、涉及单位多、综合性强、界面复杂等复杂工程的典型特征，进度管控难度高。为此，项目引入了进度总控模式，聘请第三方咨询机构作为进度总控服务方，把握项目的总体进度，以“组织模式—界面控制—过程控制”的管理循环形成项目进度总控环（图8–3）。

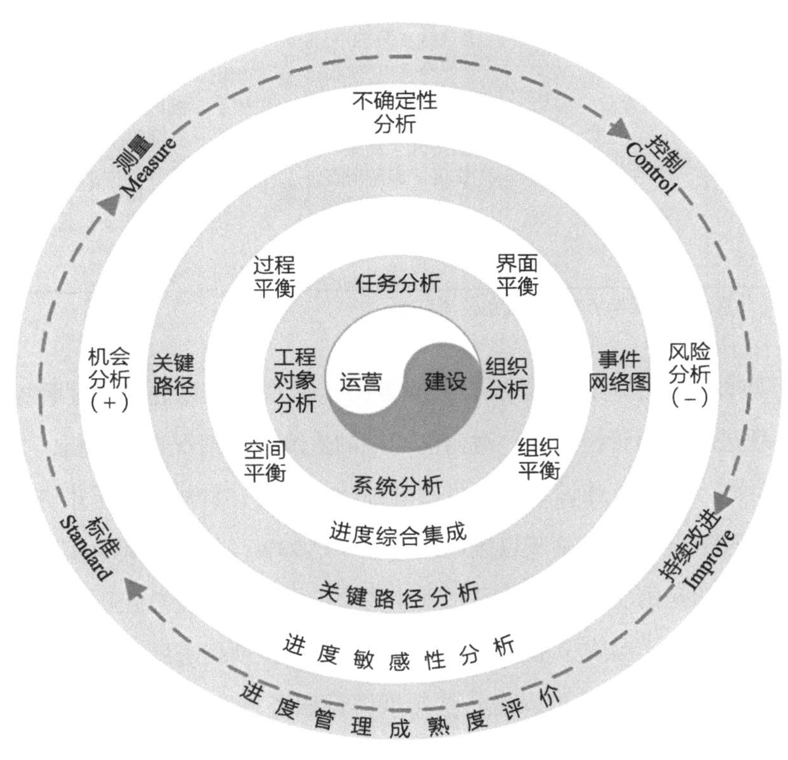

图8–3　进度总控环（管理循环）
（图片来源：同济大学北京大兴国际机场工程进度总控项目组）

在项目建设的前期，进度总控方对整个项目的进度目标进行总体策划，包括项目进度目标的可行性论证、项目总进度计划与专项进度计划的编制。在项目建设过程中，进度总控方对设计准备、设计、招标、采购、施工、设备调试等各个环节的四大类可能影响进度的因素（合同、技术、经济及组织管理因素）进行总体策划与控制。

进度总控一个重要的工作环节，是对建设过程交界面（如设计准备过程与设计过程之间）的总体策划与控制。这是因为上一建设过程的结果会对后续过程的进度产生影响。北京大兴国际机场项目交界面复杂，包括过程界面、专业界面、空间界面、施工活动界面和组织界面等多种交界面（表8–1）。必须对各交界面上的输入输出进行控制，明确交界面之间信息依赖、信息控制、信息共享和信息关联关系。通过界面平衡、组织平衡、空间平衡和过程平衡，形成综合集成的进度控制关键点。

北京大兴国际机场界面表

表8–1

过程界面	专业界面	空间界面	施工活动界面	组织界面
设计阶段–施工阶段 施工阶段–运营筹备阶段 设计阶段–运营筹备阶段等	土建专业–安装专业 建筑专业–结构专业 给水排水专业–电气专业 空调通风专业–电气专业等	飞行区–航站区 航站区–工作区 飞行区–地铁 航站区–地铁 航站区–高铁 工作区–市政配套 工作区–外部道路 地下结构–上部结构等	地下结构–地上结构 土建施工–机电施工 土建施工–装饰施工 土建施工–幕墙施工 装饰施工–屋面施工 各专业分包间等	建设部门–运筹部门 机场指挥部–空管 机场指挥部–航油 机场指挥部–外部配套单位 北京市政府–河北省政府等

来源：同济大学北京大兴国际机场工程进度总控项目组。

在项目建设过程中，进度总控咨询服务团队每月进行总进度月度管控报告、每两周进行专项进度双周管控报告，对当前周期的进度完成情况进行分析，并对下一周期关键节点计划、建设工作计划进一步明确细化，同时，针对近期重难点工作给出建议。该项目建设进度控制关键节点按计划完成率达93%，比较顺利地实现了项目竣工目标。需要说明的是由于咨询团队已完成10多项机场建设进度总控项目，积累了大量的数据和丰富的经验，形成了基于数据驱动的机场建设项目进度总控服务新业态。

在大型复杂工程中，还可以进一步拓展咨询服务内容。当前我国工程咨询服务存在的主要瓶颈是服务过于碎片化，不能为客户提供全过程完整的管理方案。对于碎片化问题，依据整体性治理理论，应不断从分散走向集中、从部分走向整体、从拆分走向整合，实现无缝隙且非分离的整体型服务[146]。

我国也越来越重视全过程工程咨询服务，《国务院办公厅关于促进建筑业持续健康发展的意见（2017）》中指出，要“培育全过程工程咨询”“鼓励投资咨询、勘察、设计、监理、招标代理、造价等企业采取联合经营、并购重组等方式发展全过程工程咨询”[147]。在数字技术的支持下，建造过程中的大量信息得以收集和利用，为全过程工程咨询提供了数据基础，企业可以更好地从数据中获取信息和提炼知识，解决客户在不同阶段的服务需求，为项目决策、实施和运营提供局部或整体解决方案。

8.2.2 网络协同建造服务

网络协同建造服务借鉴于网络协同制造。网络协同制造服务是在互联网技术高速发展的背景下提出的。互联网技术逐步影响到制造业产业链中越来越多的环节，并催生出制造业资源配置的新方式。

为了提高市场竞争力，制造企业迫切希望能缩短产品生产周期，提高生产力和工作效率，从而降低生产成本。于是，外包和协作等策略越来越得到重视。此外，日趋复杂的产品需求迫使更多的制造企业参与进来。生产过程涉及的核心制造企业、供应商、分销商和零售商越来越多，生产计划和控制变得更加复杂，再加上传统协作模式多是通过邮件或电话等方式进行简单的沟通，信息共享、技术交流效率不高，协作效果大打折扣。为实现企业内部与企业之间灵活、高效的资源协作和整合，网络协同制造服务应运而生。网络协同制造服务的核心思想是利用制造服务的组合，通过计算机网络的协调和运作，将分布在不同地点的制造资源（人力、设备和信息资源）组织起来，打破时间和空间约束，共同完成复杂产品的制造过程，缩短产品开发和生产周期，提高企业的市场竞争能力[148]。

其具体的实现过程，主要依靠网络协同制造平台来支持协同制造链的组织和运行。该协同平台是以提供资源共享服务为主要功能的信息基础结构，可以是若干固定合作伙伴间的小型网络协同平台，也可以是开放的大型网络协同平台。用户注册成为平台用户并登录后，即可进行协同制造链的组织，按需动态地选择合作对象；确定产品参与方后，各方便可在协同平台上进行制造设计数据及制造资源的共享，实现制造链条各方资源的集成。

网络协同制造服务将传统的串行工作方式转变成并行工作方式，且各企业仅需关注产品的一部分或者某个零部件的制造，使其工作更加具有专业化特性。产品生产速率和质量都有了很大提高，整个生产过程的效率得到优化，整体竞争能力提高。另外，通过网络化协同实现信息共享，能够使资源得到合理分配，可以有效地在企业内或者是企业间各个工厂、仓库调配物料、人员及生产等，减少订单交付周期；可以使订单拉动式生产成为可能，降低企业的原料与物料的库存成本；实现制造过程的物流可见性、生产可见性、计划可见性等，更好地监控企业的制造过程；可以帮助企业实现流程管理，降低流程维护与改善成本，节约资源。

目前，网络协同制造技术在飞机制造领域得到非常广泛的应用。一架普通客机就包含了几百万个零件，单个企业很难独立完成全部制造，必须进行跨专业、跨企业、跨地区，甚至是跨国家的企业协同合作。例如，波音公司在研制波音787客机过程中，利用达索（Dassault）的PLM套件创建了全球网络协同平台，联合全球大约6000余名工程师共同完成了波音787客机各项功能的协同研制工作。

同样的道理，由于目前建设工程项目规模日趋庞大，实施过程及涉及的相关技术也日益复杂，导致工程参建主体日益增加。然而在建设过程中，各个参建主体之间的信息数据难以及时传递与沟通，无法支持工程有效决策。为此，可以搭建网络协同建造服务平台，更好地为项目建造服务，提升项目决策效率和工程安全质量。

例如在地铁工程中，安全管理十分重要。地铁安全管理，主要由业主单位、施工单位、监理单位和第三方监测机构共同实施完成。但是在过程中，各参建主体间各自为政，安全工作资料数据共享程度有限，数据没有得到有效利用和分析，使得整体安全管控工作效果不佳，一旦发生危险情况，响应不及时，极易引发安全事故。为此，可以借助网络协同的理念，搭建大数据驱动的地铁施工安全综合集成控制平台，支持地铁建设项目的各参与方协同管控地铁工程建设安全，如图8–4所示。

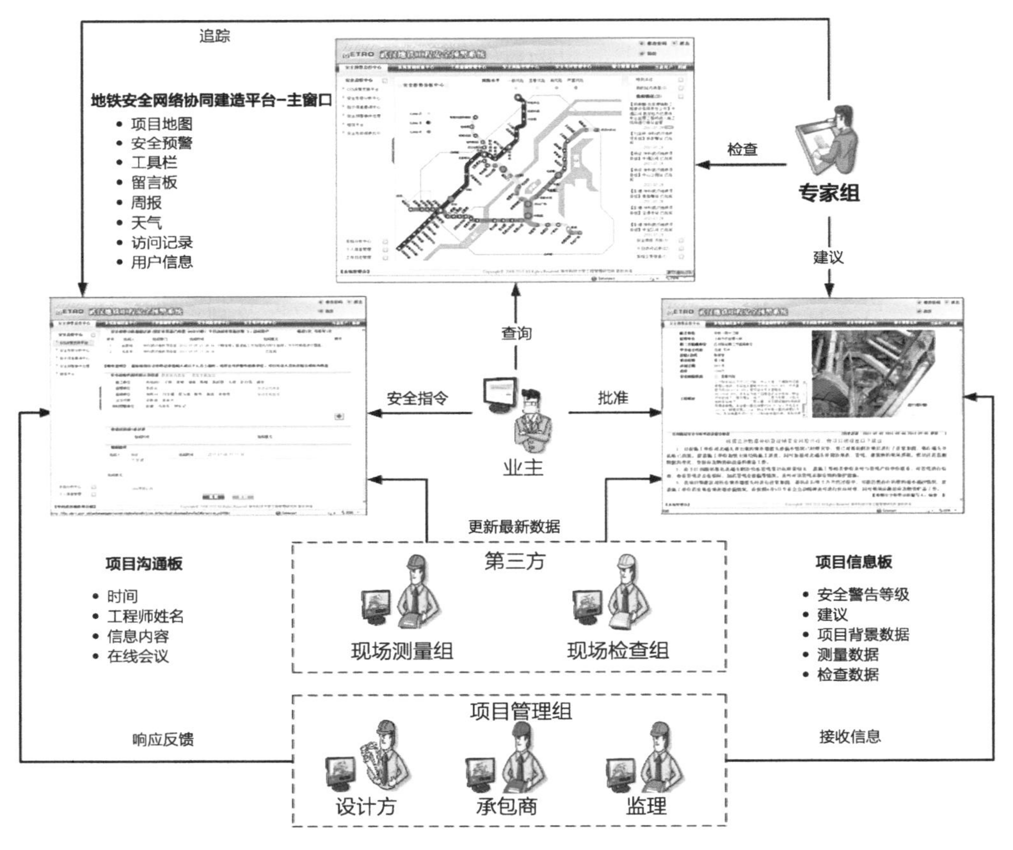

图8–4 地铁安全网络协同控制平台示意图
（图片来源：华中科技大学数字建造与安全工程技术研究中心）

地铁施工安全综合集成控制平台支持从设计方、承包商、监理方到第三方巡视和监测机构，再到业主方的全主体全寿命期的安全风险管控工作，能够实现多层次全方位的安全隐患筛查，保障地铁施工安全工作的进行。通过平台应用，系统可以实现从数据动态监控到现场安全风险巡视的联动，并进一步结合巡视情况，对工点安全状态进行动态评估预警。一旦险情发生，系统还将启动应急指挥管理，协助工程抢险工作。

地铁工程施工环境复杂，施工技术要求高，存在许多交叉工序，“隐患排查”对地铁施工安全管理工作具有十分重要的意义。为此，需要各个参建单位一起建立一套健全的事故隐患排查体系。基于上述地铁安全网络协同控制平台，一旦发现某工点存在安全风险时，即可上报至平台，对隐患所处工点、线路、标段、隐患等级（特大、重大、较大、一般）、隐患名称、隐患部位等信息进行填报，并将隐患整改下发给相应的整改人。而整改人（一般为施工方）收到该消息后，需在规定时限内对该安全隐患进行整改，并将整改完成情况上传至系统。之后，该项整改信息便自动流转至相应的监理单位的待办工作中。监理单位对整改情况进行复核确认后，需要现场业主代理进行终审。若是在规定整改时限内，业主确认整改符合要求，则隐患解除、系统排警；若其中任一阶段逾期，系统则会自动将该整改信息上报到高一级的审核权限方，以确保隐患排查工作的有效进行。由此可见，如果没有一个网络协同建造平台，很难将各参建单位联合起来，落实隐患排查的管理机制、责任体系和工作流程。

此外，通过部署实施网络协同建造平台，可以汇集进度、成本、质量、安全、合同以及工程现场资料等各类工程数据，将设计阶段安全控制、施工单位的自我控制、项目监理方监督控制、第三方安全监理控制、远程安全预警监控、业主现场管理和安全职能部门监管等地铁工程质量安全六道监管防线资源进行整合，为安全管理提供科学分析决策，有效保障地铁施工全要素、全过程、全主体安全。平台支持各方主体查询各类测点情况及分析结果，同时还将以多级报警发布的形式，提示各主体注意地铁工程建设过程中暴露出的安全隐患和问题，确保各方能够科学、全面、动态、直观地掌握地铁在建工程的安全现状。

随着建设行业专业分工渐趋细致，建筑工业化的不断推行，网络协同建造服务将不再只针对某一特定管理领域的需求，还可扩展至项目的全寿命周期。与制造业类似，在网络化服务的基础上，全面实现建筑产品从设计到建造全面数字化的建造模式。整合建造链条上的不同企业的资源，协同完成建设项目从设计到生产、运输，再到现场组装的完整过程。

8.2.3 工程金融服务

在工程建造中，金融服务是建筑业发展的一种外部环境，是金融系统向建筑业提供的一种基础性服务。但随着建筑业的转型升级，其对金融服务的要求也日趋多样化，由初级阶段的单纯资金需求转变成了较高阶段的综合式服务需求，要求金融服务模块更进一步地深入建造过程中。建造服务化的工程金融服务正是如此，此时的金融服务不再是单纯地作为外部基础服务提供贷款等业务，而是作为一种内部要素被深度嵌入建造系统内部，与建造各环节相结合，解决建设行业全流程或重点环节金融服务需求。通过金融服务优化整个流程，增强建造系统综合能力。

在制造行业，已经有越来越多的企业意识到金融创新的潜力。例如，移动终端的设备厂商，就在陆续抢占移动支付市场。除了率先进军的苹果、三星等企业，国内手机厂商华为也于2016年与中国银行签订了Huawei Pay合作协议，正式试水移动支付。通过在手机、手表等终端设备部署移动支付所需要的芯片和程序，即可快捷、方便地完成支付。2017年通过Huawei Pay进行刷卡交易的流水突破40亿元人民币；而在2018年同期，Huawei Pay发卡量同比增长300%，交易流水同比增长350%，交易笔数同比增长400%。由此可见，传统的设备生产商涉足金融体系后，其现金流增长空间惊人，而由此带来了巨大的商机。

金融服务在建筑业的潜力更是不容小觑。建筑业的单项目投资额远超制造业的一般项目投资额，如果在建筑业开展工程金融服务，将会为建筑企业带来更大的发展空间和新的利润增长点。而且，建筑业涉及材料设备供应、施工、物业运维管理等多类企业，每类企业可发展的工程金融服务模式选择多样。

例如，施工机械生产商卡特彼勒公司，就是通过完善的融资租赁服务为企业带来盈利的。该公司通过全球1500多个网点的租赁系统，提供短期和长期的租赁服务，以期构建一个涵盖产品、技术与服务的完整产业生态链条。从其运行状况来看，由于提供了完整的租赁和技术服务，租赁业务的发展不仅没有降低产品的销售，销量不减反增。而且，设备融资也能解决建筑市场上大量中小型企业融资难等现实问题。基于庞大的融资租赁服务，卡特彼勒与客户建立了长期忠诚的合作，其通过在经济危机等困难时期，主动对现金流紧张的客户提供帮助，实地考察与分析客户的财务状况为客户提供解决方案，帮助客户提升业绩与收益，让客户感受到了其服务的价值，提升客户的忠诚度。

针对房地产开发企业，已有企业开始与第三方平台合作，推出“互联网+房地产金融产品”，服务个人投资者理财与中小房企资金解决方案。并进一步计划建立成互联网房地产金融平台，通过产品设计，将社会闲散资金、机构资金与地产项目进行有效对接。不过，当前大多数企业主要还是依靠第三方平台提供工程金融服务，容易出现运营能力不足、资产成本过高等问题。为了长足发展，有条件的企业可以搭建自己的平台，进行相关金融服务。

在工程产品运营使用环节，可以与投资理财、保险等服务结合，提供相关的工程金融产品。例如，企业可以在养老住宅、养老地产的后期运营阶段，向老年人提供金融投资、保险类服务。以某知名地产企业为例，该企业在其健康类住宅产业中融入了全周期高保障的健康保险体系，为所有年龄段的客户甚至65岁以上的老人提供专属保险，为客户提供养老财务规划。对享受养老服务的老年人而言，这种服务模式解决了投资理财、保险服务需求；对企业而言，金融服务拓宽了企业的服务业务，并且通过对销售养老产品所得的反馈数据进行深度的分析、筛选、融合，还可以对目标客户进一步精确定位，提供最能满足老年人需求的金融保险产品，再进一步将健康保险数据与医疗健康服务结合，还能开拓出养老商业保险与养老服务紧密配合、互为支持的可持续发展模式。通过合作，可充分发挥双方优势，提升客户体验，延长行业产业链，实现产业增值，获取更大的业务发展空间。

值得注意的是，工程金融服务的利润空间虽然大，但其后续也会存在一定的风险。工程金融服务一旦推广到一定规模，就不可避免地涉及大量资金，随时可能遭遇更大强度的政府监管，压缩金融服务空间。例如，某支付平台因吸收了市场上的大量资金，可能影响到国家金融的整体安全，如当支付平台内的资金足够多时，可能造成资金不会随着央行利率的引导进行流动而是随着支付平台的收益高低流动，企业替代了央行管控作用。因此，2017年，央行支付结算司向有关金融机构下发了《中国人民银行支付结算司关于将非银行支付机构网络支付业务由直连模式迁移至网联平台处理的通知》，加强对非银行支付机构网络支付业务的监管。另外，支付平台对商业银行的冲击，也使得银行采取增收支付平台转入转出的资金手续费等系列措施。由此看出，在推广规模化工程金融服务的过程中，应当对未来更严格的监管有所预判。

8.3 产品使用服务化

传统的建筑企业主要是提供功能较为基础的建筑产品，所创造的价值处于整个产业链的底端。这些基础功能的裸产品越来越难满足用户多样化的产品追求和服务需求。企业可以拓展建筑产品链条业务，由提供裸产品转为提供“产品+服务”的服务包，如个性化服务、专业化运维服务、智能产品的系统解决方案等。这样不仅能够深度贴合用户需求，提供令用户满意的建筑产品和服务，更能帮助企业在建造价值链的多个环节中实现价值增值。

8.3.1 个性化服务

随着消费者可支配收入的快速增加，其消费物品档次更加趋于高度化，也愈加重视个人需求的满足和交易、使用阶段的用户体验。工程产品的个性化服务便是针对用户对建筑产品的个性化需求，提供的“个性化服务”。

例如，从建筑资源的整合与有效利用来看，为客户提供精装修房，能够有效减少建筑资源浪费、降低成本。同时，也避免了在房屋建成后，每家每户的再次穿墙打洞。这种二次结构拆改和装修不仅提高了房屋成本、耗费用户时间精力，不合理也不环保，而且还会破坏房屋整体结构，给房屋的安全质量带来极大隐患。然而，事实上，在当今的房地产市场，精装修楼盘的推广情况不甚理想。虽然在购房时，房地产商会为用户提供可选择的装修方案，但可选空间有限，造成用户对房屋装修设计的认可度不高。用户更希望在房屋设计建造过程中就介入，携手专业设计人员共同打造自己个性化的居住空间。

为实现个性化体验服务，企业可以直接为用户提供装修选项，给定丰富且细致的设计基础模块，由用户自行选择偏好，进行组合，体验房屋的诞生过程；也可以构建情境交互环境，引导客户结合自身需求提出对建筑产品的相关要求，企业则根据这些要求，制定相应的定制服务并交由客户决定，通过不断交互、修改、完善，敲定最后的方案，使得最终用户能够参与到设计过程中来，根据自己喜好设计合理的建筑产品。BIM技术和VR/AR技术的产生使得提供这种个性化服务成为可能。用户通过VR/AR眼镜，能够在BIM模型上随时设计自己的房屋，体验建成后的效果，还能实时获取装修预算。待所有业主选定方案后，可通过BIM模型，实时获取整栋楼，甚至整个项目所需要的装修材料，方便开发商进行集中采购和施工安装。用户还可通过网络，实时访问自己名下物业的BIM模型，获取当前最新的施工进度和装修进度，体验房屋诞生的全过程。

个性化体验服务将增加最终用户的参与感，不仅能使其个性需求得到满足，同时“体验”效应还会给其带来美好的、难以忘怀的记忆与经历。用户很可能不会独享这一感知，而是选择与他人分享，从而进一步产生了放大效应。另一方面，在用户的积极主动参与下，这种有针对性的建造服务，能够有效帮助企业快速整合分散、个性化的客户需求数据。如此，可以消除传统多中间流通环节导致的信息不对称问题，避免因把握不准客户喜好造成的客户流失现象，防范生产过剩、楼盘积压的风险，增强客户黏性；同时削减了重重代理，也大大降低了交易成本。且在这一过程中，加强对客户的引导，可以有效降低客户感知错误的风险。

此外，针对特定群体的特殊需求，提供特定的建筑产品及服务也是一种个性化服务。例如，市场上有一些共享租赁企业就为多年龄层次、多工作状态、不同消费层级的租客，提供了可选择的多样化的租赁空间与配套的专业清洁服务、维修维护服务及物业管理服务。用户可根据自身个性化需求，选择不同地段、不同楼层、不同户型的合租/整租，并搭配所需要的搬家、保洁、维修、家居、智能服务等多种配套生活服务，最大程度地享受贴合自身个性需要的租赁产品及服务。

另外，养老住宅及配套服务也是一种个性化服务，它是针对老年群体的特殊需求，提供的特定建筑产品及服务。企业可以通过拉长产业链条，除设计建造符合老年群体使用要求的建筑产品外，还增加后期的管理与服务环节，为老年群体提供包含监护、健康、生活和精神服务在内的个性化养老服务，实现养老不离家的新模式。

企业可以发展“小型养老服务设施嵌入社区”的嵌入式养老服务，通过整合企业开发的养老住宅社区的周边已有机构、社区、居家、医疗等养老资源，或在建设养老住宅社区时配套打造养老服务所需的设施及资源，为住户（社区老人）提供专业化、个性化的养老服务。另外，企业还可以在老年物业管理、老年医疗保健、老年用品、老年文化娱乐、老年咨询服务、老年金融投资等业务领域进一步拓展。个性化养老服务的消费者既可以是养老机构、养老企业等群体客户，也可以直接是老年消费群体等个体客户。企业根据这些客户的需求，可提供基于数字化技术的养老服务，如结合养老住宅包含的传感器、物联网设备等，提供家居环境中的健康监测、一键呼救等监护服务，健康咨询、健康检测等健康服务，日常关怀、上门看护等生活服务，以及心理咨询、休闲娱乐等精神服务等，为客户提供适合其身心状态及需求的定制化个性养老服务，如图8–5所示。

目前的养老社区、养老住宅等实现的多为生活服务和精神服务，如提供送餐、助浴等居住上门服务、娱乐社交等日间活动，以及日托、短托、常住等机构起居照护和康乐、医养服务。后续还可通过智能化技术对老年业主提供引导健康生活方式的服务。例如老年人面临的一个严重问题就是认知功能障碍及抑郁。而通过大数据

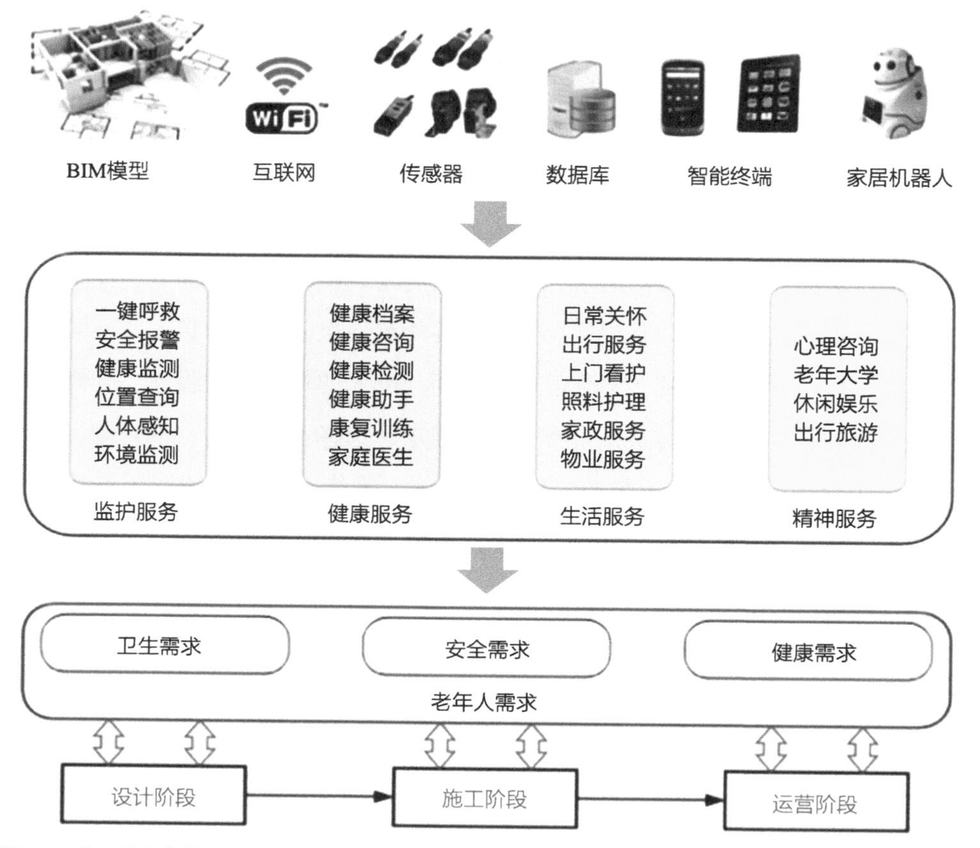

图8-5　基于数字化技术的养老服务示意图

分析，良好的锻炼方式能够有效降低老年人患这类精神疾病的风险。其中，最有效的运动方式为公共健身器械和跳舞。因此，可通过传感器，监测老年人每周进行社交型运动方式的频率和时间，引导其科学地锻炼，降低患病风险，提升生活质量。这种个性化养老住宅及配套服务不仅通过增值服务锁定了老年群体，同时也为企业提供了新的商机和利润增长点。

8.3.2　专业化运维服务

日本国土交通省研究报告指出，在按期维护的情况下，运营期的结构维护费用为建造费用的3倍。而美国ASCE的研究报告也指出，如果维护不及时，将会导致运营期的结构维护费用是建造费用的5倍以上。由此可见运维工作的重要性。随着建造技术的升级加快，现代建筑产品，特别是公共建筑、基础设施等，体量规模愈加庞大，所含技术更加高新化、专业化，建筑产品运营维护工作的专业性要求也变得更高。这导致业主对建筑产品的运营和维护越发难以把握，传统的仅提供保洁和保安等服务的物业管理远远不足以满足业主和用户的需求。因此，对专业化运维服务的渴求愈发强烈，即打造一个节能、舒适、安全的使用环境。

在制造行业，专业化运维服务已经成为企业打破市场天花板的一个重要路径。例如前文提及的卡特彼勒公司通过全球的代理商网络，建立了服务系统，并提供“生产商客户服务合约（CSA）”[149]。CSA包含多项服务内容，用户可根据具体情况灵活定制。其中包括重要部件（液压系统、变速器等）服务协议、设备检查协议、预防性维护保养（PM）协议等。同时，用户也可根据自身需求，选择周期性、定期维护服务或整体的维护保养和修理。这样的方式，使得维护责任由施工企业转移到代理商身上，解决了施工企业的后顾之忧。设备使用时间和寿命也实现了最大化，生产效率得到提高、整体生产成本降低。而生产商、代理商、维修企业等则通过这种生产性服务的补充，获得了更多板块的营业收入，同时，恰当的生产性服务还将拉动产品销量的增长，进一步扩大效益，对各利益相关者来说，都是多赢的。

建筑业的专业化运维服务主要指，针对用户使用建筑产品所派生的相关服务需求，建筑企业向建筑产品的下游产业链条方向延伸，除了提供优质建筑产品外，还提供专业化运维服务。如针对大型公共建筑的节能需求，企业可提供节能导向的专业化运维服务；针对大型基础设施项目，如综合管廊、地铁等，企业还可提供复杂工程的智能运维服务。如此，既满足了客户对专业化运维的服务需求，又使企业在提供服务的过程中获得了收益。

节能导向的专业化运维服务，指企业利用专业化技术手段，实现运营阶段低碳节能、用户舒适度提高，帮助业主降低运营成本。企业可以借助传感器、智能电表等方式对建筑内部的温度、湿度、空气质量和各类能量消耗等数据进行捕获，通过过滤、分析数据信息，发现能耗较高的相关设施，并对其进行重点优化，持续循环这一过程，以持续保持该建筑低能耗状态下的最佳性能。首先，需要布设监控能源使用信息的传感器。比如，利用分布在整个建筑物内的温度、气流、湿度传感器，采集供热通风与空气调节系统的数据；利用安装在顶棚上或连接到灯具上的光电传感器，采集照明系统的数据；利用智能电表和高级计量基础设施（AMI），采集用电数据；在使用天然气或其他能源的建筑物中，对相应能源布置子量表，收集该能源系统的供能信息。数据采集系统可以将以上数据自动上载到基于云的服务器，进行分析和存储。通过监测和跟踪指定报告期内各类能源的消耗情况，并对其进行分析，能够发现主要的能源消耗问题。

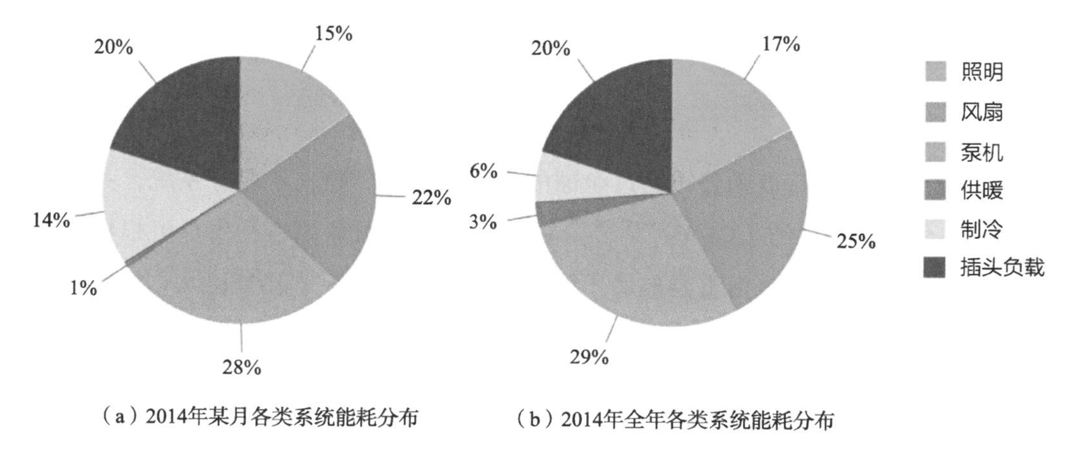

（a）2014年某月各类系统能耗分布　　（b）2014年全年各类系统能耗分布

图8-6　圣玛丽医院各类系统能耗饼状图
（图片来源：Caba Intelligent Buildings and Big Data 2015 Report）

例如，Eco Opera公司为圣玛丽医院（位于加拿大不列颠哥伦比亚省）打造的综合能源管理信息系统，成功实现了该医院的低碳高效运营。通过传感网络的布设，能够监控圣玛丽医院的详细能耗数据（图8-6），发现该医院主要的能源消耗来自于泵机、风扇、插头负载和照明系统的耗能。通过对报告期内7个工作日的平均每小时电力需求热图（图8-7），可以确定星期二为一周中的能耗优化关键日（每星期二平均电力需求在上午8:00至晚上9:00之间始终高于200kW）。针对这些待优化的能耗问题及相应设施，专业化运维公司可以提出对应的节能优化措施，并通过持续的数据收集与分析，对比优化前后的节能效果，不断改进节能优化措施，以持续保持该建筑的最佳性能。实际数据显示，通过专业化的节能运维服务，圣玛丽医院的耗能（EUI 278kWh/m^2）远低于加拿大全国医院平均水平（EUI 439kWh/m^2）。

目前，我国大型公共建筑对节能运行的需求十分迫切，亟需通过专业化的节能运维服务，降低建筑的能耗和运行成本，提升用户使用的舒适度。例如，青岛中德生态园（图8-8），就聘请了专业的物业公司提供以节能为导向的专业化运维服务。物业公司通过数据监测与分析，获得供冷季、采暖季及过渡季能耗与空气质量检测分析报告，找出主要的待优化的能耗问题及相应设施。针对这些能耗问题，物业公司提出对应的节能优化措施，并持续监测能耗数据，用以对比分析措施实施前后的能耗情况，评价节能措施的效果。物业公司通过这种持续监测、持续改进的方式实现整个建筑的低能耗高效率的运营管理。通过对比青岛中德生态园2017年与2018年的能耗数据（图8-9），可以发现，除了展示系统以外，其他各个系统的节能效果都

时间	星期日	星期一	星期二	星期三	星期四	星期五	星期六	每小时平均
午夜	137	159	160	155	137	142	145	148
1:00 AM	134	145	156	146	131	136	140	141
2:00 AM	131	139	143	140	134	129	138	136
3:00 AM	129	131	131	137	134	131	137	133
4:00 AM	125	127	134	138	133	128	140	132
5:00 AM	130	125	138	140	135	132	137	134
6:00 AM	129	132	142	141	133	131	137	135
7:00 AM	130	137	166	154	149	141	143	146
8:00 AM	151	175	192	171	165	154	151	166
9:00 AM	169	183	187	175	168	155	164	172
10:00 AM	165	181	190	176	172	166	162	173
11:00 AM	162	184	191	177	168	169	161	173
Noon	165	186	192	178	172	169	162	175
1:00 PM	168	189	193	179	175	173	168	178
2:00 PM	176	195	195	147	164	174	170	174
3:00 PM	176	194	196	47	123	175	173	155
4:00 PM	184	197	192	182	177	177	178	184
5:00 PM	187	198	194	182	178	179	180	185
6:00 PM	190	195	194	183	181	181	179	186
7:00 PM	191	199	195	187	179	180	180	187
8:00 PM	187	192	195	182	180	182	183	186
9:00 PM	184	192	194	176	169	169	174	180
10:00 PM	173	178	173	162	159	160	162	167
11:00 PM	165	173	163	152	147	150	150	157
每日平均	159.89	171.16	175.26	158.49	156.79	157.60	159.00	

图8-7 报告期内7个工作日的平均每小时电力需求热图
（图片来源：Caba Intelligent Buildings and Big Data 2015 Report）

图8-8 青岛中德生态园智能化楼宇系统
（图片来源：青岛中德生态园全过程咨询项目组）

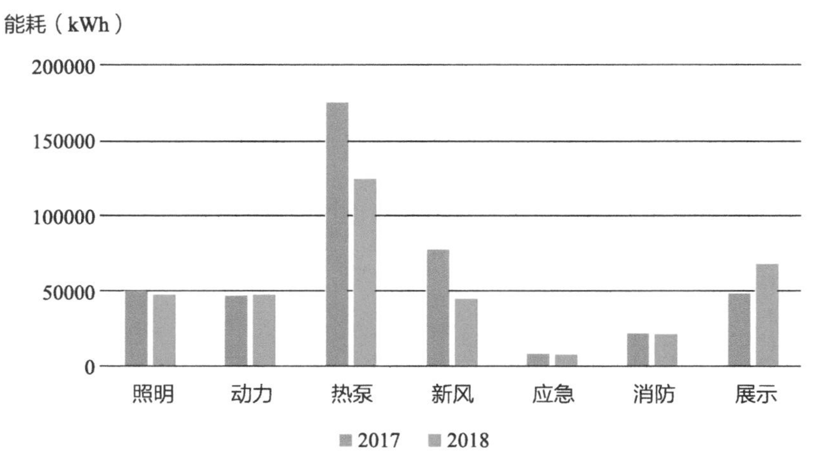

图8-9　青岛中德生态园2017年与2018年能耗对比图
（数据来源：青岛中德生态园全过程咨询项目组）

很明显，且以热泵与新风系统尤为显著。而展示系统能耗增加，则是因为青岛中德生态园2018年接待量较2017年增长较多。整体来看，该建筑能耗2018年较2017年降低了16%，减少碳排放量33836kg。以节能为导向的专业化运维服务不仅实现了节能环保，同时也节约了运营成本。

复杂工程的专业化维护，主要指借助数字技术实现的智能运营维护服务。企业可以根据建筑产品从规划设计到建造、交付过程中利用数字技术存档的“数字孪生（Digital Twin）模型”（如建筑构件及对应尺寸、设计使用年限、预期功能效果等）为业主提供后期的主动化维护服务，如实时生成维修和维护计划等。这样一来，在运维阶段，系统能够自动提示何时会出现某个部件的功能减损、如何更换修复、使用何种材料等信息。

以地铁运营的设备管理为例，借助数字技术，运营团队可对地铁众多的机电设备进行定期的维护保养和实时的维修管理，设备维护保养、设备维修管理系统如图8-10所示。企业可以建立设备维修与养护提醒体系，通过对设备名称、设备编号、设备类型、所属区域、所属系统、保养周期、提前提醒时间、保养事项及备注事项等进行记录存档，及时提醒维护人员定期完成设备维修与养护，实现对设备的周期维修与养护管理。

此外，还可通过BIM模型，对地铁的商业空间进行管理，如各种广告资源管理、商铺的租赁管理等。基于BIM模型，还能模拟高峰期间的大客流，生成疏散方案。一旦发生紧急事件，可通过传感器，将疏散方案传递至车站的显示屏和指示灯，引导乘客的有效疏散，降低安全风险，如图8-11所示。

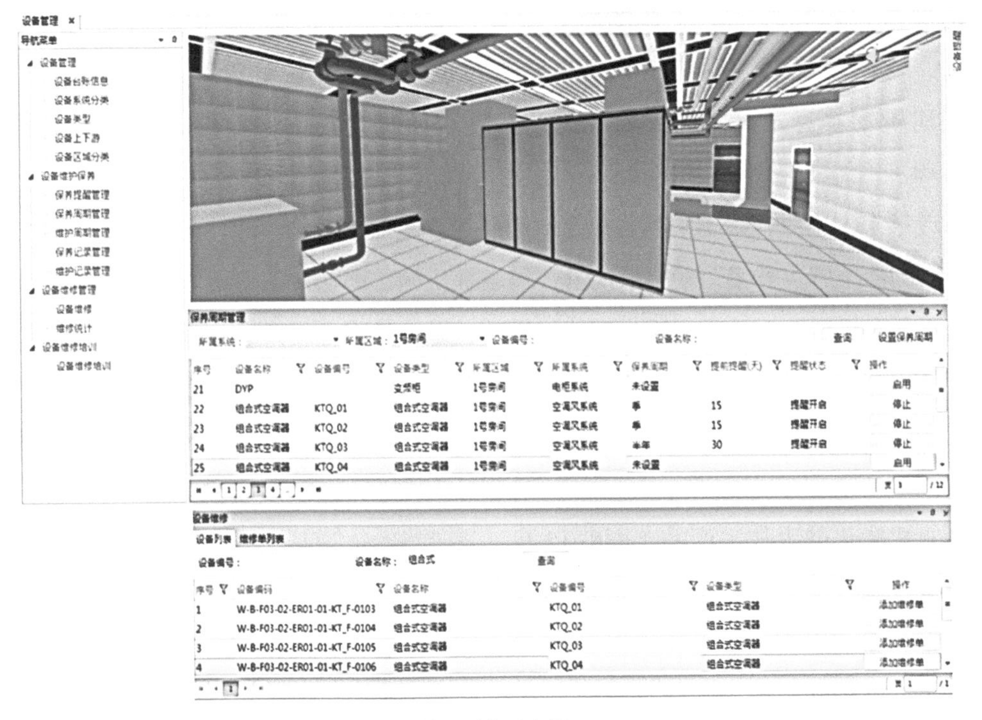

图8-10　地铁运营设备维护保养、设备维修管理系统示意图
（图片来源：华中科技大学数字建造与安全工程技术研究中心）

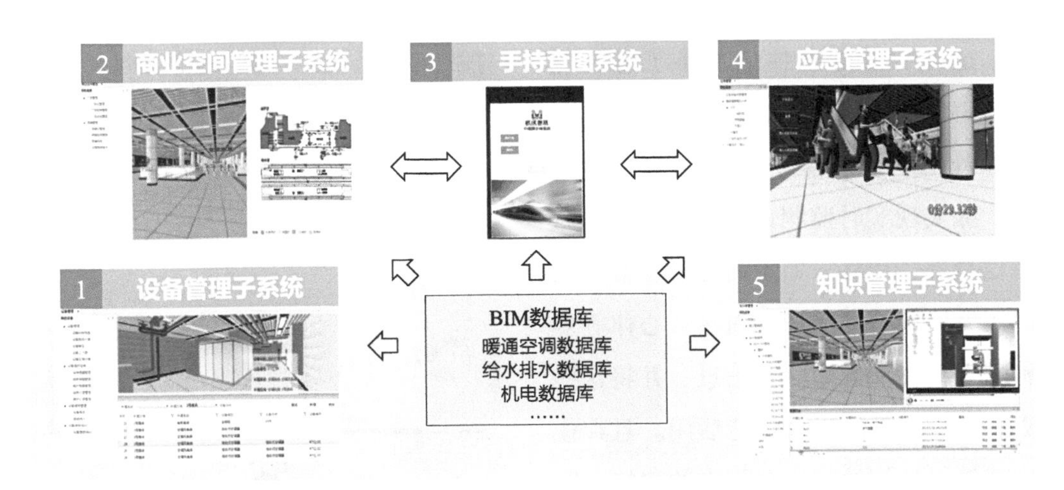

图8-11　基于BIM的地铁车站运维服务
（图片来源：华中科技大学数字建造与安全工程技术研究中心）

8.3.3　智能产品的系统解决方案

随着科技发展促进人们的生活水平不断提高，客户的消费行为逐渐转变，客户的需求也在不断发生变化，客户对建筑实体的需求已不再仅仅满足于基础使用功能，而是越来越关注建筑的附加价值。研究显示，人们近90%的时间在

室内度过，包括住宅、工作场所、学校、商店、健身中心、医疗保健中心等。因此，室内环境对人们健康和幸福影响的重要性是可想而知的。现有研究已经证明建筑物本身及其室内外所有的产品、环境都会对人们的健康和幸福产生重要影响。

近年来，用户开始越来越重视建筑产品的智能与健康的功能。产品服务化的“智能产品的系统解决方案”便是顺应这一需求提出的，即增加配套增值服务，将建筑产品与服务有机融合，为客户提供智能健康的、系统集成程度高的、面向解决客户需求的产品服务组合方案，如整体厨房、厕所、家居等。如此，企业既解决了最终用户对“优质建筑产品+优质服务”的需求，又拉长了自身的产业链条，在服务中获得了增值。

如智能化健康住宅产品（图8-12），可针对室内环境对人体健康、舒适度以及身心状态的影响进行量化研究，努力寻求通过室内环境改善人体健康的有效解决方案，其研究涉及建筑科学、健康科学及行为科学等多个学科领域。

这种智能健康住宅具备了感知能力。每个家居用品及必要的室内构件上都配备相应功能需求及精度要求的传感器，除实现实时监测家居用品自身的状态信息外，还将采集室内环境参数，家居用品使用者的血压、血糖、心律等多种生理指标和健康状态信息，并将这些数据上传至系统平台以待后用。且在住宅建筑设计初始就结合相应的建筑—医学研究结果，针对居住者所属特征分类（典型疾病、年龄、工作性质等）及建筑所在外部环境，提出健康的室内环境方案和实现方案，使空气、水、湿热环境、噪声等室内环境因素达到最利于室内居住者健康、舒适度以及身心状态的

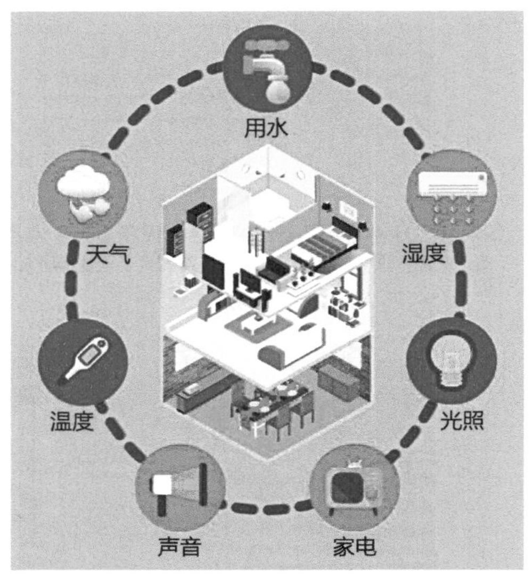

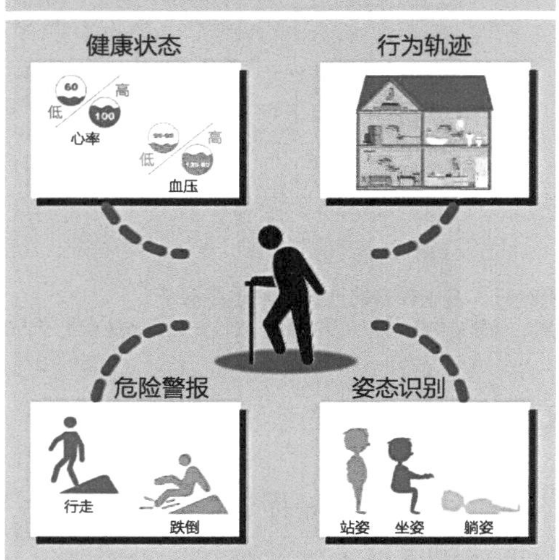

图8-12　智能健康住宅示意图
（图片来源：华中科技大学智能健康住宅研究中心）

范围；在后期使用中，建筑将根据家居用品及室内构件采集的室内环境数据，实时采取方案补给或削减波动的指标，使其始终维持在适宜范围，同时结合采集的人体健康数据，不断优化室内环境因素的最优标准。

另外，这种智能化的健康住宅还将具备意外情况的处理能力，一旦居家环境或住户在住宅和移动场景中出现监测数据异常，将触发建筑智能连接的其他系统协作解决该非正常事件，住户不再需要担心灶火、电路等安全隐患，也无须担忧家中小孩、老人发生紧急意外情况时错过最佳救助时间。住宅建筑连接平台的智能评估系统及在线医生还将根据上传的住户健康数据，实时把控住户的健康情况，住户可通过客户端查询，实时了解住宅状态与家人的健康情况。甚至随着科技的进步，该住宅建筑具有学习功能，通过分析住户在建筑中的活动习惯和情绪，自我优化家居生活，如根据主人的心情，变化室内采光、色彩等，成为可感知、能决策、会管理、可自我进化的“建筑生命体”。

除了住宅以外，工作场所的室内环境也能对员工的工作效率和身体健康产生影响。美国Well Living实验室研究报告指出，在改变声学、照明和温度等不同工作场所条件的情况下，温度条件对员工的身体影响最明显，感冒最令员工感到不适；随后是声学条件，嘈杂的环境容易造成员工分心；然后是光照环境，当无法看到窗户和日光时，也容易对员工的情绪产生负面影响。此外，员工在开放式办公环境中的舒适度和满意度不仅影响了员工的工作时段，还会对非工作时段产生影响。当他们在工作中感到舒适时，他们的快乐、健康行为和睡眠会受到积极的影响，相应地，在感到不适时，也会受到负面影响，同时，在工作日所经历的环境条件还将继续影响他们在非工作时段的警觉性和能量水平[150]。如果能够掌握诸如舒适度与生产力、舒适度与睡眠、舒适度与健康之间的关系，能够了解使用者听到、闻到、看到和感受到什么可以带来满足感，能够知晓什么样的温度和照明可以让人感到安全和放松，就可以利用科学技术提升建筑使用者的健康与福祉。

面向用户健康的房地产业务，正是关注用户对建筑产品健康功能追求的体现。此外，还可在此基础上研发服务于健康家居的相关产品，形成“产品（建筑产品）+服务+产品（非建筑产品）”的综合服务模式，进一步延伸产业链。例如除了提供智能健康房屋以外，用户还能为自己的室内空间量身定制最佳的健康解决方案。如可以支持深度压力释放、创造更好睡眠空间的床垫，符合人体工程学的枕头，具备细菌防御、气味去除功能的超静音空气净化器等。建造与服务的结合，为消费者提供了更为健康、智能的住宅产品，也给企业带来了新的服务业态。

将智能的概念从家庭场景外延到小区环境中，还可衍生出智能物业、智能安防、智能社区服务等智能服务，进一步形成智慧社区的概念。在智慧社区中，借助物联网、云计算、移动互联网等新一代信息技术，可以实现社区资源实时调度，社区状态立体化全面监控，空气质量、水质、能耗实时监测与自适应调整及其他智能社区服务，为居民提供便捷、安全、舒适、环保的生活空间。

将智慧社区继续外延，还可拓展到智慧医疗、智慧公共服务及智慧交通等，形成高效、便捷、绿色运行的智慧城市。实际上，“智慧社区”“智慧城市”已经成为当前的研究热点，不同行业的企业纷纷涉足这一领域。尤以近年来大热的“智能”产业为盛，如智能交通、智能医疗等。

从智能住宅产品到智慧社区，再到智慧城市，这其中包含了许多智能产品（建筑产品+非建筑产品）与智能服务。建筑企业应当抓住这一机会，按照建造+服务的理念拉长产业链条，深刻理解智能服务的价值，并利用建筑行业自身专业优势，向服务化转型。

CHAP

9

第9章

建造平台化

建造平台化是工程建造发展的新趋势。建造平台化与建造服务化有着密切的关系，如前所述，建造服务化是现代服务业与建筑业的融合，促进建筑企业由产品建造到服务建造的转型升级，为用户提供高品质的“工程产品+服务”，提升工程产品价值，更好地满足用户的新需求。而互联网平台则为服务的实现提供支撑，甚至平台就是服务。本章着重讨论工程建造平台的组织与管理，平台经济的商业模式，以及区块链在建筑平台经济中的应用。

9.1 工程建造与平台经济

9.1.1 工程建造平台化转型

近年来，互联网平台作为市场在互联网时代的组织形式，通过提供完善的交易规则和互动环境，拉动数以亿计的用户实现互联互通，并以此产生巨大的网络价值。以亚马逊、阿里巴巴、京东等为代表的互联网平台企业，通过整合社会资源、重塑业务流程、促进供需匹配并收取恰当的费用或赚取差价而获得巨大的收益，这就是互联网时代产生的新型商业模式——平台经济。

作为连接用户群体的虚拟空间，互联网平台能够充分利用平等、开放、协作、共享的互联网精神为参与各方提供服务。在此基础上，资源集成、信息共享、交易开放、多主体协同作为互联网平台商业模式创新的基础，也为建筑业服务化转型和行业平台的形成提供了良好的借鉴。将互联网平台的概念引入建筑行业，建立工程建造领域的平台经济模式，将有助于聚集所有工程建造相关的参与方，打破原有的企业边界，促进参建各方的协同，实现线上线下资源的共享，推动建筑业良性发展。

目前建筑行业在互联网平台建设上正在积极推进，并实现了一些初步应用，如设计服务平台通过对工程设计公司、设计团队和设计工程师等设计资源进行整合，为客户提供专业设计咨询服务；以中国建材网为代表的建材交易平台为建材生产厂商、经销商和买家提供实时的建材交易信息；以住房和城乡建设部全国建筑市场监管公共服务平台为代表的监管平台为建筑业从业主体提供了全国建筑市场信息采集发布、网上办公、行政审批、市场监管、从业主体诚信评价一体化服务。

然而这些平台应用功能较为单一，覆盖范围较窄，平台间相互独立，缺乏信息交互，工程建造平台化仍处于萌芽阶段。要进一步挖掘工程建造领域的平台潜力，并形成平台生态圈，需要系统分析行业各参与主体的需求，从顶层出发来设计平台的功能。建筑行业的平台化转型最终要形成能够汇聚工程建造资源与服务，集成建造服务运行数据，监控建造服务交易与实施，为工程建造的全寿命周期管理提供支持和价值创造的工程建造平台。

9.1.2 工程建造平台——功能与特征

1. 工程建造平台的功能

工程建造平台是开放式市场环境下工程建造服务交易的空间和场所，应该至少具有服务交易、协同管理、信息集成等基本功能。

（1）服务交易。工程建造平台需要引导或促成不同类型的主体在平台上进行设计、施工、材料供应等服务交易，并对服务的交易和实施过程进行管理，这也是内容服务化的具体体现。从行业的特殊性来看，工程建造平台应该能够提供至少两种交易模式，即招投标模式和撮合模式。招投标交易，主要针对设计、材料供应、施工、监理等工程建造服务的交易，是对现有工程招投标模式的电子化和网络化，以解决传统招投标过程中的信息不透明、操作不规范等问题为目标。而撮合模式则是平台基于知识和规则，依据服务需求者的需求描述，对平台内注册的服务进行筛选，组合和设计出最能满足服务需求者目标的问题解决方案，并自动形成电子合同。

（2）协同管理。传统工程管理组织中信息内容的缺损、扭曲、过载以及传递过程的延误和信息获得成本过高等问题，严重阻碍了项目参与方之间的信息交流与传递，“信息孤岛”现象使得各方处于孤立的生产状态，多个主体的经验和知识难以有效集成。工程建造平台将打破建设行业的“信息孤岛”现象，以BIM模型为基础，以平台为中心，通过服务集成，为项目各参与方、各专业提供信息共享、信息交换的空间，打破相互隔离的工作模式和合作关系，实现工程建造各主体之间的协同工作。如装配式建造的设计—生产—运输—装配—运营等多个建造过程衔接紧密，协调难度大，工程建造平台能够依托信息采集与集成技术，收集建造全过程数据，打通阶段之间信息流动，实现制造—建造模式下阶段上下游之间的协同。另一方面，由于工程建造平台连接了建造过程的多个主体，在前期设计阶段，就能促使施工人员乃至用户参与到设计中进行互动完善设计，实现多主体协同。

（3）信息集成。BIM模型、大数据以及物联网等ICT技术大大提高了工程建造领域的信息化水平。然而，在提高管理效率的同时，不同系统的数据格式、标准不统一也带来了数据难以利用的难题。工程建造平台应秉承互联网开放的精神，为项目各参与方提供统一开放的数据接口，对从业单位数据、从业人员数据、标准服务库数据、工程项目数据、信用数据等进行有效整合，这样才能从根本上解决信息孤岛和信息不一致等诸多难题。工程建造数据的有效集成也可以为建筑行业发展数据挖掘、决策支持等增值服务提供数据基础。工程建造平台通过对工程建造信息进行集成，可实现对建造资源的整合，创造出更大的价值。

2. 工程建造平台的特征

（1）参与主体广泛。在工程建造平台上进行建造服务交易的主体包括建设投资、规划/勘察/设计、施工、咨询、运营等在内的建设项目全寿命周期各参与方。上述参与主体又可分为工程建造服务的需求方和提供方，由于所涉及的服务功能和类型的不同，在用户层面还需要进一步区别管理。并且，在不同的服务环节，同一个参与方可能既是服务提供方又是服务需求方。

（2）服务提供形式多样。工程建造平台以为工程建造的全寿命周期管理提供支持和价值创造为目标，涉及多种不同类型的工程建造服务并提供交易支持。从工程设计服务开始，到工程实施中的施工服务、材料供应服务，再到咨询及监理服务等支持型服务，造就了工程建造平台服务的多样性特征。同时，在单一服务无法满足用户需求的情况下，工程建造平台还可以实现不同类型、不同粒度的服务组合来满足用户需求。

（3）线上线下深度融合。工程建造活动过程和环境都具有复杂性特征，要发挥工程建造平台的效益，不仅需要在建造服务的实施过程中，对服务的过程和环境信息进行采集，以此对建造服务过程实施监控，还需要依据实时数据分析结果指导后续活动，形成闭环。这些复杂的业务流程和管理交织在一起，实现了线上与线下的深度融合，与原有的交易流程相比，虽然简化了交易流程，但对平台的功能及机制设计有更高的要求。

9.1.3 工程建造平台与参与主体利益

互联网平台的发展打破了各行业原有的基于线型价值链的组织方式以及价值分配规则，通过整合生产厂商、中间商、最终消费者、第三方服务提供商以及金融保险等各类主体，使他们可以基于互联网平台及时获取情报以满足自身发展需求。实际上形成了各方互联的网状价值链。互联网平台降低了各方的准入门槛以及运营成本，减少了冗余环节，提升了资源配置效率。

工程建造平台模式势必引起工程建设领域的价值链重塑。传统的业主–咨询–设计–施工–供货的多层级纵向工程项目管理组织结构实际上是一种单向、线型的价值链。机械的分工方式使各方的目标无法统一，自顾自地独立运作，制约了信息传递效率，加大了组织协调难度。工程建造平台的建立使参建各方打破原有的层级结构，转向以平台为中心，加强了信息的流通能力，使建造服务交易、运行、管理更透明，减少中间环节，缩短价值链，形成平台化的新型产业生态圈。工程建造平台推动建筑行业价值链的重组与优化，形成以平台为中心的网状价值链，并对行业内各类资源进行充分整合，吸引不同的参与主体，打破传统的企业边界，缩短各主体间的距离，满足业主日益个性化的需求，实现多方共赢。

9.2 工程建造平台的组织与管理

工程建造平台是依靠互联网平台技术建立起来的虚拟化建造服务市场，因此它具有技术体系和管理体系两层含义。建立起完善的平台系统组织架构是工程建造平台和工程建造服务市场得以良好运行的基础，设计有效的管理措施是市场繁荣发展的保证。

9.2.1 工程建造平台系统架构与支撑技术

工程建造平台通过汇聚各类资源信息提供建造服务，在技术层面需要人、机、物、环、信息深度融合，将建造过程中的各种活动和要素转化为平台上可交易的服务。这一过程需要搭建包含物理资源层、虚拟资源层、核心服务层、应用层的系统层次构架，并通过建造资源感知与接入、建造资源虚拟化、建造资源服务化与服务计算，以及建造服务评价等技术来实现。

物理资源层作为工程建造平台的最底层，为协同建造提供可共享的物理资源，并通过识别、传感等技术对建造资源与服务的状态进行感知和监控。虚拟资源层是对物理资源的逻辑抽象，通过虚拟化技术构建虚拟建造资源以及访问接口，为工程建造平台实现建造资源与能力的优化配置、调度、管理等提供支持。核心服务层对建造资源与服务实施全生命周期的管理，通过对虚拟建造资源进行服务化描述以及集成化管理形成建造服务池，并在此基础上进行服务发布、服务查询与匹配、服务组合、服务执行与监控等全生命周期的建造服务管理。应用层支持用户的各类应用需求。

1. 建造资源感知与接入

建造资源主要包括人力资源、材料、机械设备等，建筑环境的复杂多变是建筑工程实现信息化、平台化转型的难点。物联网和人工智能技术研究的深入，使建造资源感知成为可能。建造资源的感知与接入，是工程建造平台获取资源信息、实施资源管理与信息交互的前提。

物理资源层是工程建造平台的基础，通过集成各种信息与通信技术，将建造资源互联形成物联网，为工程建造平台实施资源管理提供信息，同时也为企业实现建造资源的共享提供支持。

2. 建造资源虚拟化

工程建造平台可以实现参建各主体随时获取优质廉价的工程建造全寿命周期服务的需求，为实现这一目标，可以借鉴云计算的资源虚拟化技术，将实体建造资源虚拟化成可计算的逻辑单元，并在平台内部构建巨大的虚拟建造资源池。

建造资源感知与接入技术实现了建造资源的全面互联与感知。通过虚拟化技术，物理建造资源与虚拟建造资源之间的紧耦合关系得以解除，使工程建造平台可以对建造资源进行弹性配置。建造资源虚拟化使得工程建造平台内的资源具有可全面共享以及可按需使用两方面的优势。首先，为不同的建造服务提供方提供资源的统一数据接口，可以支持各种建造资源的感知与接入以实现建造资源的全面共享。另外，平台根据建造资源需求进行动态配置与调度，可实现按需使用。

3. 建造资源服务化与服务计算

云制造通过将制造资源服务化形成海量服务，并使用算法或机制按照规则对这些服务进行聚合和分类形成制造服务池，同时对制造云平台的三类用户（制造资源提供者、需求者、运营者）的需求进行综合管理，并为相关操作提供相应功能支持，从而以服务的形式为制造全寿命周期的各类制造活动提供相应的制造资源[151]。这种将资源进行服务化描述与封装的方法为工程建造平台实现建造服务高效利用和价值提升提供了借鉴意义。其中建造资源服务化封装、建造服务的搜索与匹配，以及建造服务的组合是服务管理的核心技术。

建造资源服务化封装。建造资源具有动态性、多样性的特征，同时建造资源与服务的需求者对其功能、使用方式等有着不同的需求，为实现建造需求与服务之间的精准匹配，需要选择合适的服务化描述与封装方法对建造资源进行建模。

建造服务搜索与匹配。集成了海量工程建造资源与服务的工程建造平台如何应对异构的建造服务需求，并给出快速准确的响应是亟需解决的问题。建造服务搜索与匹配旨在根据用户对问题的描述以及所需服务的功能需求（工程质量、进度等）和非功能需求（如信用、服务质量等），利用匹配算法，从工程建造平台中检索到满足需求的建造服务。

建造服务组合。在工程建造平台中，对于用户的简单服务需求，通过服务搜索与匹配即可获得满意的建造服务。当用户提出复杂的建造服务需求而单一的建造服务无法满足时，工程建造平台可以对复杂的需求进行分解，基于子需求进行服务搜索与匹配得到建造服务集，并根据约束条件组合筛选出最佳的复合服务作为任务协同解决方案。

4. 建造服务评价

在满足用户功能需求的基础上，用户还会更多地关心建造服务的质量、成本、信誉等非功能属性，因此工程建造平台需要建立服务评价制度对建造服务的历史记录以及交易过程进行全面分析和客观评价，为其他潜在用户的服务选择提供参考。当前普遍流行的用户评分机制具有较强的主观性和随机性，降低了评分的参考价值。因此，建立一套更加客观的建造服务评价方法，对于工程建造平台健康、高效运行具有重要意义。

9.2.2 工程建造平台组织

在工程建造平台的构建、运营和维护过程中，将有众多组织机构以及个体参与其中，其建设和运营维护也一般由不同的机构或组织负责。工程建造平台可以由政府委托软件开发企业搭建和运营，也可以由互联网平台企业建设。平台用户则涵盖了参与工程建造活动的各类个体或组织（如业主、咨询单位、设计单位、咨询单位等）。但总的来说，工程建造平台的参与者主要包含三类角色，即资源（服务）提供方、资源（服务）需求方和平台运营方。

1. 资源（服务）提供方

通过既定的注册流程将建筑资源与服务发布至工程建造平台供资源需求方搜索与调用。资源需求方和资源提供方在不同的场景下角色可以互换，没有严格的界定。但根据建造服务的类别不同，有一定的门槛要求。任何企业或个人均可以通过工程建造平台获得个性化的建造服务，也可以拓展业务范围，提高服务能力。

2. 资源（服务）需求方

依据业务需求，可以在工程建造平台发布建造服务需求，进而匹配所需的建造服务。当资源需求方选定建造服务，即与相应的资源提供方形成了临时合作关系。

3. 平台运营方

负责工程建造平台的搭建、运维、服务监控和管理，对工程建造平台实施全方位管控。此外，基于工程建造平台积累的建造服务大数据，平台运营方可以进行挖掘分析，从而获得重要的商业情报，并提供规划、咨询等增值服务。

现有工程项目的各类角色在工程建造平台上可以进行角色的转换，实际形成了以平台为中心的组织结构，与传统的层级式组织结构相比，提高了工程建造资源配置以及信息传递的效率。在传统的工程项目中，业主根据工程项目的规模、复杂程度、专业特点等因素以及自身能力选择相应的承发包模式，主要包括平行承发包模式、设计—施工总承包模式、项目总承包模式等。在不同的承发包模式下，项目各参与方依据合同内容围绕各自的责任与目标完成相应的工作内容。在大型工程项目的承发包模式下通常会形成层级分明的业主—设计—施工总承包—分包—供应的多层级金字塔形组织结构。在这类项目的全寿命周期中，由于专业分工较细、层级较多，参与方之间关系复杂，各方的信息内部流转，彼此之间难以进行有效的信息传递与集成，从而形成了信息孤岛，组织合作容易受到制约，增加了业主的协调难度。在工程建造平台模式下，平台收集项目需求信息，调用建造服务，建造服务提供者在建造服务调用过程中与平台进行直接的信息交换，实际上形成了以平台为中心的扁平化组织结构。在这种组织结构下，参建各方地位平等，通过工程建造平台进行信息集成与共享，提升了信息流动速率，扁平化的组织结构有效避免了信息失真，有利于及时决策，加强了项目管理者的应变能力，提升了工程项目管理的效率。

9.2.3 平台准入与信用建设

交易双方能否在建造服务交易的基础上建立相互信任的关系是工程建造平台的成败所在。因此，工程建造平台作为建造服务交易的媒介以及组织的中心，需要通过设计平台的准入与信用机制来保证建造服务交易的双方均能达到各自的利益诉求，以维持平台的吸引力以及资源集结力。平台的准入与信用建设主要包括经营主体准入、交易资源（服务）准入、知识产权保护以及信用评价。

1. 经营主体准入

建设行业的工程投资额普遍较大，社会性强，关系到国计民生，政府对工程建设活动实施严格的监管，以保障人民的生命财产安全。其中，准入制度是一项重要内容，行业主管部门要求从事建设活动的企业必须具备一定的能力，并在获得资格审查和认定，具备相应资质的前提下，才能实施规定范围内的建设活动。

当前，政府及行政主管部门对不同的经营主体设置了从业准入制度，通过设置从事建筑市场经营活动的最低门槛，来限制主体资格。《中华人民共和国建筑法》第十三条和第十四条分别规定：“从事建筑活动的建筑施工企业、勘察单位、设计单位和工程监理单位，按照其拥有的注册资本、专业技术人员、技术装备和已完成的建筑工程业绩等资质条件，划分为不同的资质等级，经资质审查合格，取得相应等级的资质证书后，方可在其资质等级许可的范围内从事建筑活动”，以及“从事建筑活动的专业技术人员，应当依法取得相应的执业资格证书，并在执业资格证书许可的范围内从事建筑活动”。建筑企业依据持有资质等级的不同有条件地参与工程招投标，相应人员取得资格并经注册后上岗。企业资质和个人资格构成了建筑业市场准入制度的核心。国家在不断深化“放管服”改革，也许在资质管理上会有变化，但是，基本的准入门槛还是需要的。

市场准入制度是工程质量安全以及建筑市场交易正常有序进行的基本保障。但准入制度与互联网环境下发展的工程建造平台模式将产生一定的冲突。在工程建造平台模式下，工程需求与资源的匹配将深化至个体层面，过去由企业承担的工程项目，其中的一些非关键环节，未来甚至可以通过任务分解，以自由自愿的形式外包给非特定的具有相应能力的多个个体，并通过互联网技术协作完成。工程建造平台模式的撮合交易将打破传统建筑市场的承发包方式，但关于建造项目任务分解后的承发包方式、经营个体的准入等均缺乏法律依据。

2. 交易资源（服务）准入

工程建造平台除了需要为在平台上进行注册的个人或企业设计经营主体的准入机制，以保障建筑市场交易的正常进行外，为支持任何有能力的企业或个人将所拥有的资源或所能提供的服务发布于平台，供工程建造活动的需求与资源（服务）匹配过程调用，并保证平台的权威性以及匹配过程的可靠性，平台方还需要设计工程建造资源（服务）的准入制度。

如前文所述，当前相关法律仅根据建筑业企业规模、历史业绩，按照企业资质对企业参与招投标的范围进行了限制，这种只对服务提供方提供的服务进行最基本限定的方式，与工程建造平台模式下实现服务的自动匹配的要求不相适应。工程建造平台具有对资源与服务进行全面感知的特点，平台不仅可以对资源与服务状态进行实时显示，更重要的是可以对其历史交易信息进行全面记录，根据这些历史信息，平台可以建立综合评价体系，对资源与服务的服务质量进行全面评估，进一步可以依据服务质量评估信息建立工程建造平台模式下的工程建造资源（服务）准入制度，保障服务需求者对资源与服务的质量要求，促进平台的公平竞争，保证平台的良性运行。

3. 知识产权保护

在工程建造平台模式下，面向服务的理念将会影响建筑业的全面发展，带动建筑领域业务流程以及服务模式的变革，并为工程建造服务化转型提供发展的契机和动力。在上一章，我们已对建造服务化进行了深入分析。在此背景下，建筑企业的发展理念将从建筑产品的生产转向为用户提供具有丰富内涵的产品和服务，从满足用户的基本物质需求转为通过知识来满足用户无形的深层次需求。为保证需求与资源的精确匹配，经营主体需要按照自身情况发布具有特色的资源（服务），并且在服务提供过程中将产生大量具有价值的数据，因此平台方需要建立相应的知识产权保护机制，以保证资源（服务）提供方的合法权益和盈利能力。

4. 信用评价与风险管控

建筑行业作为国民经济的支柱产业，关系到国家的经济发展以及人民生活水平的提高。但目前层层转包、违法分包、偷工减料、拖欠工程款的诚信缺失现象在建筑业仍普遍发生。为规范建筑市场秩序，营造公平竞争、诚信守法的市场环境，住房和城乡建设部颁布了《建筑市场信用管理暂行办法》，对建筑市场各方主体进行信用管理。其中将建筑企业的综合实力、工程业绩、招标投标、合同履约、工程质量控制、安全生产、文明施工、建筑市场各方主体优良信用信息及不良信息等内容纳入信用评价体系，并建立全国建筑市场监管公共服务平台对建筑市场各方主体的信用信息进行及时公开。但建造活动信息具有隐蔽性的特点，监管部门无法进行全过程监管，只能采取调查一起、处理一起的方式，部分人仍存有侥幸心理。

工程建造平台基于移动互联网、物联网、智能合约等技术，使得建造过程透明化。工程建造平台模式将会催生基于数据的信用评价体系，服务提供方以及服务需求方的信用将可计算，交易风险得以降低。除了对建造资源与服务的交易双方的信用管理外，在工程建造平台模式与经济下，政府及监管部门还应出台强化对提供平台服务的第三方的监管制度，以保证工程建造平台经济生态圈内各参与方的权益，防范风险。以目前提供租房产品及服务的平台企业为例，通过构建平台，打通闲置房源与租房需求的有效对接，节省了传统租房的冗余环节。但相继曝光的租房贷风险、甲醛超标等问题，暴露了对互联网平台的监管缺失所产生的社会危害。推动建立面向工程建造平台的监管制度，科学划分各方责任，明确定义奖惩机制，将可有效规范交易市场，构建友好的建筑业营商环境。

9.3 平台商业模式

作为市场，工程建造平台需要为服务的需求方获取优质的服务以及为服务的提供方获取利润提供条件，只有设计合理可行的商业模式，实现各方利益诉求，才能形成建筑领域的平台生态系统。

9.3.1 平台电子商务模式

建筑业产业链条长，牵涉主体多，工程建造平台连接的众多企业在不同的建造环节可以既是服务需求者又是服务提供者，根据交易参与主体的不同，建筑业基于工程建造平台的商业模式主要包含面向生产性服务的电子商务模式和面向最终用户、业主的电子商务模式，二者对应电子商务模式中的B2B（Business to Business）商业模式和B2C（Business to Customer）商业模式。

1. 面向生产性服务的电子商务模式

B2B模式基于供应链整合产业的上下游，以生产厂商为核心，通过充分整合各方信息，打通信息流，促使材料供应、物流运输、经销、产品服务结合为整体，协作完成产品或服务的提供。其中主要包括采购协调、物流协调、仓储协调、销售协调等。在该模式下，企业服务的对象是中间企业，在建筑业则是建筑企业之间相互服务。这种模式包括了供应链管理、协同建造以及服务外包。建筑企业之间通过信息共享，使各方之间紧密联系，实现优势互补、资源共享。

工程建造平台的协同化功能，便于建造过程相邻的两个环节相互靠拢，基于工艺流程级的分工使相关企业形成相互服务、外包的关系，合作完成建筑实体的建造。工程建造平台使得企业间共享资源，资源在网络间优化动态分配，提高资源利用效率。同时，最终用户也能够以更低的成本获得最终产品与服务。进一步，产业链后续相邻交易继续集中，将会促进建造网络节点各企业内部资源向核心竞争优势转移，更好地为最终用户提供服务。

面向生产性服务的电子商务模式，将建造过程相近的交易过程集中到同一个空间，为业主、设计单位、咨询单位、承包商、供货方、监理单位等项目从业单位，以及项目从业人员提供工程建造服务的交易空间和场所。近年来，国家出台了一系列推进建筑业信息化发展的政策，在这种外部动力下，建成一个集成建筑产业链的工程建造平台，整合采购信息，集成房屋产品、设计方案、部品部件与建材等信息，可以加速形成建筑业企业联盟，帮助建筑企业寻找到优质项目与部品部件供应商，实现供需双方直接对接。即使服务需求方由于自身需求不明确而无法自行选择服务提供方，平台还能够基于大数据进行统计分析，准确理解需求，为其提供委托服务，辅助筛选合适的服务提供方。

2. 面向最终用户、业主的电子商务模式

B2C模式是企业直接面向个体消费者销售产品和服务，实现价值创造的商业

模式，是最早产生的电子商务模式，同时，因其与大众的日常生活密切相关，成为最早被人们认识和接受的电子商务模式。目前，B2C电子商务已经成为电子商务领域发展最为成熟的商业模式之一。企业基于互联网平台，将产品与服务直接传递给消费者，实现供需双方直接“见面”交易的商业活动。B2C通常由三部分组成：为顾客提供在线购物场所的商城网站；负责为顾客所购商品或服务进行配送的物流配送系统；负责客户身份确认、货款支付结算的银行和认证系统。在该模式下，企业服务的对象是最终用户、业主（统称为“客户”）。基于工程建造平台，客户可以全程参与建造服务中，即在客户参与或与其交互的情景下，满足其个性化需求。工程建造平台通过集成各类服务，充分满足客户需求，不仅可以提供满足客户功能性需求的建造产品，还可以在客户交互式参与过程中实现个性化定制；结合不断深化的绿色发展理念，在建造环节为客户提供更加安全、健康、环保的建筑产品与服务；面向客户的特定问题、特定需求，提供专业性强、系统集成化高的“建造+服务”组合解决方案。另外，为了更好地满足客户的个性需求，增强客户的服务性体验，建筑企业可以依托工程建造平台，深入客户的业务领域，通过向两端延伸产业链条，满足客户由于使用建造产品而派生的服务需求，挖掘企业新的利润增长点。

面向最终用户、业主的电子商务模式，除了上述提到的以“建造+服务”的方式支持客户根据自身需要选择特定阶段、特定问题的服务外，平台还可以基于集成数据提供全寿命周期的伴随服务。通过“建造+服务”的有效融合，为客户提供从建筑工程项目规划、设计、建造、运维，直到拆除阶段的全寿命周期的专业性强、系统集成化高的“建造+服务”服务包。例如，工程建造平台对建筑产品从规划设计到建造、交付的相应建筑信息（建筑构件的尺寸、设计使用年限、预期功能效果等），进行详细采集、记录，并将“建筑+信息”进行打包归档进行存储。服务提供方就可以依据数据，并通过实时或定期对照运营阶段的建筑表现，结合设计使用年限及实地考核，及时提出合理的维护维修方案，另外，在建议拆除建筑实体时，提供安全、经济、环保的拆除方案。用户在运维阶段无需特意记挂建筑各部分的使用年限、现实状态，无需为线路老化等安全疏漏而担忧，一切由建筑企业保驾护航，何时该注意某个部件出现了影响性的功能减损、如何更换修复、采用何种材料，甚至由企业直接提供材料、方案及维修人员，以经济、高效、合理的方式避免了安全隐患，维持了健康运营。将建筑交给最了解它的人，用户放心，而企业也借此延长了自己的产业链，通过平台提供“建造+服务”获得新的利润增长点。这种基于平台的增值服务，通过围绕建筑产品与信息的有机融合，可帮助企业实现从传统建造向融入了大量信息服务要素的产品服务系统转变。

9.3.2 平台盈利模式

传统建筑行业的盈利模式较为单一，计划经济的产品价格定额模式以及政府设置的竞争规则促使了我国建筑业企业规模持续增长，但也导致了建筑业企业普遍忽视了内部能力的提高。当前行业利润水平逐年降低，市场竞争日趋激烈，盈利空间逐步压缩。工程建造平台的出现，将为建筑行业带来新的盈利模式。具体说来，工程建造平台的搭建主要依赖两种方式：一种方式是建造服务提供方搭建自有平台，基于网络为服务需求方设计多元化、个性化的服务；另一种方式是第三方（如互联网企业）为建造服务提供方搭建开放的服务聚集平台供服务需求方选择。基于上述两种工程建造平台，建筑行业将延伸出基于平台服务、基于数据服务和基于技术服务的盈利模式。

1. 平台服务的盈利模式

工程建造平台为建造服务提供方提供了建造资源和服务的发布空间。建造服务提供方依据企业自身特色开发优质的建造服务，基于工程建造平台实现资源的共享以及业务协作，并在平台企业竞争中驱动自身发展；而建筑资源的需求方能够充分搜集市场信息，获取廉价优质的服务，以满足工程需要。在建造服务交易过程中，工程建造平台扮演着中介的角色，其基础是为建造服务需求者匹配稳定优质的建造服务。在这种商业模式中，工程建造平台本质上也在为建造服务交易双方提供中介服务，并可以通过交易提成或其他形式盈利。

以为建筑企业提供建材供应服务的工程物资采购服务平台为例（图9-1），平台整合建材生产厂商、社会融资渠道等资源，提供建材价格指导、贷款支持和优秀供

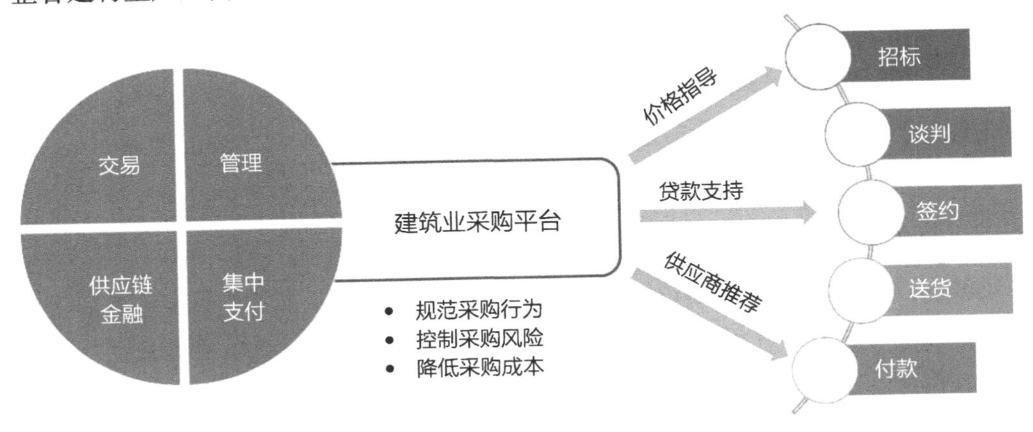

图9-1　工程物资采购服务平台

应商推荐等服务，为工程项目部构建了一个建材集采管理中心，实现建筑企业建材采购过程中的招标—谈判—签约—送货—付款一站式管理，有效解决了建材采购过程中存在的集权分权矛盾多、流程效率低、各部门协调难的问题，实现了建材采购过程的规范化，帮助建筑企业控制采购风险、降低采购成本。

2. 数据驱动服务的盈利模式

物联网、视频监控等信息感知技术的应用使工程建造平台在配置建造服务的同时还能够汇聚工程大数据。通过深度挖掘、分析，平台运营方可以获取富有价值的商业情报、行业运行状况、企业及从业人员行为分析等从宏观到微观的多层次信息，为平台用户提供增值服务，还能为行业主管部门制定发展规划，提供现状分析、决策支持等服务。

以小松推出的智能施工（Smart Construction）现场管理平台为例，该平台实现工地的可视化，并涵盖整个建设生产全过程管理。通过对工程机械反馈回来的信息和代理店的销售、修理信息进行一元化管理和分析，平台可以随时向客户提供服务。人机界面呈现的多元设备运行状态信息，使管理人员能够对区域内产品的使用情况、市场销售情况等有全方位的了解，为公司发展决策提供数据支持。通过将所有的施工现场关联起来，汇集数据并加以解析，建设更加安全、高效的未来施工场地，为客户提供一种新的价值体验。

3. 技术驱动服务的盈利模式

工程建设项目的技术含量高、工作量大，有赖于技术创新以提高生产力。工程建造平台为建设行业的专业技术团队提供了一个创新合作的场所，通过吸引多方参与形成分布式协作网络，实现技术互补，为用户提供以创新技术为特征的建造服务。

以美国天宝公司（Trimble）推出的云端协同工作平台Trimble Connect为例（图9-2），该平台通过集成相关软硬件产品，建立了各产品之间的数据共享与连接，可为行业用户在线提供工程项目全寿命周期的业务支持服务。Trimble Connect的盈利模式是通过改变传统的软件、硬件产品交易模式，以更低的平台费用及用户使用门槛，扩大平台用户规模；通过项目全寿命周期数据的积累，为后续数据资产服务奠定基础。该平台集成的软硬件产品涵盖项目全寿命周期：在实景数字环境基础上完成并验证方案设计、施工图设计；利用无人机和测量放样机器人等获取项目数字地形模型，利用全球项目数据库及分析软件支持项目选址；支持施工主体高效实现工程物流跟踪调度、现场施工及验收交付；依据工程设计数字化方案，辅助工程机械操作员完成精密作业和成果检测；支持运维主体依托数字化资产进行工程状态检测和主动维护服务。

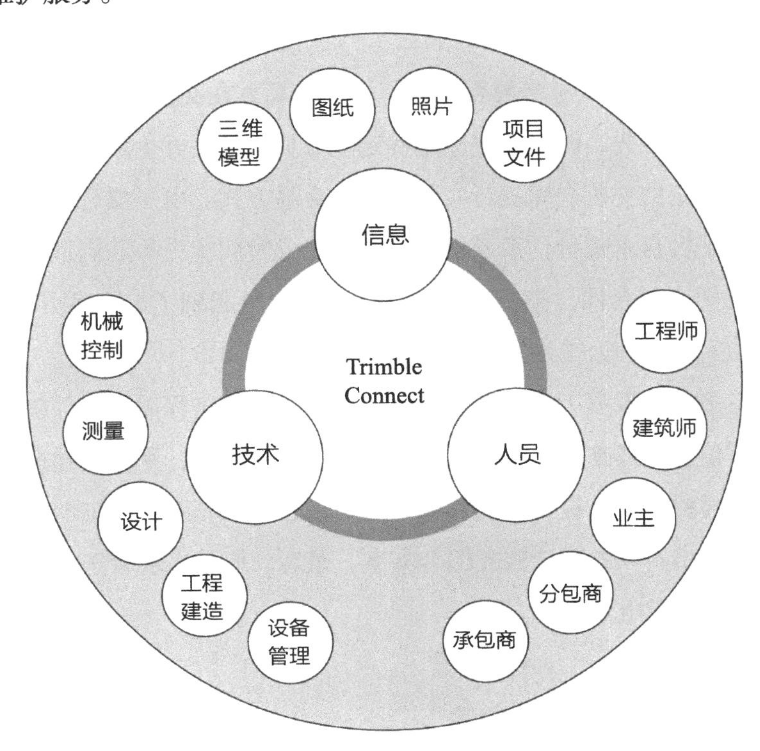

图9-2　技术驱动的服务平台（以Trimble Connect为例）

9.3.3　平台的典型交易方式

建筑工程领域目前主要采用招投标的交易模式，随着工程建造平台化，利用平台进行招投标将完善这一交易模式，同时，随着智能算法的引入，工程建造平台还能形成以撮合交易为代表的新型交易方式。

1. 利用平台进行招投标模式

建筑行业的招投标模式往往存在交易双方信息不对称、监管缺失等问题。将信息技术融入建设工程招投标业务活动中，以改善招投标模式在建筑行业遇到的问题，并在提高工作效率、规范招投标行为、节约成本等方面取得了初步成效。但现阶段的电子招投标仍然存在信息系统封闭、行政监督信息化发展落后、信息资源库发展缓慢等问题。

利用工程建造平台进行的招投标，服务提供方的资源与服务在传感器、移动互联网等技术的支持下全面物联，并在工程建造平台后方形成数据库，数据库不仅记录了工程建造服务提供者的资质、业务范围以及历史业绩，还可以在更微观层面记录其所提供的资源与服务的时间、成本、质量、信誉等全方位服务信息，实现招投标过程信息的透明化，资源与服务的信息感知，也利于政府及相关管理部门的监管。

2. 利用平台的撮合交易模式

撮合交易是卖方在交易市场委托销售订单、买方在交易市场中委托购买订单，交易市场按照价格优先、时间优先原则确定双方成交价格并生成电子交易合同，并按照交割订单指定的交割仓库进行实物交割的交易方式。电子撮合模式是交易双方基于电子交易平台自主报价，系统根据价格优先或时间优先等原则进行撮合，成交后自动形成电子交易合同。整个交易过程中，平台只起到了汇聚多方信息的作用，保证了交易的实时性和公平性。

工程建造平台将根据工程需求分析得到工程建造的过程需求，并确定每个过程中所需的支撑信息及其来源。在知识库与规则库的支持下，平台对建造服务的顺序进行推理，同时根据服务提供者的资源与能力信息，估算服务的工期与成本，并按照服务需求设计出不同的建造服务组合方案。最后，服务需求者选择合适的服务组合，达成交易后形成电子合同。

9.4 区块链在工程管理中的应用

随着工程项目建设的规模的不断扩大、牵涉利益主体的不断增多、建造流程复杂度的不断提高，建筑市场出现建造过程稳定性差、质量安全问题频发、工作效率低下等问题。建造过程各参与方收集和掌握的信息不统一、信息传递易失真、信息安全无法得到保证是产生上述问题的重要原因，并导致对各参与方的承诺缺乏约束力，多方协作程度较低，信用关系建立困难，甚至出现协作双方对立的局面。

譬如，一些大企业为促进多个建设参与方建立信任关系搭建的工程信息溯源系统，由于其具有对信息和数据进行造假的可能性，使得出现合同纠纷时，系统数据难以被信任，溯源系统建设最终流于形式，徒增成本。再如，房屋交易市场频繁出现委托书、房屋权属证书、房屋买卖合同造假现象，严重损害了房屋购置者、房屋所有权者、银行和贷款机构的利益，扰乱了市场秩序，影响了房屋交易市场的发展。

上述现象和问题说明，保证信息的准确、透明对于建筑业持续稳定发展具有重要作用。以区块链技术为代表的基于密码学的信用体系建设正在改变商业格局，信息的分布性、不可篡改性也为解决建筑业信息管理问题提供了解决思路。

9.4.1 区块链与去中心化信用体系

伴随比特币而生的区块链技术（Blockchain Technology，BT）为解决建筑市场的信任问题提供了解决思路。区块链技术作为比特币实现的基础，其实质是基于密码学算法产生的数据块首尾相连形成的分类账。基于分布式数据存储、点对点传输、共识机制、加密算法等计算机技术，完美应对了在信息不对称、不确定、不安全的环境下，利用“算法证明机制”建立信任，大大降低了信任建立的成本。

区块链是一个由众多区块构成的链式结构，用于记录交易数据，如图9-3所示。区块是单位出块时间内所有合规交易的数据集合，在结构上包含父区块哈希（Hash）值、交易信息以及随机数三个部分。父区块哈希值是通过具有输入敏感性的哈希函数对父区块交易信息进行哈希运算而得到的定长值。区块通过添加父区块哈希值实现区块之间的连接，最终形成区块链的线型结构。交易数据主要包含每笔交易双方的公钥、交易内容以及数字签名，这是区块单元的主要数据。区块链系统通过验证发送方的数字签名来确认虚拟货币所有权的转移，它能保障数据的完整性和真实性。随机数保障了出块人选择的随机性，使区块链网络难以被人为操控，由随机性带来的共识算法计算难度使区块链交易信息能够有效对抗重放攻击。

由于区块链需要网络众多节点共同参与并依赖于密码学原理进行验证，所以区块链技术具有传统信用体系不具备的特征：

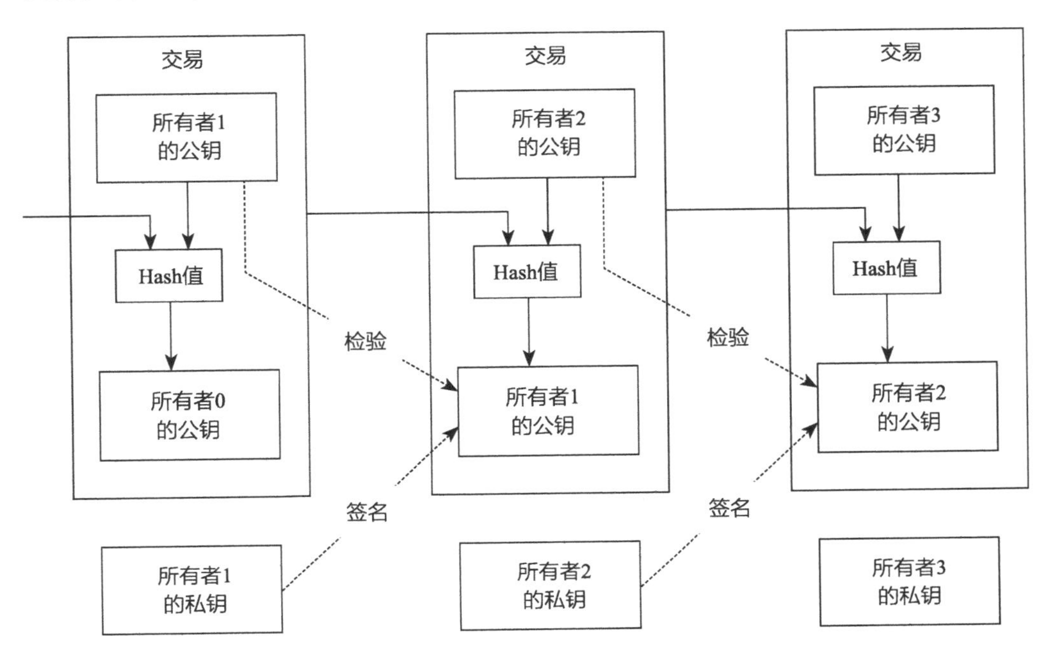

图9-3 区块链结构
（资料来源：Nakamoto S. Bitcoin: a Peer-to-peer Electronic Cash System［J］. bitcoin.org, 2008）

（1）去中心化：密码学算法使整个系统不依赖于任何第三方机构，交易双方可直接对接完成交易，增强交易安全性的同时减少了冗余中间环节；

（2）去信任化：交易不再需要双方建立信任基础，区块链网络所有节点通过自动保存交易副本为交易共同背书；

（3）可溯源性：区块链包含了网络全部的历史交易信息，包含内容信息、时间信息、交易双方信息等，这些信息按照时间排列，为交易信息的溯源带来了可能性；

（4）可监督性：区块链每个节点均持有交易信息副本，使任何人想要篡改交易记录变得极为困难，不可篡改性有效监督了交易双方的履约情况。

在现实社会中，银行、支付宝等第三方机构充当了信用中介，并由大众为这个信用体系建设买单。而区块链技术可以在不依靠第三方的条件下构建去中心化信任体系，全网的所有节点都自觉自愿地参与交易的监督工作。比特币的链式结构保证了交易历史记录的完整性和可追溯性，共识算法保证了数据的真实性以及无可篡改性，所有节点共同监督保障了分布式交易环境下数据的安全交换，化解了信任危机。

除比特币之外，网络安全、医疗卫生、金融服务、制造业、政府、慈善、零售、不动产、交通、旅游和媒体等各行各业都开始了有益探索，并产生了许多的区块链创新项目。

从事基于区块链的房地产交易平台Brickblock，通过提供技术与法律框架，允许开发商将证券化和数字化后的房地产项目发布至平台，以吸引投资者来筹集资金。项目在获得赞助后，投资者将获得代表投资份额的代币，并支持随时进行再交易。

数字身份认证平台uPort支持公民加密个人信息，并获得一个与以太坊区块链加密地址相对应的ID，来实现分布式的数字身份认证，而无需将个人信息存储在单一机构。瑞士Zug市将通过uPort提供多种公共服务，使用户可以与城市服务无缝对接。区块链+身份认证的有机组合，有望实现“世界公民身份证”，使企业可以在世界任意角落便捷实现用户的身份认证，并提供定制化的服务。

基于微软Azure云技术的区块链平台Insurwave通过允许航运保险业务的各参与方使用分布式账簿来记录运输信息并实现自动化的保险交易，来提高国际海上保险业务透明度和效率。

将区块链技术引入工程建造平台，使所有建造服务交易和运行信息对于参与者都是公开的，有利于实现各参与主体之间的充分信任和智能协同，数据不可篡改与交易可追溯两大特性相结合可以保证信息的安全可靠以及可精确追溯；时间戳的存在性证明特质，解决了建造过程各参与主体之间的不信任以及纠纷问题，实现轻松举证与追责。另外区块链技术有完整且流畅的信息流，便于及时发现解决问题，提升建造过程整体效率。

9.4.2 基于区块链的POP工程质量协同管控平台

建筑工程质量事关人民的生命财产安全。目前，建筑业已形成了政府工程质量监督管理部门、施工单位、分包单位、监理公司、质量检测单位等多主体共同参与的工程质量保证体系，以及工程质量备案制度。然而在现实具体工作中，仍然存在对工程质量形成过程控制不足、质量监管主体工作不到位、控制点遗漏和质量纠纷定责困难等问题。为此，运用信息技术，建立一套涵盖工程实体产品质量信息、施工过程信息、组织行为信息的质量监管体系至关重要。

首先，需要建立一套质量管理的业务模型。将工程质量形成的全过程，按照工程项目、单位工程、单项工程、分部工程、分项工程，一直到工序和检验批的划分顺序，进行层层分解，并设置质量控制点。对每个质量控制点，通过建立产品—组织—过程（Product–Organization–Process，POP）三维控制模型，内嵌产品质量参数、施工和检验人员信息、施工过程信息，实现对建筑工程实体质量、人员行为和作业过程的全面控制，从而形成完整的工程质量数据体系。

以钻孔灌注桩基础施工质量控制为例，该POP控制模型有三个维度（图9–4）。

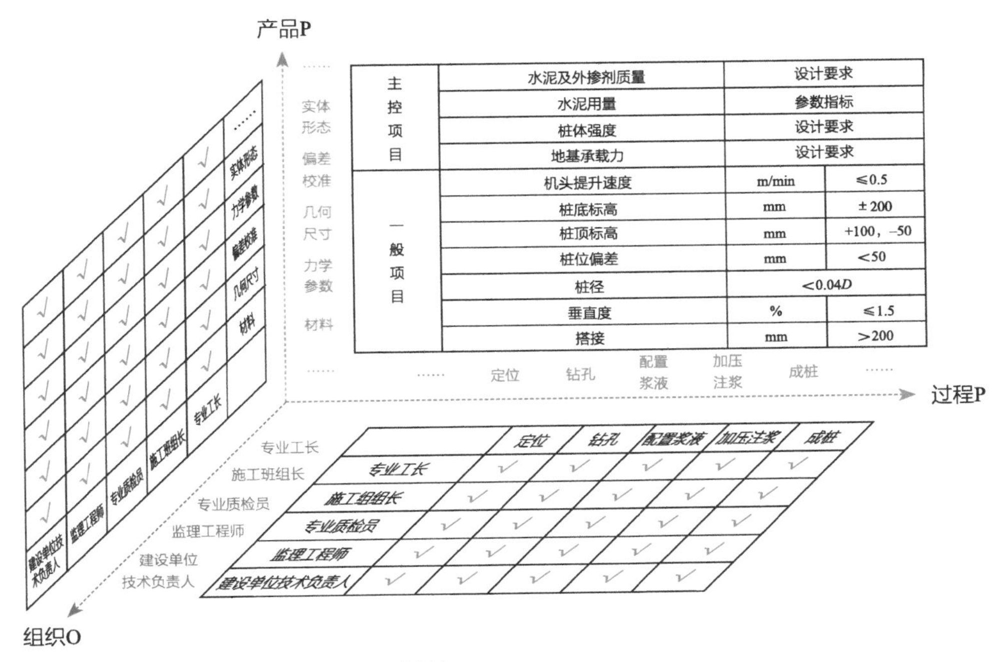

图9–4　POP数据结构模型（以钻孔灌注桩为例）

P（产品）维从工程实体的角度描述钻孔灌注桩施工的各类监控点质量参数，包括实体形态、几何尺寸、力学参数、材料性能等；O（组织）维从人员组织的角度描述施工过程中的具体责任人，包括专业工长、施工班组长、专业质检员、监理工程师等；P（过程）维从施工过程角度描述钻孔灌注桩在质量形成过程中的各个工序流程，包括定位、钻孔、配置浆液、加压注浆、成桩等。从而实现对钻孔灌注桩施工质量管理提供全面、完整的信息，有利于及时发现质量问题、落实质量主体、追溯质量责任。

POP模型为建筑工程质量形成过程提供了完整的信息结构，但是仍存在无法保证质量信息真实有效且记录不被篡改的问题。基于区块链，可将工程各参与方联合起来形成工程质量联盟，通过协调各方数据上链，以质量信息分布式记账、集体维护、互相检验的方式，来杜绝上述问题。每个允许被公开的质量记录都会依据公开规则在链上依赖加密等隐私保护技术被区块链上的其他相关网络节点所记录，既保护了隐私又为质量监控提供了透明可信的账本。从而保证施工过程质量信息的客观、有效、真实地记录，过程留痕，无法篡改。

基于区块链的POP工程质量协同管控平台，结构如图9-5所示，在经由质量监控相关各方协商同意组建联盟链后，可基于区块链操作系统开发而成。

各方基于点对点（Peer-to-peer，P2P）网络传输协议搭建一个去中心化的对等网络，每个参与方是网络上的一个对等节点，通过执行加密算法，将工程质量POP

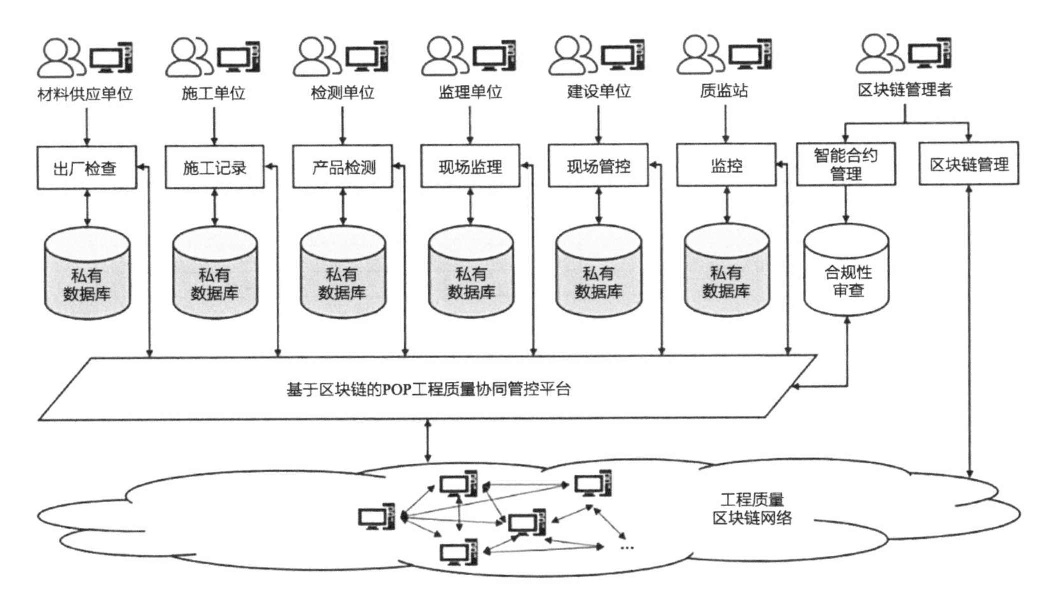

图9-5　基于区块链的工程质量协同管控平台

数据以区块的形式记录到区块链上。具体地，由相关责任主体填报的监控对象质量监控数据经由哈希算法加密后上传至平台，平台对上述数据按照POP模型进行组织，并在区块链网络进行广播，单位出块时间内的POP质量数据将被写入当前时间区块中。随着工程建设进度的推进，众多区块依序首尾相连形成包含单位单项、分部分项等层次体系的工程质量记录区块链。综合区块链中建设项目各阶段（包括策划、设计、施工、运行维护等）以及各方面（包括原材料、构配件、设备等）的质量数据，便形成了基于区块链的POP工程质量档案。真实完整的工程质量档案也将为知识挖掘和应用提供数据基础。此外，为了提高质量检查过程的自动化程度以及客观公正性，避免主观判断带来的偏差，依据工程质量监控规则编码形成的智能合约可以对上传至区块链网络服务器的质量数据进行合规性审查，并将审查结果反馈至相关的主体；为了监督项目参与各方按合同约定履行质量义务，避免纠纷，依据施工合同编码形成的智能合约将按照各方承诺的目标对区块链上的质量数据进行审查，并根据合同约定的工作标准和质量要求对各方的工作以及信用进行评价。

以上述钻孔灌注桩基础分项工程为例，施工单位工程施工员、专业工长、施工组长以及专业质检员完成成孔、钢筋笼吊装、混凝土灌注等检验批的检验记录并加密上链，各方上链数据在智能合约的支持下，自动完成自检和他检。这些质检数据在区块链上按照POP模型进行组织并对区块链网络所有节点进行广播。各节点接收广播后，通过运算形成钻孔灌注桩检验批的POP质检数据区块，并再次广播实现全网同步。以此类推，不断完成其他检验批等对象的区块建立，最终形成质量监控信息的分布式账本，保证质量监控数据为建设过程全寿命周期提供客观、可信和可回溯支持。

9.4.3 基于区块链的房屋销售与产权管理

过去，行政主管部门对不同类型的不动产分散进行登记与管理，造成不动产交易市场信息分散，影响了信息的公开，并增大了监管的难度。同时，信息的分散也为许多不法分子提供了可乘之机，欺诈行为时有发生，例如，个别开发商隐瞒商品房真实信息、中介机构向交易双方隐瞒交易价格、二手房卖家伪造合同一房多卖、限购政策下居民假离婚获取购房资格、房屋买卖双方通过阴阳合同规避税务等。这些不诚信行为恶化了不动产交易市场的信用环境，损害了在交易中处于弱势地位的消费者，也透支了政府的公信力。

为加强监管，增强信息的公开、透明，各地正在逐步建立不动产交易信息平台，旨在为购房者提供动态交易信息，降低信息检索成本。但这些交易平台也被不法分子利用来散布虚假信息。因此，如何在发挥互联网平台信息共享优势的同时，保证信息的准确性，保障交易过程的安全可靠，是促进不动产交易市场良性运转亟需解决的难题。

区块链技术也为不动产交易市场解决信息失真、信息缺损以及产权验证等形成全面可信的信息发布平台提供了解决思路。

以传统的二手房交易为例，交易流程通常包括买方咨询—签订合同—办过户—立契—缴税—产权转移—银行贷款—物业交割等过程，涉及行政主管部门、买卖双方、中介、第三方担保公司和银行等多个主体，以及买卖双方身份确认、卖方房产权属确认等多个信息确认环节。多过程和多主体导致二手房交易历时长，人工操作环节多，自动化程度低。但从逻辑与程序层面来看，二手房交易过程可以视为是一系列If-then条件语句的执行，具有自动化实现的可能性。

建立基于区块链技术的不动产交易平台，可以省去中介和第三方担保公司的角色，交易关系将变得更简单，购房流程有望实现数字化和自动化。一方面，房屋出售方将权属证明和数字身份信息发送至基于区块链的不动产交易平台，公开、不可篡改、可溯源的信息发布机制促使房屋出售者如实登记。另一方面，真实的房屋出售信息也将吸引购房者根据意向进行挑选。买方经过身份验证后形成数字身份信息，即可与卖方联系，对房产质量进行实地踏勘，并对卖方和不动产区块链信息进行验证。对于满意的房产，买方可与卖方协商交易细节、交纳保证金至银行托管账户并签署基于区块链的智能合约，该购房交易信息在对隐私信息加密后对全网公开，可避免一房多卖现象。随后，买方向银行发起贷款申请，银行基于买方数字身份信息对其进行评估，行政主管部门基于区块链信息依据预设的智能合约，自动完成产权过户，随后银行发放贷款。整个交易过程的信息均存储于区块链上，任何人均可对信息进行验证，零知识证明机制则保证了隐私信息在验证过程不外泄。

9.4.4 基于区块链的建筑产业工人队伍建设

我国建筑工人达到4000多万，众多的建筑农民工在劳动关系中处于弱势地位，市场协商能力弱，虽然政府出台了多项法律法规保障建筑工人权益，但在实际纠纷中，由于缺少其工作信息等有效记录，举证困难，建筑工人权益难以得到保障。另外，建筑工人工作具有流动性，农民与工人身份不断切换，也为其产业化转型带来了挑战。

建筑工人在建筑生产过程中会产生大量的信息，如其施工的建筑产品信息（质量、进度、成本）、工作状态信息（行为状态、心理状态、生理状态等）、工作评价信息（信用评价、能力评价等）等。这些信息如能够被有效组织与充分挖掘，不仅可以为建筑工人权益提供保障；还能为政府推动建筑工人向产业化转型、规范建筑市场管理提供数据支撑。

如前文所述，工程建造平台能够收集到各类建筑工人施工作业的相关信息。在此基础上，行政主管部门、建筑承包商、劳务分包商等建筑劳动力市场参与者共同建立维护一个记录建筑工人信息的区块链。在区块链上，每个建筑工人获得数字身份，其执行的每项任务也有对应的智能合约，合约规定了建筑工人需要执行的活动内容，需要达到的质量、进度目标，以及任务的权责划分。当工人完成一项任务并在智能合约中得到确认后，将会根据相关规范启动验收步骤，随后，智能合约将自动完成薪资发放。整个过程按照智能合约的条件语句自动执行，责权利划分明确，避免了纠纷，有效保障工人权益。同时，依赖于区块链技术留痕后的不可篡改证据，一旦出现类似拖欠工人工资等现象，基于恰当的信用措施，如对相关责任方实行信用负面清单管理，形成天然的分布式、自证、共举的约束机制。

另外，集成到区块链的建筑工人数据，经个人隐私信息加密后，可以向行政主管部门公开，支撑其实施基于数据的行业治理。依据工人建造的产品信息、能力评价信息等可以有效组织针对工人的个性化职业教育和培训；依据工人的工作状态信息可以识别其不安全行为模式、负荷等，进而进行及时干预，预防安全事故发生；依据与工人实名认证关联起来的建造过程信息支持维权举证等。

索 引

参考文献

[1] The White House. Legislative Outline for Rebuilding Infrastructure in America [R]. 2017.

[2] HM Government. Construction 2025. Industrial Strategy: Government and Industry in Partnership [J]. 2013.

[3] 朱启超，王姝. 日本“超智能社会”建设构想：内涵、挑战与影响 [J]. 日本学刊，2018.

[4] Federal Ministry of Transport and Digital Infrastructure. Roadmap for Digital Design and Construction [R]. 2015.

[5] McKinsey. Reinventing Construction: Through a Route to Higher Productivity [R]. 2017.

[6] McKinsey. Imagining Construction's Digital Future [R]. 2017.

[7] 资本实验室，中国技术交易所. “互联网+建筑”——全球建筑科技创新与投资报告 [R]. 2016.

[8] Consultancy A. Arcadis Global Built Asset Wealth Index 2015 [J]. 2015.

[9] 中国铁路总公司. 2018年统计公报 [R]. 2019.

[10] 中国建筑业协会. 2018年建筑业发展统计分析 [R]. 2019.

[11] 中国建筑业协会. 2017年建筑业发展统计分析 [R]. 2018.

[12] Energy Information Administration. Residential Building Energy Consumption Survey (RECS) [EB/OL]. http://www.eis.doe.gov/emeu/reca/contents.html.

[13] Energy Information Administration. Commercial Building Energy Consumption Survey (CBECS) [EB/OL]. http://www.eis.doe.gov/emeu/ebecs/contents.html.

[14] 联合国环境规划署. 排放差距报告（第九版）[R]. 2018.

[15] United States Department of Energy. Saving Energy and Money with Building Energy Codes in the United States [EB/OL]. [2014-05-15]. http://energy.gov/sites/prod/files/2014/05/f15/saving_with_building_energy_codes.pdf.

[16] 建筑垃圾资源化产业技术创新战略联盟. 中国建筑垃圾资源化产业发展报告 [R]. 2014.

[17] 中华人民共和国国家统计局. 2017年农民工监测调查报告 [R]. 2018.

[18] Schwab K. The Global Competitiveness Report 2017—2018 [C]. World Economic Forum, 2017.

[19] American Planning Association. The Growing Smart Legislative Guidebook: Model Statutes for

Planning and the Management of Change, Phases I and II Interim Edition [M]. Chicago: APA Planners Press, 1999.

[20] 小松幸夫．建筑之长寿命化研究 [R]. 2007.

[21] 德勤．未来超级智能城市——德勤中国超级智能城市指数 [R]. 2018.

[22] 周海燕．网络经济的信息空间理论分析 [D]. 中国科学技术大学，2011.

[23] 拉吉夫·阿卢尔．信息物理融合系统（CPS）原理 [M]. 北京：机械工业出版社，2017.

[24] Mellado N, Yan X, Mitra N J. Computational Design and Construction of Notch-free Reciprocal Frame Structures [J]. La Houille Blanche, 2017, 44 (1): 52-58.

[25] Mitchell W J. Constructing Complexity [M] //Computer Aided Architectural Design Futures 2005. Springer, Dordrecht, 2005: 41-50.

[26] Leach N, Turnbull D, Williams C J K. Digital Tectonics [J]. 2004.

[27] Tamke M, Thomsen M R. Implementing Digital Crafting: Developing It's a SMALL World [C] // Design Modelling Symposium Berlin 2009. University of the Arts, 2009: 321-329.

[28] Clayton M J, Warden R B, Parker T W. Virtual Construction of Architecture Using 3D CAD and Simulation [J]. Automation in Construction, 2002, 11 (2): 227-235.

[29] Garcia A C B, Kunz J, Ekstrom M, et al. Building a Project Ontology with Extreme Collaboration and Virtual Design and Construction [J]. Advanced Engineering Informatics, 2004, 18 (2): 71-83.

[30] Mills F. BIM and Social Media [J]. Construction Manager's BIM Handbook, 2016: 127-132.

[31] Mihindu S, Arayici Y. Digital Construction through BIM Systems will Drive the Re-engineering of Construction Business Practices [C] //2008 International Conference Visualisation. IEEE, 2008: 29-34.

[32] Christiansson P. Properties of the Virtual Building [C] //Proc. of the 8th International Conference on Durability of Building Materials and Components. 1999.

[33] Wong J K W, Li H, Wang S W. Intelligent Building Research: a Review [J]. Automation in Construction, 2005, 14 (1): 143-159.

［34］朱岩，黄裕辉．互联网+建筑：数字经济下的智慧建筑行业变革［M］．北京：知识产权出版社，2018.
［35］Buckman A H, Mayfield M, BM Beck S. What is a Smart Building?［J］. Smart and Sustainable Built Environment, 2014, 3（2）：92–109.
［36］前瞻产业研究院．中国智慧公路行业市场前瞻与投资战略规划分析报告［R］．2019.
［37］Jack Xunjie Luo. Fully Automatic Constainer Terminals of Shanghai Yangshang Port Phase IV［J］. Frontiers of Engineering Management, 2019, 6（3）：457–462.
［38］丁士昭．建筑工程信息化导论［M］．北京：中国建筑工业出版社, 2005.
［39］王胜玲．绿色建筑评价体系研究［D］．中南大学，2013.
［40］中华人民共和国住房和城乡建设部．绿色建筑评价标准．2018
［41］ Howell G, Ballard G. Implementing Lean Construction: Understanding and Action［C］//Proc. 6th Ann. Conf. Intl. Group for Lean Construction. 1998.
［42］丁烈云，徐捷，骆汉宾，等．月面建造工程的挑战与研究进展［J］．载人航天，2019：6.
［43］Detsis E, Doule O, Ebrahimi A. Location Selection and Layout for LB10, a Lunar Base at the Lunar North Pole with a Liquid Mirror Observatory［J］. Acta Astronautica,2013（85）：61–72.
［44］Nekoovaght P, Gharib N, Hassani F. Microwave Aassisted Rock Breakage for Space Mining［C］// ASCE Earth and Space 2014, St Louis, Missouri, United States, 2014: 414–423.
［45］Kawamoto H,Inoue H. Magnetic Cleaning Device for Lunar Dust Adhering to Spacesuits［J］. Journal of Aerospace Engineering, 2012, 25（1）：139–142.
［46］Kawamoto H. Electrostatic Shield for Lunar Dust Entering Mechanical Seals of Lunar Exploration Equipment［J］. Journal of Aerospace Engineering, 2014, 27（2）：354–358.
［47］Malla R B, Brown KM. Determination of Temperature Variation on Lunar Surface and Subsurface for Habitat Analysis and Design［J］. Acta Astronautica,2015（107）：196–207.
［48］Cesaretti G, Dini E, Xavier D K, et al. Building Components for an Outpost on the Lunar Soil by Means of a Novel 3D Printing Technology［J］. Acta Astronautica, 2014（93）：430–450.
［49］Mottaghi S, Benaroya H. Design of a Lunar Surface Structure.（I）：Design Configuration and Thermal Analysis［J］. Journal of Aerospace Engineering, 2014, 28（1）：04014052–1–12.
［50］Mottaghi S, Benaroya H. Design of a Lunar Surface Structure.（II）：Seismic Structural Analysis［J］. Journal of Aerospace Engineering, 2015, 28（1）：04014053–1–8.
［51］Cheng Zhou, Rui Chen, Jie Xu, Lieyun Ding, Hanbin Luo, Jian Fan, Elton J, Chen, Lixiong Cai, BinTang. In–situ Construction Method for Lunar Habitation: Chinese Super Mason［J］. Automation in Construction, 2019（104）：66–79.
［52］Briggs C, Brown G B, Siebenaler D, et al. Model–Based Definition［C］// Structures, Structural Dynamics & Materials Conference Adaptive Structures Conference. 2013.
［53］丁烈云．BIM应用 · 施工．［M］．上海：同济大学出版社，2015.
［54］周秋忠，范玉青著．MBD数字化设计制造技术［M］．北京：化学工业出版社，2019.
［55］哈克曼著．群体智慧：用团队解决难题［M］．孙晓敏，薛刚译．北京：北京大学出版社，2014.

[56] 徐卫国．参数化非线性建筑设计［M］．北京：清华大学出版社，2016.
[57] 邵韦平．凤凰国际传媒中心建筑创作及技术美学表现［J］．世界建筑，2012.
[58] 华强方特．协同设计系统建设——基于Bentley Project Wise案例解析［M］．北京：中国建筑工业出版社，2018.
[59] Asterios Agkathidis. Generative Design: Form/Finding Techniques in Architecture. New York: Laurence King, 2016.
[60] 祁金金．基于粒子算法的建筑设计应用研究［D］．天津大学，2016.
[61] AutoID Labs homepage［EB/OL］．http: / /www. autoidlabs. orga/.
[62] 物联网白皮书［M］．北京：工业和信息化部电信研究院，2014.
[63] 工业互联网平台白皮书［M］．北京：工业互联网产业联盟，2017.
[64] 工业互联网推动制造业的数据应用变革［J］．智慧工厂，2019（7）：24–25.
[65] 工业物联网白皮书［M］．北京：中国电子技术标准化研究院，2017.
[66] Zhong R Y, Peng Y, Xue F, et al. Prefabricated Construction Enabled by the Internet–of–ThinGs［J］. Automation in Construction, 2017（76）：59–70.
[67] 陈信，龙升照．人—机—环境系统工程学概论［J］．自然杂志，1985, 8（1）：36–38.
[68] 王卉，江传富．全面质量管理——21世纪质量管理创新的焦点［M］．北京：电子标准化与质量，2001.
[69] 郭楠，贾超．《信息物理系统白皮书（2017）》解读（下）［J］．信息技术与标准化，2017（5）：43–48.
[70] 马灵．基于数据挖掘的隧道施工地表沉降规律研究［D］．华中科技大学，2013.
[71] 丁春涛，曹建农，杨磊，等．边缘计算综述：应用、现状及挑战［J］．中兴通信技术，2019，25（3）：2–7.
[72] 物联网标准化白皮书［M］．北京：中国电子技术标准化研究院，2016.
[73] 孙其博，刘杰，黎羴．物联网：概念、架构与关键技术研究综述［J］．北京邮电大学学报，2010，33（3）：1–9.
[74] M Zorzi，A Gluhak, S lange, et al. From Today's Intranet of Things to Interne of Things: a Wireless–and Mobility–related View［J］. IEEE Wireless Communications, 2010, 17（6）：44–51.
[75] 夏继强，邢春香，耿春明，等．工业现场总线技术的新进展．北京航空航天大学学报，2004，30（4）：358–362.
[76] 陈磊．从现场总线到工业以太网的实时性问题研究［D］．浙江大学，2004.
[77] 尤肖虎，潘志文，高西奇，等．5G移动通信发展趋势与若干关键技术［J］．中国科学：信息科学，2014，44（5）：551–563.
[78] 庞雪莲．5G概述及相关技术［J］．信息技术与信息化，2015（5）：102–107.
[79] Mell P, Grance T. The NIST Definition of Cloud Computing［R］. National Institute of Standards and Technology, 2011.
[80] 施巍松，孙辉，曹杰，等．边缘计算：万物互联时代新型计算模型［J］．计算机研究与发展，2017，54（5）：907–924.
[81] 赵梓铭，刘芳，蔡志平，等．边缘计算：平台、应用与挑战［J］．计算机研究与发展，

2018，55（2）：327–337.

[82] Bhuiyan M, Wu J, Wang G, et al. Sensing and Decision–making in Cyber–physical Systems: the Case of Structural Event Monitoring [J]. IEEE Transactions on Industrial Informatics, 2016, 12（6）：2103–2113.

[83] Bonomi F, Milito R, Zhu Jiang, et al. Fog Computing and its Role in the Internet of Things [C]. Proc of the 1st Edition of the MCC Workshop on Mobile Cloud Computing. New York: ACM, 2012: 13–16.

[84] 方巍. 从云计算到雾计算的范式转变 [J]. 南京信息工程大学学报：自然科学报，2016, 89（5）：404–414.

[85] 杨志和. 物联网的边界计算模型：雾计算 [J]. 物联网技术, 2014（12）：65–67.

[86] 李刚, 刘兴堂, 徐安民. 智能控制理论及发展 [J]. 空军工程大学学报（自然科学版）, 2003（3）：75–78.

[87] 张萌. 考虑表面力作用的微齿轮传动接触力研究 [D]. 机械科学研究总院，2011.

[88] 中长期铁路网规划 [M]. 交通运输部. 2016.

[89] 中华人民共和国住房和城乡建设部. 住房和城乡建设安全事故情况通报 [OL]. 2018, http://www.mohurd.gov.cn/zlaq/cftb/zfhcxjsbcftb/index_3.html.

[90] 丁烈云，周诚. 复杂环境下地铁施工安全风险自动识别与预警研究 [J]. 中国工程科学，2012，14（12）：85–93.

[91] Zhou C, Ding L Y. Safety Barrier Warning System for Underground Construction Sites Using Internet–of–Things Technologies [J]. Automation in Construction, 2017,（83）：372–389.

[92] 胡向东，肖朝昀，毛良根. 双层越江隧道联络通道冻结法温度场影响因素 [J]. 地下空间与工程学报，2009, 5（1）：7–12.

[93] 丁烈云，周诚，叶肖伟，等. 长江地铁联络通道施工安全风险实时感知预警研究 [J]. 土木工程学报，2013（7）：141–150.

[94] Li H, Lu M, Chan G, et al. Proactive Training System for Safe and Efficient Precast Installation [J]. Automation in Construction, 2015,（49）：163–174.

[95] 中华人民共和国住房和城乡建设部. 住房城乡建设部关于2017年房屋市政工程生产安全事故情况的通报 [OL]. [2018]. http://www.mohurd.gov.cn/wjfb/201803/t20180322_235474.html.

[96] 新华网. 麦加大清真寺塔吊倒塌 [OL]. [2015]. http://www.xinhuanet.com/world/2015–09/12/c_128221722_4.htm.

[97] Zhou C Luo H, et al. Cyber–physical–system–based Safety Monitoring for Blind Hoisting with the Internet of Things: a Case Study. Automation in Construction, 2017,（97）：138–150.

[98] 中国石油化工集团公司2018年鉴 [M]. 北京：中国石化出版社，2018.

[99] 程学旗，靳小龙，王元卓，等. 大数据系统和分析技术综述 [J]. 软件学报，2014, 25（9）：1889–1908.

[100] Manyika J, Chui M, Brown B, et al. Big Data: the Next Frontier for Innovation, Competition, and Productivity [OL]. [2011]. https://www.mckinsey.com/business–functions/digital–mckinsey/

our-insights/big-data-the-next-frontier-for-innovation.

[101] 田丰，杨军．城市交通数字化转型白皮书［R］．阿里云研究中心，2018.

[102] 邬贺铨．关于大数据的若干思考［OL］．［2014-01-22］．http://www.acsi.gov.cn/archiver/zjw/UpFile/Files/Default/20140122144131296875.pdf.

[103] Global Software Support. Random Forest Classifier – machine Learning［OL］．［2018］．https://www.globalsoftwaresupport.com/random-forest-classifier-bagging-machine-learning/.

[104] American Marketing Association. Definitions of Marketing［OL］．［2013］．https://www.ama.org/the-definition-of-marketing/.

[105] 吴绍艳，周珊，邓娇娇．中国建筑业信息化发展：政策文本分析的视角［J］．工程管理学报，2018，32（3）：7-12.

[106] Aminbakhsh S, Sonmez R. Discrete Particle Swarm Optimization Method for the Large-scale Discrete Time-cost Trade-off Problem［J］．Expert Systems with Applications, 2016,（51）：177-185.

[107] Špačková O, Straub D. Dynamic Bayesian Network for Probabilistic Modeling of Tunnel Excavation Processes［J］．Computer-aided Civil and Infrastructure Engineering, 2013, 28（1）：1-21.

[108] Cheng Y, Yu W, Li Q. GA-based Multi-level Association Rule Mining Approach for Defect Analysis in the Construction Industry［J］．Automation in Construction, 2015,（51）：78-91.

[109] Ding L, Wang F, Luo H, Yu M, Wu X. Feedforward Analysis for Shield-ground System［J］．Journal of Computing in Civil Engineering, 2013, 27（3）：231-242.

[110] Lu W, Peng Y, Chen X, et al. The S-curve for Forecasting Waste Generation in Construction Projects［J］．Waste Management, 2016（56）：23-34.

[111] 刘建伟，刘媛，罗雄麟．深度学习研究进展［J］．计算机应用研究，2014，31（7）：1921-1930.

[112] McCulloch WS, Pitts W. Logical Calculus of the Ideas Immanent in Nervous Activity［J］．The Bulletin of Mathematical Biophysics, 1943, 5（4）：115-133.

[113] Rosenblatt F. The Perceptron: a Probabilistic Model for Information Storage and Organization in the Brain［J］．Psychological Review, 1958, 65（6）：386.

[114] 焦李成，杨淑媛，刘芳，等．神经网络七十年：回顾与展望［J］．计算机学报，2016，39（8）：1697-1716.

[115] Hinton GE, Sejnowski TJ. Learning and Relearning in Boltzmann Machines［A］．Parallel Distributed Processing: Explorations in the Microstructure of Cognition. Volume 1: Foundations, Cambridge, MA: MIT Press, 1986.

[116] Rumelhart D, McClelland J. Parallel Distributed Processing［C］．Cambridge, MA: MIT Press, 1986.

[117] Funahashi KI. On the Approximate Realization of Continuous Mappings by Neural Networks［J］．Neural Networks, 1989, 2（3）：183-192.

[118] Hinton GE, Salakhutdinov RR. Reducing the Dimensionality of Data with Neural Networks［J］.

Science, 2006, 313（5786）: 504–507.

[119] 胡越，罗东阳，花奎，等. 关于深度学习的综述与讨论 [J]. 智能系统学报，2019，14（1）: 1–19.

[120] 马世龙，乌尼日其其格，李小平. 大数据与深度学习综述 [J]. 智能系统学报，2016，11（6）: 728–742.

[121] 余凯，贾磊，陈雨强，等. 深度学习的昨天、今天和明天 [J]. 计算机研究与发展，2013，50（9）: 1799–1804.

[122] Fang Q, Li H, Luo X, et al. Detecting Non-hardhat-use by a Deep Learning Method from Far-field Surveillance Videos [J]. Automation in Construction, 2018,（85）: 1–9.

[123] Fang W, Ding L, Luo H, Love PE. Falls from Heights: a Computer Vision-based Approach for Safety Harness Detection [J]. Automation in Construction, 2018（91）: 53–61.

[124] Kim H, Kim K, Kim H. Vision-based Object-centric Safety Assessment Using Fuzzy Inference: Monitoring Struck-by Accidents with Moving Objects [J]. Journal of Computing in Civil Engineering, 2016, 30（4）: 04015075.

[125] Yan X, Li H, Wang C, et al. Development of Ergonomic Posture Recognition Technique Based on 2D Ordinary Camera for Construction Hazard Prevention Through View-invariant Features in 2D Skeleton Motion [J]. Advanced Engineering Informatics, 2017,（34）: 152–163.

[126] Fang Y, Cho YK, Chen J. A Framework for Real-time Pro-active Safety Assistance for Mobile Crane Lifting Operations [J]. Automation in Construction, 2016（72）: 367–379.

[127] Zhou C, Ding L. Safety Barrier Warning System for Underground Construction Sites Using Internet-of-Things Technologies [J]. Automation in Construction, 2017,（83）: 372–389.

[128] Alexander C, Anninou A, Black G, et al. Towards a Personal Workplace [J]. Architectural Record Interiors, 1987: 131–141.

[129] Smith RE. Prefab Architecture: a Guide to Modular Design and Construction [M]. 1st edition. New Jersey: Wiley, 2010.

[130] Isaac S, Bock T, Stoliar Y. A Methodology for the Optimal Modularization of Building Design [J]. Automation in Construction, 2016（65）: 116–124.

[131] Lawson RM, Ogden RG, Bergin R. Application of Modular Construction in High-rise Buildings [J]. Journal of Architectural Engineering, 2012, 18（2）: 148–154.

[132] Lawson RM, Richards J. Modular Design for High-rise Buildings [J]. Proceedings of the Institution of Civil Engineers Structures & Buildings, 2010, 163（3）: 151–164.

[133] Lawson RM, Grubb PJ, Prewer J, Trebilcock PJ. Modular Construction using Light Steel Framing: An Architect's Guide [M]. The Steel Construction Institute, 1999.

[134] Schaefer R, Todd S. Best Practices in Permitting Oversize and Overweight Vehicles [R]. Leidos, 2018.

[135] Talavage J. Flexible Manufacturing Systems in Practice [M], CRC Press, 1987.

[136] Davtalab O, Kazemian A, Khoshnevis B. Perspectives on a BIM-integrated Software Platform for Robotic Construction Through Contour Crafting [J]. Automation in Construction, 2018（89）: 13–23.

[137] Keating S, Leland J, Cai L, Oxman N. Toward Site-specific and Self-sufficient Robotic Fabrication on Architectural Scales [J]. Science Robotics, 2017, 2 (5): 8986.

[138] Kim P, Chen J, Cho YK. Robotic Sensing and Object Recognition from Thermal-mapped Point Clouds [J]. International Journal of Intelligent Robotics and Applications, 2017, 1 (3): 243-254.

[139] Terada Y, Murata S. Automatic Modular Assembly System and its Distributed Control [J]. The International Journal of Robotics Research, 2008, 27 (3-4): 445-462.

[140]《扬子晚报》编辑部. 英国设计一幢楼跟踪服务八十年 [J]. 科技文萃，1999，(6)：71.

[141] 吕楠芳. 广州海珠桥大修在即，英产百年老钢疲劳原厂通知 [N]. 羊城晚报，2012-2-20.

[142] 孙林岩，李刚，江志斌等. 21世纪的先进制造模式——服务型制造 [J]. 中国机械工程，2007，18 (19)：2307-2312.

[143] 孙林岩，高杰，朱春燕等. 服务型制造：新型的产品模式与制造范式 [J]. 中国机械工程.

[144] 国家制造强国建设战略咨询委员会，中国工程院战略咨询中心. 服务型制造 [M]. 北京：电子工业出版社，2016：2-7，20-33.

[145] 贾广社，王广斌. 大型建设工程项目总控模式的研究 [J]. 土木工程学报，2003 (3)：7-10.

[146] 丁士昭. 全过程工程咨询的概念和核心理念 [J]. 中国勘察设计，2018，312 (9)：37-39.

[147] 中华人民共和国中央人民政府. 国务院办公厅关于促进建筑业持续健康发展的意见 [OL]. [2017-02-24]. http://www.gov.cn/zhengce/content/2017-02/24/content_5170625.htm.

[148] 吉锋，何卫平，王东成等. 网络制造环境下面向复杂零件的协同制造链研究 [J]. 计算机集成制造系统，2006 (1)：71-77.

[149] Caterpillar. Caterpillar [EB/OL]. https://www.caterpillar.com/en.html.

[150] Well Living Lab.A Delos and Mayo Clinic collaboration [EB/OL]. http://wellivinglab.com/.

[151] 李伯虎，张霖，王时龙等. 云制造——面向服务的网络化制造新模式 [J]. 计算机集成制造系统，2010，16 (1)：1 ~ 7+16.